WUJI HUA

高等职业教育教材

无机化学

第二版

商传宝　华美玲　主编

化学工业出版社

·北　京·

内容简介

《无机化学》根据行业发展和职业教育改革的实际需要，依据高职高专药学专业人才培养目标，结合高等职业院校药学类专业特点编写。主要内容有：溶液；胶体溶液和表面现象；化学反应速率与化学平衡；酸碱平衡；沉淀-溶解平衡；氧化还原反应与电极电势；物质结构；配位化合物；金属、非金属元素及其生物学效应；无机化学实验等。教材内容贴近工作岗位，同时穿插一些内容精致并与医学和生活相关的链接，旨在拓宽学生的视野，增强学习的趣味性。本书在每章的二维码中提供有电子课件、教学动画、微课及综合测试参考答案等数字化教学资源，师生通过扫码即可获取。

本教材可供高职高专药学、制药技术、食品、化工、环境、农林、材料及相关专业无机化学教学使用，也可作为职业培训教材使用。

图书在版编目（CIP）数据

无机化学/商传宝，华美玲主编. —2版. —北京：化学工业出版社，2023.4（2024.8重印）

ISBN 978-7-122-42841-7

Ⅰ. ①无… Ⅱ. ①商…②华… Ⅲ. ①无机化学-高等职业教育-教材 Ⅳ. ①O61

中国国家版本馆CIP数据核字（2023）第023247号

责任编辑：旷英姿 蔡洪伟　　装帧设计：史利平

责任校对：宋 玮

出版发行：化学工业出版社（北京市东城区青年湖南街13号 邮政编码100011）

印　刷：北京云浩印刷有限责任公司

装　订：三河市振勇印装有限公司

787mm×1092mm 1/16 印张12¾ 彩插1 字数306千字 2024年8月北京第2版第2次印刷

购书咨询：010-64518888　　售后服务：010-64518899

网　址：http：//www.cip.com.cn

凡购买本书，如有缺损质量问题，本社销售中心负责调换。

定　价：38.00元

编写人员

主　编　商传宝　华美玲

副主编　肖　玥　杨丽莉　张　珩　张锦慧

姚　莉　彭　颐

编　者　（以姓氏笔画为序）

尹连红　大连医科大学

龙　军　常德职业技术学院

华美玲　常德职业技术学院

杨丽莉　江苏护理职业学院

肖　玥　常德职业技术学院

张　政　淄博职业学院

张　珩　扬州市职业大学

张锦慧　黑龙江农业工程职业学院

张旖珈　常德职业技术学院

姚　莉　贵州省黔东南民族职业技术学院

商传宝　淄博职业学院

彭　颐　湖北职业技术学院

前言

《无机化学》第一版由化学工业出版社于2013年出版，自出版以来得到各院校的广泛好评。为了进一步提升教材质量，适应医药产业转型升级和企业创新所需要的发展型、复合型、创新型技术技能人才的培养，在上一版教材的基础上，我们组织专业教师对《无机化学》第一版进行了修订，供全国高职高专院校药品类及相关专业使用。

本次教材修订延续了第一版的教材特色，由理论和实验两部分组成。理论部分为十一章，内容有绪论、溶液、胶体溶液和表面现象、化学反应速率与化学平衡、酸碱平衡、沉淀溶解平衡、氧化还原反应与电极电势、物质结构、配位化合物、金属元素及其生物学效应、非金属元素及其生物学效应。章节编排既遵循本学科内容的逻辑关系，又充分考虑到学生的认知规律，尽可能从学生的生活经验和社会发展的现实中取材，充分体现化学与生活、专业的联系，对上版教材中不合理的内容框架进行适当调整，与新版本《中华人民共和国药典》不一致的知识也进行了修改，增加了课程思政、微课等内容。实验部分主要有常用仪器基本操作、溶液的配制和稀释、溶胶的制备及性质等八个实验，与教材中的理论部分相对应，贴近工作岗位，能够培养学生动手操作和分析问题、解决问题的能力，提高学生综合职业能力和可持续发展能力，增强学生的就业竞争力。

本教材由商传宝、华美玲担任主编，肖玥、杨丽莉、张珩、张锦慧、姚莉、彭颐担任副主编。参加编写工作的老师有（按章节先后顺序排列）：商传宝（第一章、第九章、实验绪论、实验八），张政（第二章、实验二），张锦慧（第三章、实验四），彭颐（第四章、实验五），姚莉（第五章、实验六），杨丽莉（第六章），肖玥、张旖珈（第七章、实验七），华美玲、龙军（第八章），尹连红（第十章），张珩（第十一章、实验一、实验三）。商传宝对全书进行了统稿和审校。

在本教材的编写与修订过程中，各位编者所在学校给予了大力支持和帮助，在此致以衷心的感谢！并对本书所引用文献资料的原作者深表谢意。由于编者水平有限，难免有不妥之处，敬请专家和读者批评指正。

编者

2022年12月

第一版前言

为适应现代高等职业教育的发展，根据行业发展和职业教育改革的实际需要，依据高职高专药学专业人才培养目标，我们编写了这本《无机化学》教材，供全国高职高专院校药学及相关专业使用。

本教材是根据“以服务为宗旨，以就业为导向，以能力为本位，以学生为主体”的职业教育理念，在突出实用性、适用性、先进性、职业性、开放性的基础上，力求体现以下几个特点：

1. 在理论教材内容上，尽可能从学生的生活经验和社会发展的现实中取材，充分体现化学与生活、专业的联系，以激发学生学习的兴趣。对比较抽象或理论性比较强的内容弱化理论深度，突出原理本身的内容及其在生产和生活中的具体应用，从而提高学生的科学素养和综合职业能力，为学生的职业生涯发展和终身学习奠定基础。

2. 坚持职业能力培养为主线的原则，联合用人单位，选取贴近工作岗位的实验内容，培养学生利用所学的知识分析和解决生产和生活上的问题，提高学生综合职业能力和可持续发展能力，增强学生的就业竞争力。

3. 在编写体例上，教材在各章的开始和最后设计了“学习目标”“你问我答”“知识链接”“综合测试”等模块。为方便师生使用，将实验指导内容列于全部理论内容之后。教材内容覆盖面比较广，可以供不同类型学校选用。

本教材由商传宝、华美玲担任主编，张航航、彭颐、姚莉、杨智英、曲丽雯担任副主编。参加编写工作的老师有（按章节先后顺序排列）：商传宝（第一章，第九章，实验绪论），高前长（第二章，实验二），张锦慧（第三章，实验三），彭颐（第四章，实验四），姚莉（第五章，实验五），张航航（第六章，实验六），谢显珍（第七章，实验七），华美玲（第八章），尹连红（第十章，第十一章），曲丽雯、路俊华（实验一），杨智英、罗建明（实验八）。商传宝对全书进行了审校。

在本教材的编写过程中，化学工业出版社、各位编者所在学校给予了大力支持和帮助，在此致以衷心的感谢！并对本书所引用文献资料的原作者深表谢意。

为了适应高等职业教育发展的需要，使教材更加贴近学生、贴近社会、贴近岗位，我们在编写体例及内容方面做了一点尝试，但由于编者水平有限，难免有不妥之处，敬请使用本教材的老师和同学批评指正。

编者

2013 年 1 月

目录

第十一章　非金属元素及其生物学效应　144

第十二章　无机化学实验　159

第一章
绪　论

通过中学化学的学习，我们已知，化学是研究物质的组成、结构、性质、变化和应用的一门科学，对于常见的物质的物理和化学性质已经基本掌握，但对于高职高专药学类专业的学生来说，还要进一步学习化学的基本知识、掌握化学基本实验技能，为后续课程的学习以及将来从事本专业奠定基础。

绪论

一、化学发展简史

化学是一门历史悠久并在近现代获得持续发展的基础学科。在17世纪中叶以前，化学作为一门科学尚未诞生，这个时期的主要特点是以实用为目的的具体工艺过程，例如制作陶瓷器，冶炼金属，制造火药，造纸，染色，酿酒等。

17世纪后半叶到19世纪末，化学进入了繁荣时期。1661年，英国化学家、物理学家波义耳提出化学元素的概念，这标志着近代化学的诞生。1771年，法国化学家拉瓦锡提出燃烧是氧化过程的重大化学理论，使近代化学取得了革命性的进展。1803年，英国化学家、物理学家道尔顿提出原子学说，为近代化学的发展奠定了坚实的基础。意大利科学家阿伏伽德罗引入了“分子”的概念，创立了“原子-分子论”，成为近代化学理论的基础。1869年，俄国化学家门捷列夫发现元素周期律，把化学元素及其化合物纳入一个统一的理论体系，这是近代化学的重大里程碑。这一时期，化学从经验上升到理论，才真正被确立为一门独立科学，并且出现了无机化学、有机化学、分析化学和物理化学四大基础化学学科。

19世纪末20世纪初，化学借助近代物理学的发展，特别是电子、放射性、X射线的发现，证明了原子的可分性，打开了探索原子和原子核结构的大门，以量子力学为基础的原子结构和分子结构理论揭示了微观世界的奥秘，使化学在研究内容、研究方法、实验技术和应用等方面取得了长足的进步和深刻的变化，化学的发展迈入了现代化学时期。化学在原有的四大基础化学学科的基础上又衍生出许多分支，如高分子化学、核化学、海洋化学、结构化学等。

今天，化学已被公认为是一门中心科学，成为生命科学、材料科学、环境科学和能源科学的重要基础，成为推进现代社会文明和科学技术进步的重要力量，并且在为解决人类面临的一系列危机，如环境危机、能源危机和粮食危机等方面做出积极的贡献。

二、我国在化学方面取得的主要成就

我国是世界文明发展最早的国家之一，在化学发展史上也是成果辉煌，长期处于世界前列。汉代的造纸术，唐代的火药以及汉唐以来的制瓷技术，堪称我国古代化学工艺的三大发明，它标志着我国古代劳动人民对化学的产生和发展做出了重要贡献。明代著名医药学家李时珍在他的《本草纲目》中，曾详细地论述了数百种单质和化合物的特征和制备方法。20世纪40年代我国著名化学家侯德榜独创的“侯氏制碱法”，不仅打破了外国技术的垄断，而且在工艺和设备上还结合我国国情作了重大改革，为振兴我国的制碱工业立下了不朽的功劳，在世界上引起重大反响。1965年，我国首先用化学方法合成了具有生物活性的结晶牛胰岛素，为蛋白质合成做出了重要贡献。1990年，我国在世界上首次观察到DNA的变异结构——三链辫态缠绕片断，在生命科学领域取得重大进展。2000年，我国科学家加入了国际人类基因组计划，为了一个伟大的目标而奋斗，即能在21世纪完全将10万条基因分离，从而搞清其结构与功能，使人类彻底认识生命的本质，开展基因治疗，继而攻克癌症。

阅读拓展

维生素C的“二步发酵法”

维生素C又名抗坏血酸，是维持人体正常活动不可缺少的营养物质。它不仅作为重要的医药产品用于治疗多种疾病，还广泛用于食品、饲料及化妆品等中。维生素C最早的生产方法是1933年德国人发明的“莱氏化学法”，这种方法不但有大量有毒气体和“三废”的产出，而且对生产环境有严格的防火防爆安全要求，且生产成本高。我国于20世纪70年代由中科院微生物所等单位联合研究发明的维生素C生产“二步发酵法”，由生物氧化代替“莱氏化学法”的化学氧化，具有污染小、成本低等优点，使维生素C成为我国首个具有自主知识产权的原料药，也是目前中国原料药行业唯一可以主导国际市场价格的产品。现在已形成了有维生素C“四大家族”之称的东北制药、华北制药、石药集团、江山制药为龙头的生产企业，成为世界上最大的维生素C生产国和出口国。这些成就的取得，是我国科研工作者勇于创新的体现，也是科技作为第一生产力的体现。

三、化学与医药

化学与医药的关系极为密切。早在16世纪，欧洲化学家就提出要为医治疾病而制造药物。比如麻醉药物的发展，从最初的一氧化二氮应用于拔牙，麻醉乙醚应用于外科手术，再到从野生植物古柯叶中提取分离具有麻醉作用的可卡因，并在可卡因基础上进行结构修饰得到疗效更好的局部麻醉药普鲁卡因、利多卡因等，无不体现着化学的重要作用。正是由于现代化学的不断发展，促进了新药的合成及使用，使临床所用的药物疗效越来越好，毒副作用尽可能越来越小，从而更有益于我们的身体健康。

医药与化学的关系主要表现在以下几个方面：①人体的一切生理现象都和体内的化学变化有关。生命的过程是人体对营养成分的消化、吸收和利用，对无用成分（包括有害成分）的分解和排泄，时时刻刻都在发生着化学变化。②利用化学的知识和技能可以帮助预防和诊断疾病。食品分析、卫生防疫、职业病防治、人体体液成分的分析化验、医技检查方法等，都离不开化学知识和技能。③治疗疾病的药物本身就是化学物质。药物的化学结构和性质决定着药物的药理和毒理作用；掌握药物各成分的理化性质，妥善储藏，可保证药物质量，提高疗效。④现代医学的研究和发展更离不开化学。应用化学知识对医用材料和人造器官的研制与应用有积极的推动作用，癌症和艾滋病两大医学难题，也一定能够解决。

四、无机化学的研究对象

化学学科按其研究的物质的类别可分为无机化学和有机化学。无机化学是研究所有元素的单质和化合物（碳氢化合物及其衍生物除外）的组成、结构、性质、变化规律的科学。无机化学的研究对象是元素和无机化合物。无机化合物简称无机物，指除碳氢化合物及其衍生物以外的一切元素及其化合物，如盐酸、氢氧化钠、碳酸钠等都是无机化合物，应该注意的是大多数含碳化合物属于有机物，只有二氧化碳、一氧化碳、二硫化碳、碳酸盐等简单的含碳化合物属于无机物。

五、学习无机化学的方法

怎样才能学好无机化学呢？第一，要有兴趣和信心。虽然每个同学的基础和条件不一样，但是只要怀着浓厚的兴趣和自信心，主动发现，大胆试验，善于总结，就会不断取得更好的成绩。第二，要理解和记忆相结合。学好无机化学，记忆是关键，要在理解的基础上加强记忆，不能只满足于听懂，课堂上要做适当的笔记，课后要仔细阅读教材和学会查阅资料，同时还要多做练习，这样可加深理解和记忆，同时提高自己的学习能力。第三，要重视实验。无机化学是一门以实验为基础的学科，实验和理论是化学研究中相互依赖、彼此促进的两个方面。因此，在学习中要认真做好实验，善于观察和分析实验现象，提高对理论知识的理解和应用。第四，要培养良好的思维习惯。在无机化学学习中，对遇到的现象和问题要善于思考，思维活跃，特别是实验中遇到与课本实验结果不一样的问题时，多问几个为什么，培养自己的分析推理能力，为提高综合职业能力打下基础。

总之，学无定法，但无论采取什么样的方法学习，勤奋是必须做到的。只要做到不断思考、勤于操作、善于总结，才能达到事半功倍的效果。

知识导图

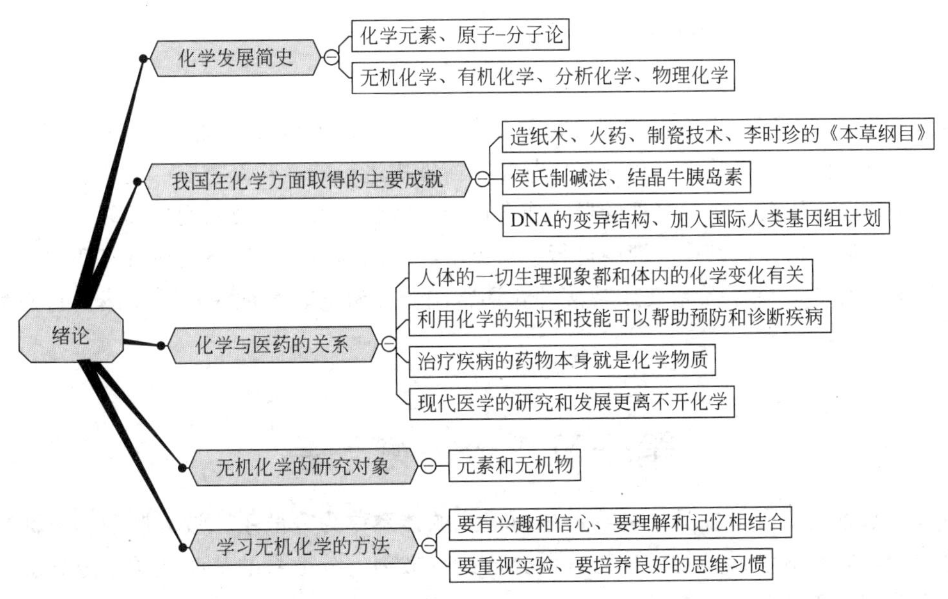

（商传宝）

第二章
溶　液

知识目标

1. 掌握溶液组成的表示方法。
2. 熟悉渗透压的定义、公式及计算。
3. 了解分散系的概念、分类。

技能目标

1. 能配制一定浓度的溶液。
2. 能利用渗透压解决相关实际问题。

素质目标

提高观察现象和分析问题的能力。

溶液对于科学研究、生命现象都具有重要意义。人体内的血液、细胞内液、细胞外液以及其他体液都是溶液，体内的许多化学反应都是在溶液中进行的，营养物质的消化、吸收等无不与溶液有关，医疗用药亦多以溶液的形式或在体液内溶解后形成溶液而发挥其效应，药物分析和检验工作的许多操作也都在溶液中进行。可见溶液与医药工作的联系是极其密切的。

在医药工作中，除了大量使用溶液外，还常用胶体溶液、悬浊液和乳浊液，它们都属于分散系。

第一节　分　散　系

一种或数种物质分散在另一种物质中所形成的体系称为分散系。被分散的物质称为分散质或分散相，容纳分散质的物质称为分散介质或分散剂。分散系的某些性质常随分散质粒子的大小而改变，因此，按分散质颗粒的大小不同可将分散系分为三类（表 2-1）：分子或离子分散系、胶体分散系、粗分散系，三者之间无明显的界限。

表 2-1　分散系的分类

粒子大小	分散系类型		分散质组成	性质	实例
<1nm	分子、离子分散系		小分子或小离子	均相，均匀，透明，稳定，能透过滤纸和半透膜	蔗糖，氯化钠，醋酸水溶液等
1～100nm	胶体分散系	高分子溶液	高分子	均相，均匀，透明，稳定，不能透过半透膜，能透过滤纸	蛋白质，核酸水溶液等
		溶胶	分子、原子或离子的聚集体	非均相，不均匀，有相对稳定性，不能透过半透膜，能透过滤纸	$Fe(OH)_3$，As_2S_3，金溶胶等
>100nm	粗分散系		粗粒子	非均相，不均匀，不透明，不稳定，不能透过滤纸和半透膜	浑浊泥水，牛奶，豆浆等

一、分子、离子分散系

分子、离子分散系是分散相粒子直径小于 1nm 的分散系，也称真溶液或溶液，因分散相粒子很小，不能阻止光线通过，所以溶液是透明的。溶液具有高度稳定性，无论放置多久，分散相颗粒不会因重力作用而下沉，不会从溶液中分离出来，例如盐水和糖水等。溶液中的分散相也称溶质，分散剂称溶剂，一般不指明溶剂的溶液都为水溶液。

二、粗分散系

粗分散系按分散相状态的不同又分为悬浊液（固体分散在液体中）和乳浊液（液体分散在液体中）。在粗分散系中，分散相粒子大于 100nm，用肉眼或普通显微镜即可观察到分散相的颗粒。由于其颗粒较大，能阻止光线通过，因而外观上是浑浊的，不透明的。另外，因分散相颗粒大，不能透过滤纸或半透膜，同时易受重力影响而自动沉降，因此不稳定。在医药制剂中除大量使用溶液外，也常用悬浊液（如硫黄合剂）和乳浊液（如脂肪乳剂），为提高稳定性，增强疗效，在悬浊液和乳浊液中还常加入助悬剂和乳化剂。

三、胶体分散系

胶体分散系即胶体溶液，分散相粒子大小在 1～100nm 之间，属于这一类分散系的有溶胶和高分子化合物溶液。由于此类分散系的胶体粒子比低分子分散系的分散相粒子大，而比粗分散系的分散相粒子小，因而胶体分散系的胶体粒子能透过滤纸，但不能透过半透膜。胶体是物质的一种分散状态，任何物质只要以 1～100nm 之间的粒子分散于另一物质中，就成为胶体。例如，氯化钠在水中分散成离子时属溶液，而在苯中则分散成离子的聚集体，聚集体粒子的大小在 1～100nm 之间，属胶体溶液。许多蛋白质、淀粉、糖原溶液及血液、淋巴液等属于胶体溶液。

知识拓展

生活中的胶体溶液

牛奶是一种复杂的分散系，其基本成分有：水、脂肪、干酪质、乳糖等。脂肪以乳状液的形式分散在水中，并且在牛奶静置时浮在面上；干酪质则以胶体溶液形式分散在水中，当用醋酸酸化时很容易以奶渣的形式分离出来；乳糖则以分子状态分散在水中。故牛奶是乳状液、胶体溶液和溶液三种分散系的共存体系，所以它不可能仅表现出单一分散系的性质。可见，实际存在的分散系往往是比较复杂的。在研究问题时，习惯将三类分散系分别讨论，但必须要注意进行综合分析。

第二节　溶液的浓度

一、溶液浓度的表示方法

溶液的性质和用途常常与溶液中溶质和溶剂的相对含量有关。如：给病人输液或用药时，药液过稀，就不会产生明显的疗效，但药液过浓反而对人体有害，甚至会危及病员的生命安全。因此，使用溶液时需要知道溶液中溶质和溶剂的相对含量。

溶液浓度有多种表示方法。医药工作中常用以下方法表示。

1. 物质的量浓度

物质的量浓度可以简称为浓度，用符号 c_B 表示，其定义为：溶质 B 的物质的量 n_B 除以溶液的体积 V，即：

$$c_B=\frac{n_B}{V} \tag{2-1}$$

物质的量浓度 SI 单位是摩尔每立方米，符号：mol/m^3，医学上常用单位符号：mol/L、mmol/L 和 μmol/L 等。

根据 SI 规定，在使用浓度单位时必须注明所表示物质的基本单元，如 $c(H_2SO_4)$。B 的物质的量 n_B 与 B 的质量 m_B、摩尔质量 M_B 之间的关系可用下式表示：

$$n_B=\frac{m_B}{M_B} \tag{2-2}$$

【例 2-1】 正常人血浆中每 100ml 含 10mg Ca^{2+}，计算血清中 Ca^{2+} 物质的量浓度是多少？

解　根据式(2-1) 和式(2-2) 可得：

$$c(Ca^{2+})=\frac{n(Ca^{2+})}{V}=\frac{m(Ca^{2+})/M(Ca^{2+})}{V}$$

$$=\frac{0.010g/(40g/mol)}{0.10L}=0.0025mol/L$$

答：血清中 Ca^{2+} 的物质的量浓度为 0.0025mol/L。

2. 质量浓度

质量浓度用符号 ρ_B 或 $\rho(B)$ 表示，其定义为：溶质 B 的质量 m_B 除以溶液的体积 V。即：

$$\rho_B=\frac{m_B}{V} \tag{2-3}$$

质量浓度的 SI 单位是千克每立方米，符号是：kg/m^3，医学上常用的单位符号：g/L、mg/L 和 μg/L。质量的单位可以改变，而表示体积的单位一般不能改变，均用 L。

因密度用符号 ρ 表示，要特别注意质量浓度 ρ_B 与密度 ρ 的区别。

知识链接

世界卫生组织建议：医学上表示溶液的组成时，凡是分子量已知的物质，均应用物质的量浓度表示。对于注射液，标签上应同时标明质量浓度 ρ_B 和物质的量浓度 c_B。如静脉注射的氯化钠溶液，应同时标明 $\rho(NaCl)=9g/L$，$c(NaCl)=0.15mol/L$。对于分子量尚未准确测得的物质，则可用质量浓度表示，如人体血清中免疫球蛋白 G（lgG）含量的正常范围为：7.60～16.60g/L，免疫球蛋白 D(lgD) 含量的正常范围为 30～50mg/L。

【例 2-2】 100ml 生理盐水中含有 0.90g NaCl，计算生理盐水的质量浓度。

解 已知 $m(NaCl)=0.90g$，$V=100ml=0.10L$，根据式(2-3) 可得：

$$\rho(NaCl)=\frac{m(NaCl)}{V}=\frac{0.90g}{0.10L}=9g/L$$

答：生理盐水的质量浓度为 9g/L。

3. 质量分数

质量分数用符号 ω_B 表示，其定义为：溶质 B 的质量 m_B 除以溶液的质量 m。

即：

$$\omega_B=\frac{m_B}{m} \tag{2-4}$$

质量分数无单位，可以用小数或百分数表示。例如，市售浓盐酸中 HCl 的质量分数为 0.37 或 37%。

4. 体积分数

体积分数用符号 φ_B 表示，其定义为：在相同温度和压力时溶质 B 的体积 V_B 与溶液的体积 V 之比。即：

$$\varphi_B=\frac{V_B}{V} \tag{2-5}$$

体积分数无单位，用小数或百分数表示。例如，消毒用的酒精溶液中酒精的体积分数为 0.75 或 75%。

【例 2-3】 消毒用酒精溶液中酒精体积分数为 0.75，现配制 500ml 这种酒精溶液需纯酒精多少毫升？

解 根据式(2-5) 可得：

$$V_B=V\varphi_B=500ml\times0.75=375ml$$

答：量取 375ml 纯酒精，用水稀释至 500ml 即得消毒用的酒精溶液。

微课

体积分数 0.75 消毒酒精的配制

5. 摩尔分数

摩尔分数用符号 x_B 表示，其定义为：溶质 B 的物质的量 n_B 除以混合物的物质的量之和 n。

即：

$$x_B=\frac{n_B}{n} \tag{2-6}$$

由 A、B 两种物质组成的混合物：

$$x_A=\frac{n_A}{n_A+n_B} \tag{2-7}$$

$$x_B=\frac{n_B}{n_A+n_B} \tag{2-8}$$

则：

$$x_A+x_B=1 \tag{2-9}$$

对于由多种物质组成的混合物：

$$\sum_B x_B=1 \tag{2-10}$$

摩尔分数无单位。摩尔分数与温度无关，在物理化学中广为使用。

6. 质量摩尔浓度

质量摩尔浓度用符号 b_B 表示，其定义为：溶质 B 的物质的量 n_B 除以溶剂的质量 m_A，即：

$$b_B=\frac{n_B}{m_A} \tag{2-11}$$

质量摩尔浓度的单位 mol/kg。质量摩尔浓度与温度无关，在物理化学中广为使用。

【例 2-4】 将 7.00g 结晶草酸（$H_2C_2O_4 \cdot 2H_2O$）溶于 93.0g 水中，求草酸的质量摩尔浓度 $b(H_2C_2O_4)$ 和摩尔分数 $x(H_2C_2O_4)$。

解 $M(H_2C_2O_4 \cdot 2H_2O)=126\text{g/mol}$，而 $M(H_2C_2O_4)=90.0\text{g/mol}$，故 7.00g 结晶草酸中草酸的质量为：

$$m(H_2C_2O_4)=\frac{7.00\text{g}\times 90.0\text{g/mol}}{126\text{g/mol}}=5.00\text{g}$$

溶液中水的质量为：

$$m(H_2O)=93.0\text{g}+(7.00-5.00)\text{g}=95.0\text{g}$$

则：

$$b(H_2C_2O_4)=\frac{5.00\text{g}}{90.0\text{g/mol}\times 95.0\text{g}}\times\frac{1000\text{g}}{1\text{kg}}=0.585\text{mol/kg}$$

$$x(H_2C_2O_4)=\frac{5.00\text{g}/90.0\text{g/mol}}{(5.00\text{g}/90.0\text{g/mol})+(95.0\text{g}/18.0\text{g/mol})}=0.0104$$

答：该草酸的质量摩尔浓度为 0.585mol/kg，草酸的摩尔分数为 0.0104。

二、浓度的有关计算

同一溶液用不同组成表示方法，其数值不同。同一溶液在不同用途、不同场合，有时根据需要进行溶液组成表示方法间的换算。各种组成表示法有各自的特点，从各种浓度的基本定义出发，可进行各种浓度的相互换算。质量与体积转换时要借助“密度”，质量与物质的量转换时要借助“摩尔质量”。常用以下两公式进行换算。

$$c_B=\frac{\rho_B}{M_B} \tag{2-12}$$

$$c_B=\frac{1000\omega_B\rho}{M_B} \tag{2-13}$$

【例 2-5】 100ml 生理盐水中含 0.90g NaCl，计算生理盐水的质量浓度和浓度。

解　根据式(2-3) 可得：

$$\rho(\text{NaCl})=\frac{m(\text{NaCl})}{V}=\frac{0.90\text{g}}{0.10\text{L}}=9.0\text{g/L}$$

根据式(2-12) 可得：

$$c(\text{NaCl})=\frac{\rho(\text{NaCl})}{M(\text{NaCl})}=\frac{9.0\text{g/L}}{58.5\text{g/mol}}=0.15\text{mol/L}$$

答：生理盐水的质量浓度和浓度分别为 9.0g/L 和 0.15mol/L。

【例 2-6】 市售浓硫酸密度为 1.84kg/L，H_2SO_4 的质量分数 96%，计算物质的量浓度 $c(H_2SO_4)$ 和 $c\left(\frac{1}{2}H_2SO_4\right)$，单位用 mol/L。

解　H_2SO_4 的摩尔质量为 98g/mol，$1/2H_2SO_4$ 的摩尔质量为 49g/mol。

根据式(2-13) 可得：

$$c(H_2SO_4)=\frac{1000\times0.96\times1.84\text{g/L}}{98\text{g/mol}}=18\text{mol/L}$$

$$c\left(\frac{1}{2}H_2SO_4\right)=\frac{1000\times0.96\times1.84\text{g/L}}{49\text{g/mol}}=36\text{mol/L}$$

答：$c(H_2SO_4)$ 为 18mol/L，$c\left(\frac{1}{2}H_2SO_4\right)$ 为 36mol/L。

第三节　溶液的渗透压

人体体液不仅有一定的成分，还有一定的分布和容量，一个正常人每日摄入和排出大量的水和电解质，但每天并不是一成不变的，摄入和排出量经常有很大的变化，但由于机体具有完善的调节功能，从而能维持水、电解质的平衡，维持人体正常的物质代谢和生命活动。其中体液的渗透压起着一定的协调作用，所以渗透压在医学上有着重要的意义。溶液的渗透压只与溶液中溶质粒子数的浓度有关，而与溶质的本性（如颜色、体积、导电性及酸碱性等）无关，因此讨论溶液的渗透压必须具备两个条件：一是溶质为难挥发的非电解质，二是溶液必须是稀溶液，不考虑粒子间的相互作用。

一、渗透现象和渗透压

假若在很浓的蔗糖溶液的液面上加一层清水，则蔗糖分子从下层进入上层，同时水分子从上层进入下层，直到均匀混合浓度一致为止，这个过程称为扩散。

如果将蔗糖水溶液与水用半透膜隔开，使膜两侧液面相平，静置一段时间后，可以看到蔗糖溶液一侧的液面不断上升（如图 2-1 所示）。

半透膜是一种只允许某些物质透过，而不允许另外一些物质透过的多孔型薄膜。如动物的膀胱膜、细胞膜、人造羊皮纸和火棉胶膜等。它的特点是：选择性通透，只允许一定大小的分子、离子通过。图 2-2 所示为半透膜的选择性。

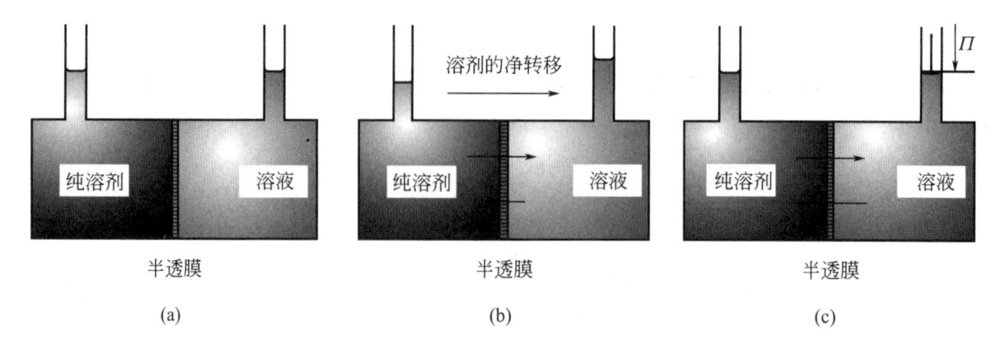

图 2-1 渗透现象和渗透压

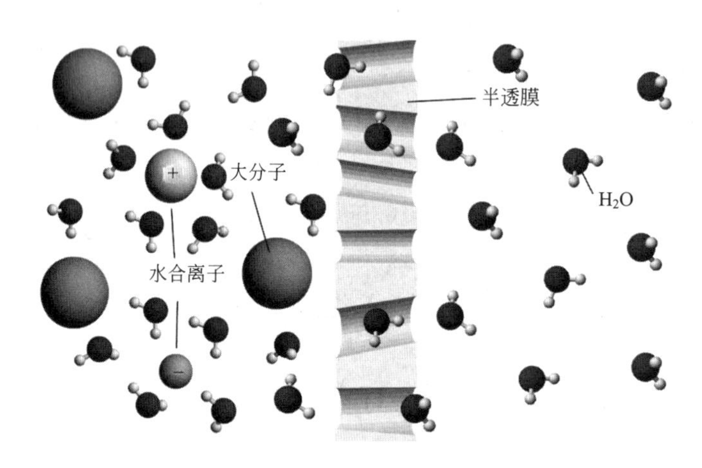

图 2-2 半透膜的选择性

这样，由于蔗糖分子不能透过半透膜，而溶剂水分子却可以自由通过。膜两侧单位体积内溶剂分子数目不等，单位时间内由纯溶剂进入溶液中的水分子数目比蔗糖溶液进入纯溶剂中的数目多。其净结果使蔗糖溶液一侧液面升高，溶液的浓度降低。随着蔗糖溶液一侧液面升高，由液柱产生的静压也随之增加，当膜两侧液面差达到一定高度时，水分子向两个方向扩散的速度相等，渗透作用达到动态平衡，膜两侧液面高度不再变化。

这种溶剂分子通过半透膜进入溶液的自发过程称为渗透现象。

不同浓度的两种溶液被半透膜隔开时也有渗透现象发生。产生渗透现象的必要条件：①有半透膜存在；②半透膜两侧单位体积内的溶剂分子数目不相等。

渗透的方向：总是趋于自发缩小膜两侧溶液的浓度差，即溶剂分子的渗透方向总是从纯溶剂一侧进入溶液一侧或是从稀溶液一侧进入浓溶液一侧。

为了阻止渗透的进行，即保持膜两侧液面相平，必须在膜内溶液一侧施加一额外压力。为维持溶液与溶剂之间的渗透平衡而需要的超额压力称为渗透压。渗透压用符号 Π 表示，单位是 Pa 或 kPa。如果在溶液一侧增加更大的压力，溶剂分子的渗透方向就会从溶液一侧进入纯溶剂一侧。此种操作称为反渗透，依此可实现溶液的浓缩和海水的淡化。

如果被半透膜隔开的是两种不同浓度的溶液，这时液柱产生的静液压，既不是浓溶液的渗透压，也不是稀溶液的渗透压，而是这两种溶液渗透压之差。

阅读拓展

盐湖提锂

锂及其化合物是国民经济和国防建设的重要战略资源，广泛应用于锂电池、陶瓷和玻璃制造、润滑脂、核能等领域，被誉为“金属味精”。锂资源的储备和分离提取技术将直接影响国家战略安全。我国已探明锂资源量为450万吨，其中超过71%的锂资源蕴藏在盐湖卤水中。以一里坪盐湖为例，其卤水锂资源储量丰富，但其镁锂比高，锂资源品位低，极大程度地制约了锂资源的开发和利用。基于渗透原理，中国科学院青海盐湖研究所研究团队和企业有关技术人员通过对膜分离过程中的机制等进行深入研究，开发了膜分离卤水预处理装置，降低了后续锂提取过程中的分离难度，成功突破了传统盐湖提锂技术瓶颈，并具有能耗低、绿色无污染等特点，实现了水资源的循环利用。我国科学家在面对提锂难题、面对国家需求时，不辞劳苦、刻苦钻研、沉着应对，采用多学科、多领域的交叉融合，充分展现了我国科学家坚韧的敬业精神、坚定的爱国精神、求真加务实的实干精神以及团队的协作精神。

二、渗透压与浓度、温度的关系

实验证明：当温度不变时，渗透压与稀溶液的物质的量浓度成正比；当浓度不变时，渗透压与溶液热力学温度成正比。1886年荷兰物理学家范特霍夫（Van't Hoff）根据实验结果提出了渗透压定律：

$$\Pi V=nRT \text{ 或 } \Pi=cRT \tag{2-14}$$

式中，V为溶液体积，m^3；n为物质的量，mol；R为摩尔气体常数，其值为8.31J/(K・mol)或为8.314kPa・L/(K・mol)；T为热力学温度，K；c为物质的量浓度，mol/m^3或mol/L。

渗透压定律也称为范特霍夫定律，它表明：在一定温度下，稀溶液的渗透压只决定于单位体积溶液中所含溶质粒子数，而与溶质的本性无关。

对于稀溶液，物质的量浓度近似地与质量摩尔浓度相等，所以可以将计算公式改写成：

$$\Pi \approx b_B RT \tag{2-15}$$

对于电解质溶液，在计算渗透压时应考虑电解质的解离，因此渗透压公式引进了校正系数i。

$$\Pi=icRT\approx b_B RT \tag{2-16}$$

对强电解质稀溶液，i可近似看成1mol电解质能够解离出离子的物质的量。如：NaCl，$i\approx 2$；$CaCl_2$，$i\approx 3$等。

通过测定溶液的渗透压力，可以计算溶质的分子量。由于小分子溶质也能透过半透膜，因此渗透压力法仅适合于高分子化合物分子量的测定。

【例2-7】 100ml水溶液中含有2.00g白蛋白，25℃时此溶液的渗透压力为0.717kPa，求白蛋白的分子量。

解　根据式(2-14)可得：

$$c(\text{白蛋白})=\frac{\Pi}{RT}=\frac{0.717\text{kPa}}{8.314\text{kPa}\cdot\text{L}/(\text{mol}\cdot\text{K})\times(273+25)\text{K}}=2.89\times10^{-4}\text{mol/L}$$

$$M(\text{白蛋白})=\frac{2.00\text{g}}{2.89\times10^{-4}\text{mol/L}\times0.100\text{L}}=6.92\times10^{4}\text{g/mol}$$

答：白蛋白的分子量为6.92×10^4g/mol。

三、渗透压在医学上的意义

1. 渗透浓度

人体中水占体重的60%左右，其中溶有蛋白质、有机小分子物质和各种离子等，如血浆、尿液、淋巴液及各种腺体的分泌液等。由于渗透压是溶液的依数性，它仅与溶液中溶质粒子的浓度有关，而与粒子的本性无关。溶液中各溶质粒子（分子或离子）产生渗透效应是相同的。我们把溶液中能产生渗透效应的各种溶质的粒子（分子或离子）统称为渗透活性物质。渗透活性物质的量除以溶液的体积，即溶液中能产生渗透效应的所有溶质粒子的总浓度叫溶液的渗透浓度，用符号 c_{os} 表示，常用单位为 mmol/L。表 2-2 为正常人各种渗透活性物质的渗透浓度。

表 2-2 正常人各种渗透活性物质的渗透浓度 单位：mol/L

渗透活性物质	血浆中	组织间液中	细胞内液中
Na^+	144	37	10
K^+	5	4.7	141
Ca^{2+}	2.5	2.4	
Mg^{2+}	1.5	1.4	31
Cl^-	107	112.7	4
HCO_3^-	27	28.3	10
HPO_4^{2-}、$H_2PO_4^-$	2	2	11
SO_4^{2-}	0.5	0.5	1
磷酸肌酸			45
肌肽			14

【例 2-8】 计算补液用的 50.0g/L 葡萄糖溶液和 9.00g/L NaCl 溶液的渗透浓度。

解 根据式(2-12) 可得：

$$c_{os}(\text{葡萄糖})=\frac{50.0\text{g/L}}{180\text{g/mol}}\times1000=278\text{mmol/L}$$

$$c_{os}(\text{NaCl})=2\times\frac{9.00\text{g/L}}{58.5\text{g/mol}}\times1000=308\text{mmol/L}$$

答：50g/L 葡萄糖溶液的渗透浓度是 278mmol/L，9.00g/L NaCl 溶液的渗透浓度是 308mmol/L。

2. 等渗、低渗和高渗溶液

渗透压力的高低是相对的。渗透压相等的两种溶液称为等渗溶液。渗透压不同的两种溶液，把渗透压相对高的溶液叫做高渗溶液，把渗透压相对低的溶液叫做低渗溶液。对同一类型的溶质来说，浓溶液的渗透压比较大，稀溶液的渗透压比较小。因此，在发生渗透作用时，水会从低渗溶液（即稀溶液）进入高渗溶液（即浓溶液），直至两溶液的渗透压达到平衡为止。

在临床上，所谓等渗、低渗或高渗溶液是以血浆总渗透压作为判断标准的，由于正常人血浆总渗透压的正常范围相当于 280～320mmol/L，在此范围内的溶液称为生理等渗液。高于 320mmol/L 为高渗液，低于 280mmol/L 为低渗液。临床常用的生理盐水（9g/L NaCl 溶液）和 50g/L 葡萄糖溶液都是等渗溶液。

等渗溶液在医学上具有重要意义，如给病人换药时，通常用与组织细胞液等渗的生理盐水冲洗伤口；眼组织对渗透压变化比较敏感，为防止刺激或损伤眼组织，配制的眼药水也必须与眼黏膜细胞的渗透压力相同；在临床上，病人需要大量输液时必须使用等渗溶液，否则将产生严重后果，甚至危及生命。

血细胞内液与血浆是等渗的，如果将红细胞放入纯水或低渗溶液中，在显微镜下可以看到红细胞逐渐膨胀，最后破裂，医学上称这种现象为溶血。这是因为红细胞内液的渗透压大于细胞外溶液渗透压，因此，水分子就要向红细胞内渗透，使红细胞膨胀，以致破裂。如将红细胞放入高渗溶液中，在显微镜下可以看到红细胞逐渐皱缩，这种现象称为胞浆分离。因为这时红细胞内液的渗透压小于细胞外溶液的渗透压，因此，水分子由红细胞内向外渗透，使红细胞皱缩。如将红细胞放到生理盐水中，在显微镜下看到红细胞维持原状。这是因为红细胞与生理盐水渗透压相等，细胞内外达到渗透平衡的缘故，见图 2-3。

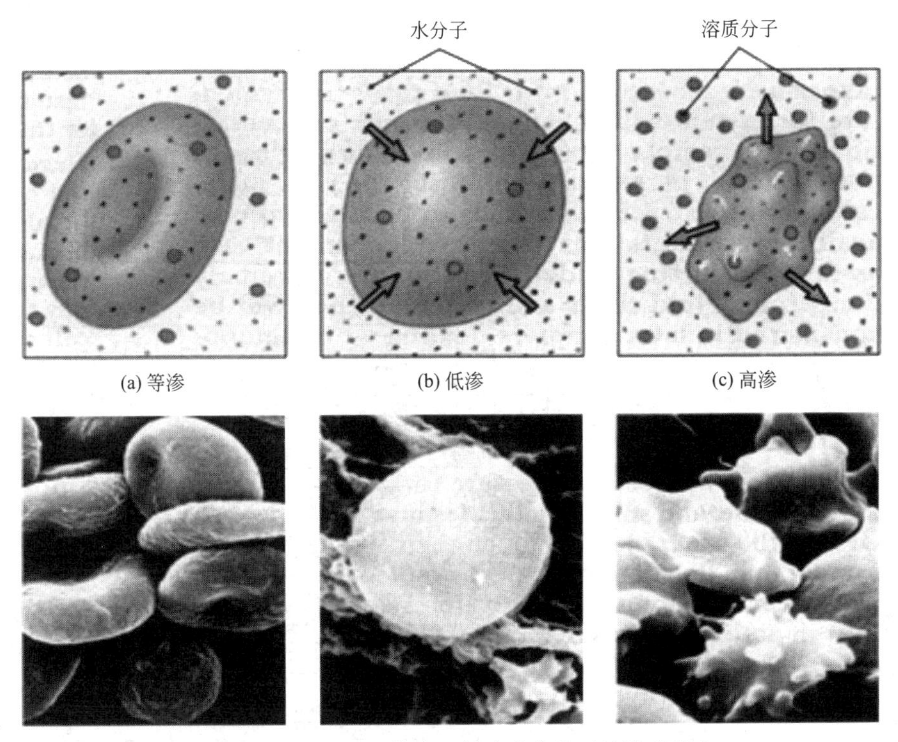

图 2-3　红细胞处于等渗、低渗或高渗时溶液的形态

大量输液时，应用等渗溶液是一个基本原则。但在某种治疗上输入少量的高渗溶液是允许的，因为当高渗溶液缓缓注入体内时，可被大量体液稀释成等渗溶液。需要注意的是，用高渗溶液作静脉注射时，用量不能太大，注射速度不可太快，否则易造成局部高渗引起红细胞皱缩。

3. 晶体渗透压和胶体渗透压

血浆中既含有小分子物质（如氯化钠、葡萄糖和碳酸氢钠等），又有高分子物质（如蛋白质）。血浆中的渗透压是这两类物质所产生渗透压的总和。其中由小分子物质产生的渗透压叫做晶体渗透压；由高分子物质产生的渗透压叫做胶体渗透压。由于小分子物质的质点数远大于大分子物质的质点数，故晶体渗透压力大于胶体的渗透压力。

人体内半透膜的通透性不同，晶体渗透压和胶体渗透压在维持体内水盐平衡功能上也不相同。

细胞膜是体内的一种半透膜，它将细胞内液和细胞外液隔开，并只让水分子自由透过膜内外，而 K^+、Na^+ 则不易自由通过。因此，水在细胞内外的流通，就要受到盐所产生的晶体渗透压的影响。晶体渗透压对维持细胞内外水分的相对平衡起着重要作用。

毛细血管壁也是体内的一种半透膜，它与细胞膜不同，它间隔着血浆和组织间液，可以让小分子如水、葡萄糖、尿素、氨基酸及各种离子自由透过，而不允许高分子蛋白质通过。所以，晶体渗透压对维持血液与组织间液之间的水盐平衡不起作用。胶体渗透压虽然很小，但在调节毛细血管内外水盐平衡、维持血容量方面起着重要的作用。如果由于某种原因造成血浆中蛋白质减少时，血浆的胶体渗透压就会降低，血浆中的水就通过毛细血管壁进入组织间液，致使血容量降低而组织液增多，这是形成水肿的原因之一。

肾是一个特殊的渗透器，它让代谢产生的废物经渗透从尿排出体外，而将蛋白质保留在肾小球内，所以尿中出现蛋白质是肾功能受损的标志。

知识导图

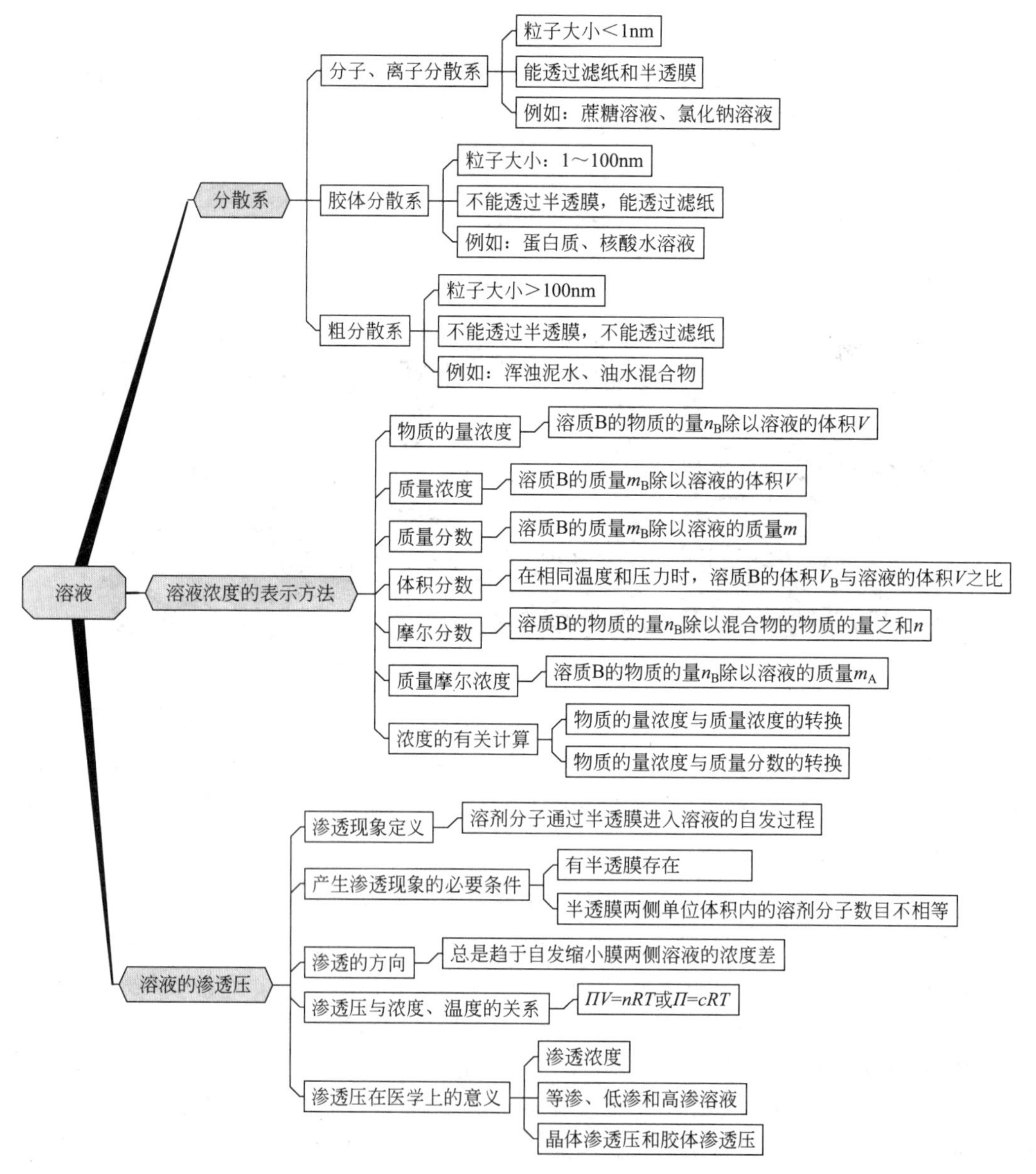

综合测试

一、填空题

1. 根据分散相粒子的大小，可将分散系分为________、________和________三类。

2. 渗透产生的条件是________和________。

3. 当半透膜内外溶液浓度不同时，溶剂分子会自动通过半透膜由________溶液一方向________溶液一方扩散。

4. 范特霍夫定律的数学表达式为________。其重要意义在于，在一定温度下，稀溶液的渗透压只与一定溶液中的溶质的________成正比，而与溶液的________无关。

5. 临床上大量输液的基本原则是________________。

二、选择题

1. 下列关于分散系概念的描述，正确的是（　　）。

A. 分散系只能是液态体系　　B. 分散系为均一、稳定的体系

C. 分散系相微粒都是单个分子或离子　　D. 分散系中被分散的物质称为分散相

2. 下列分散相粒子能透过滤纸而不能透过半透膜的体系是（　　）。

A. 粗分散系　　B. 胶体分散系　　C. 分子离子分散系　　D. 都不是

3. 单位质量摩尔浓度的溶液是指1mol溶质溶于（　　）。

A. 1L溶液　　B. 1000g溶液　　C. 1L溶剂　　D. 1000g溶剂

4. 胶体分散系中分散相粒子的直径范围是（　　）。

A. 大于100nm　　B. 1～100nm　　C. 小于1nm　　D. 小于100nm

5. 同温同体积的两杯蔗糖溶液，浓度分别为1mol/L和1mol/kg，则溶液中的蔗糖含量应是（　　）。

A. 一样多　　B. 1mol/kg中多　　C. 1mol/L中多　　D. 不一定哪个多

6. 将0.90mol/L的KNO_3溶液100ml与0.10mol/L的KNO_3溶液300ml混合，所制得KNO_3溶液的浓度为（　　）。

A. 0.50mol/L　　B. 0.40mol/L　　C. 0.30mol/L　　D. 0.20mol/L

7. 溶剂透过半透膜进入溶液的现象称为（　　）。

A. 扩散　　B. 渗透　　C. 混合　　D. 层析

8. 用半透膜将0.02mol/L蔗糖溶液和0.02mol/L NaCl溶液隔开时，将会发现（　　）。

A. 水分子从NaCl溶液向蔗糖溶液渗透　　B. 水分子从蔗糖溶液向NaCl溶液渗透

C. 互不渗透　　D. 不确定

9. 温度T时，$CaCl_2$溶液的渗透压为Π，则此溶液的物质的量浓度为（　　）。

A. Π/RT　　B. $\Pi/2RT$　　C. $\Pi/3RT$　　D. $\Pi/4RT$

10. 与0.1mol/L NaCl溶液等渗的是（　　）。

A. 0.1mol/L Na_2SO_4溶液　　B. 0.1mol/L蔗糖溶液

C. 0.2mol/L蔗糖溶液　　D. 0.2mol/L $NaHCO_3$溶液

三、计算题

1. 将9.0g NaCl溶于1L纯净水中配成溶液，计算该溶液的质量分数、质量浓度、物质的量浓度。(NaCl的化学式式量为58.4)

2. 中和 50.00ml 0.2mol/L HCl 溶液需要 NaOH 溶液 25.00ml，该 NaOH 溶液的质量浓度是多少？[M(NaOH)=40g/mol]

3. 实验中需要配制 0.2mol/L 盐酸溶液 2000ml，如用 37%的浓盐酸（密度为 1.19g/ml）来配制，需用此浓盐酸溶液多少毫升。

4. 37℃血液的渗透压为 775kPa，那么供静脉注射的葡萄糖（$C_6H_{12}O_6$）溶液的浓度应是多少？(医药界常用 g/L 表示浓度)。

（张政）

第二章综合测试参考答案

第三章

胶体溶液和表面现象

胶体溶液和表面现象

知识目标

1. 掌握溶胶的稳定性和聚沉、凝胶的形成及性质。
2. 熟悉溶胶、表面活性物质、高分子溶液的性质及应用。
3. 了解表面张力与表面能的概念。

技能目标

1. 能通过电泳实验，判断胶粒所带电荷种类。
2. 能识别表面活性剂分子的极性和非极性部分。

素质目标

能运用胶体溶液性质及表面现象解释相关问题。

胶体溶液是分散质直径在 1～100nm 范围内的一种分散体系，包括溶胶（sol）和高分子溶液。胶体溶液的应用很广，生物体的组织、细胞实际上都是胶体。其他如乳液、血液、淋巴等均属于胶体。

第一节　溶　　胶

溶胶的分散相粒子由许多分子聚集而成，其高度分散在不相溶的介质中形成溶胶。溶胶不是一类特殊的物质，是物质存在的一种特殊状态，如 NaCl 易溶于水，难溶于苯，它分散在水中是真溶液，而分散在苯中则成为溶胶。按分散介质不同，可分为液溶胶（如氢氧化铁溶胶）、气溶胶（如烟、雾等）和固溶胶（如有色玻璃），通常所说溶胶指液溶胶。

$Fe(OH)_3$ 溶胶的制备

溶胶的制备方法有：分散法和凝聚法。分散法是将粗大的颗粒粉碎（或分散）成细小的胶粒的方法；凝聚法是使分子或离子聚集成胶粒的方法，可分为物理凝聚法和化学凝聚法两类。其中化学凝聚法是通过化学反应使其生成物呈过饱和状态，然后形成溶胶的方法，如将 $FeCl_3$ 溶液滴入沸水中，$FeCl_3$ 水解可形成红棕色透明的 $Fe(OH)_3$。

一、溶胶的性质

溶胶的许多性质都与其分散质高度分散和多相共存的特点有关。溶胶的性质主要包括光学性质、动力学性质和电学性质。

1. 光学性质

在暗室中，将一束强光照射到胶体时，在与光束垂直的方向上可以观察到一条发亮的光柱，这种现象称为丁达尔现象或丁达尔效应（Tyndall effect），如图 3-1 所示。丁达尔现象是由于胶体粒子对光的散射而形成的。当光线射入粗分散系时，因分散质粒子的直径 1000～5000nm，远大于入射光波长 400～760nm，主要发生反射现象，光线无法透过，可观察到体系是浑浊不透明的；当光线射入溶胶时，由于溶胶粒子的直径在 1～100nm 之间，因此发生散射现象，在光线的垂直方向可观察到一条明亮的光柱；当光线射入真溶液，由于分散质粒子太小（$<$1nm），光的散射很微弱，光几乎全部透过，整个溶液是透明的。因此，丁达尔现象是溶胶的特征，可用来区分三类分散系。

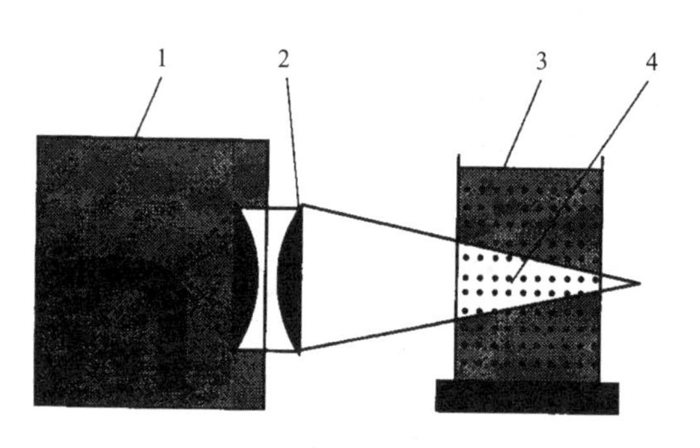

图 3-1　丁达尔效应

1—光源；2—透镜；3—胶体；4—光锥

2. 动力学性质

在超显微镜下观察溶胶时，可以看到胶体粒子不断地上下往来作无规则运动，这种运动称为布朗运动，如图 3-2 所示。布朗运动实质上是溶胶粒子本身热运动和分散介质对它不断撞击的总结果。胶粒越小、温度越高、介质黏度越低，则布朗运动越激烈。布朗运动的存在，使胶粒具有一定的能量，可以克服重力的影响，使胶粒稳定不易发生沉降。

胶粒由于存在布朗运动，能自发从高浓度的区域自动向低浓度的区域扩散，最后体系达到浓度均匀。但是如果把盛有溶胶的半透膜放入分散介质中，则胶粒不能透过半透膜。利用胶粒不能透过半透膜，而离子、小分子能透过半透膜的性质，可以把胶体溶液中混有的电解质的分子或离子分离出来，使胶体溶液净化，这种方法称为透析或渗析。渗析法可用于中草药中有效成分的分离提取。在中草药浸取液中，常利用植物蛋白、淀粉等不能透过半透膜的性质而将它们除去；中草药注射剂常由于存在微量的胶体状态杂质，在放置中变浑浊，应用渗析法可改变其澄明度。人工肾能帮助肾功能衰竭的患者去除血液中的毒素和水分也是基于渗析的原理。

3. 电学性质

在溶胶内插入两个电极通直流电源后，可观察到胶体粒子的定向移动。这种在外电场作用下，分散质粒子在分散剂中定向移动的现象称为电泳。电泳可通过图 3-3 所示实验装置来观察。在 U 形电泳仪内装入红棕色的 $Fe(OH)_3$ 溶胶，溶胶上方加少量的无色 NaCl 溶液，使溶液和溶胶有明显的界面。插入电极，接通电源后，在负极可看到红棕色的 $Fe(OH)_3$ 溶胶的界面上升，而正极界面下降。这表明 $Fe(OH)_3$ 溶胶粒子在电场作用下向负极移动，说明 $Fe(OH)_3$ 溶胶胶粒是带正电的。如果在电泳仪中装入黄色的 As_2S_3 溶胶，通电后，发现正极黄色界面上升，这表明 As_2S_3 胶粒带负电荷。

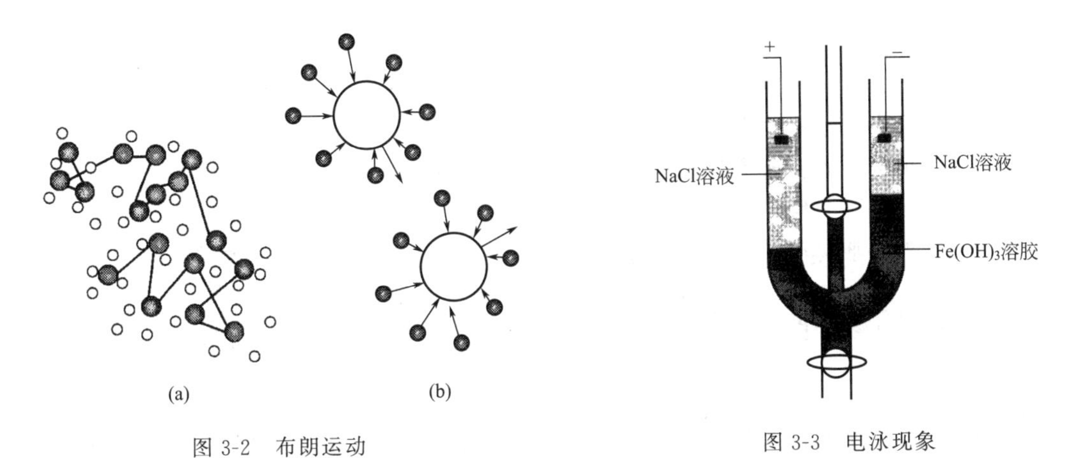

图 3-2　布朗运动　　图 3-3　电泳现象

通过电泳实验，可以证明胶粒是带电的，通过电泳的方向可以判断胶粒所带电荷的种类。大多数金属氧化物和金属氢氧化物胶粒带正电，称为正溶胶；大多数金属硫化物、金属以及土壤所形成的溶胶则带负电，称为负溶胶。

（1）溶胶粒子带电的原因　电泳现象表明，溶胶粒子是带电的，带电的原因主要有两点：

① 吸附作用　溶胶是高度分散的多相体系，分散质有巨大的表面积，所以有强烈的吸附作用。固体胶粒表面选择吸附了分散剂中的某种离子，从而使胶粒表面带了电荷。

② 解离作用　胶粒带电的另一个原因是胶粒表面基团的解离作用。例如硅酸溶胶的胶粒是由许多硅酸分子缩合而成的，胶粒表面的硅酸分子发生解离，H^+ 进入了溶液，而将 $HSiO_3^-$ 留在了胶粒表面，使硅胶粒子带了负电。

然而，溶胶带电原因十分复杂，以上两种情况只能说明溶胶粒子带电的某些规律。至于溶胶粒子究竟怎么带电，或者带什么电荷都还需要通过实验来验证。

（2）胶团结构　胶体的性质取决于胶体的结构。根据大量的实验事实，人们提出了胶体的扩散双电层结构，现以 $Fe(OH)_3$ 溶胶为例加以说明。

制备 $Fe(OH)_3$ 溶胶时，大量的 $Fe(OH)_3$ 分子聚集在一起，形成直径在 1～100nm 的固体分子集团，它们是形成胶体的核心，称为胶核。胶核是固相，具有很大的表面积和表面能，它能选择吸附与它组成有关的离子。此时溶液中离子有 FeO^+、Cl^- 和 H^+ 等，FeO^+ 被胶核吸附，使胶核表面带上正电荷。FeO^+ 是电位离子，与 FeO^+ 带相反电荷的 Cl^- 是反离子。电位离子和一部分反离子构成了吸附层。胶核和吸附层构成胶粒。由于胶粒中反离子数比电位离子数少，故胶粒所带电荷与电位离子符号相同。其余的反离子则分散在溶液中，形成扩散层，胶粒和扩散层的整体称为胶团。胶团内反离子和电位离子的电荷总数相等，故胶团是电中性的。吸附层和扩散层的整体称为扩散双电层。

胶团结构也可用胶团结构式表示。$Fe(OH)_3$ 溶胶的胶团结构式为

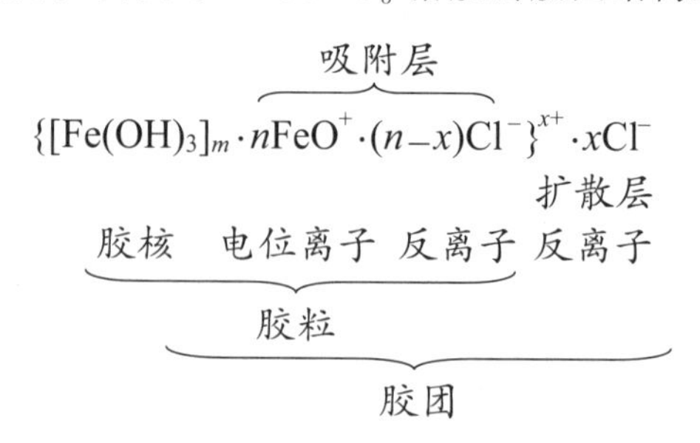

m——形成胶核物质的分子数，通常 m 在 10^3 左右；

n——吸附在胶核表面的电位离子数，比 m 小得多；

x——扩散层的反离子数，是胶核所带的电荷数；

$(n-x)$——吸附层的反离子数。

注意，在制备胶体时，一定要有稳定剂存在。通常稳定剂就是在吸附层中的电位离子。

二、溶胶的稳定性和沉聚

1. 溶胶的稳定性

在医药工作中常常需要配制稳定的胶体，如难溶的药物常要制成胶体才便于病人服用和吸收。溶胶是高度分散的不稳定体系，但事实上有的溶胶却能稳定存在很长时间，其主要原因有以下三方面：

（1）布朗运动　溶胶的分散度大、粒子小、质量小、布朗运动激烈，因此可以克服重力作用，不易沉降，即具有动力学的稳定性。

（2）胶粒带电　一般情况下，同种胶粒在相同条件下带同种电荷，相互排斥，从而阻止了胶粒在运动时互相接近聚合成较大的颗粒而沉降。

（3）溶剂化膜（水化膜）的存在　胶核吸附层上的离子，水化能力强，在胶粒周围形成一个水化层，阻止了胶粒之间的聚集。

2. 聚沉

在实践中，有时胶体的形成会带来不利的影响，例如在制备沉淀时，如果沉淀以胶态存在，吸附能力强，其表面将吸附许多杂质，不易洗涤干净，造成产品不纯和分离上的困难。因此需要破坏胶体，促使胶粒快速沉降。使胶粒聚集成较大的颗粒而沉降的过程叫聚沉。常用的聚沉方法有：

（1）加入少量电解质　电解质加入后，与胶粒带相反电荷的离子能进入吸附层，中和了胶粒所带的电荷，水化膜被破坏，当胶粒运动时互相碰撞，就可以聚集成大的颗粒而沉降。江河入海口三角洲的形成，就是由于河流中带有负电荷的胶态黏土被海水中带正电荷的钠离子、镁离子中和后沉淀堆积而形成的。电解质对溶胶的聚沉能力，主要取决于与胶粒带相反电荷离子的电荷，离子电荷越高，聚沉能力越强。例如对负溶胶的聚沉能力是 $AlCl_3>CaCl_2>NaCl$；对正溶胶的聚沉能力是 $K_3[Fe(CN)_6]<K_2SO_4<KCl$。

课堂互动

俗话说“卤水点豆腐，一物降一物”，你知道豆腐制作过程包含的原理吗？

（2）加入带相反电荷的胶体溶液　两种带相反电荷的胶粒互相吸引，彼此中和电荷，从而发生聚沉。明矾净水法就是溶胶相互聚沉的典型例子。

（3）加热　由于加热使胶粒的运动速度加快，碰撞聚合的机会增多；同时，升温降低了胶核对离子的吸附作用，减少了胶粒所带的电荷，水化程度降低，有利于胶粒在碰撞时聚沉。

另外，采用增加溶胶的浓度、改变介质的 pH 等方法也能促使溶胶聚沉。

课堂互动

溶胶具有稳定性的原因有哪些？用什么方法可破坏其稳定性？

阅读拓展

傅　鹰

傅鹰（1902—1979）是我国著名的物理化学家和化学教育家，中国第一批科学院学部委员（院士）。作为著名的物理化学家，傅鹰在胶体与表面化学研究中取得了一系列科研成果，还创建了中国第一个胶体化学教研室，是胶体和表面化学的主要奠基人。

1919 年傅鹰由北京汇文学校考入燕京大学化学系，从此发奋读书，立志走科学救国的道路。1922 年傅鹰公费赴美国留学，1928 年，在密歇根大学研究院获得科学博士学位。1945 年，傅鹰任密歇根大学研究员。自 20 世纪 20 年代开始，傅鹰教授在胶体化学领域中以硅胶及活性炭作为典型吸附剂，对影响溶液吸附的各种因素、溶质、溶剂的性质以及吸附剂表面的性质等作了比较系统的研究并得出了一些重要的结果。1949 年，他毅然决定抛弃优厚的工作待遇和优越的科研条件，冲破重重险阻，于 1950 年回到祖国的怀抱参加社会主义建设。1954 年，傅鹰在北京大学化学系主持建立了中国第一个胶体化学教研室。傅鹰长期从事胶体与表面化学的研究工作，尤其在表面化学的吸附理论方面进行了深入、系统和独具特色的研究。

傅鹰为国家培养了几代化学人才，不少人已经成为了胶体与表面化学教学和研究领域的骨干力量，傅鹰在教学方面反对学生死记硬背，反对学生死读书，读死书。傅鹰注重培养学生的思维方法和严谨的治学态度，强调实验在科学发展中的作用。

第二节　高分子化合物溶液

一、高分子化合物的概念

高分子化合物是指分子量在 10000 以上的大分子，生物体内许多有机化合物（如蛋白质、核酸、淀粉）以及人工合成的塑料等都是高分子化合物。它们是由一种或多种小的结构单元联结而成。例如，蛋白质分子的最小单位是氨基酸，淀粉由许多葡萄糖分子缩合而成。

二、高分子化合物溶液的形成和特征

高分子化合物溶于适当的溶剂中，就成为高分子化合物溶液，简称高分子溶液。

高分子溶液具有溶胶和真溶液的双重性质。高分子溶液是单相体系，溶质分子和溶剂之间没有界面，有很好的亲和力。但它的分子质量很大，可高达数十万或数百万。它的单分子与溶胶的多分子聚集的胶核粒子大小差不多，因此又具有一般真溶液所没有的特性，如扩散速度慢、不能透过半透膜等，这与溶胶的性质相似，因此在分散系的分类中被列为胶体分散系。

高分子溶液具有如下特征。

1. 稳定性高

高分子化合物在溶液中的溶剂化能力很强，分子结构中有许多亲水能力很强的基团（如—OH、—COOH、$—NH_2$ 等），当以水作溶剂时，高分子化合物表面能通过氢键与水形成很厚的水化膜，使其能稳定分散于溶剂中不易凝聚，而溶胶粒子的溶剂化能力比高分子化合物弱得多。

2. 黏度大

由于高分子化合物常形成线型、枝状或网状结构，当它运动时，必然会受到溶剂分子的阻碍，使其行动困难，因此高分子溶液的黏度比一般溶胶和真溶液要大得多。由于黏度与粒子的分子量、形状及溶剂化程度直接相关，所以在应用方面，可以通过测定蛋白质溶液的黏度，推知其分子的形状和分子量。

3. 盐析

高分子溶液稳定的主要因素是其分子表面有很厚的水化膜，只有加入大量电解质才能把高分子化合物的水化膜破坏掉，使高分子化合物聚沉析出，这就是盐析作用。常用作盐析的电解质有氯化钠、硫酸钠、硫酸镁、硫酸铵等。可用盐析法分离纯化中草药中有效成分。

课堂互动

免疫球蛋白属于活性抗体免疫蛋白，主要作用是用于抵抗病毒和细菌的感染，从而促进自身形成一个免疫系统，增强个人的抵抗能力。你知道为什么可以用盐析法纯化免疫球蛋白吗？

三、高分子溶液对溶胶的保护作用

若在溶胶里加入适量的高分子溶液，就能显著地增强溶胶的稳定性，这种作用就是高分子溶液对溶胶的保护作用。这是因为加入的高分子化合物是卷曲的线型分子，很容易被吸附在溶胶粒子表面，从而将整个胶粒包裹起来形成一层稳定的保护层，阻碍了胶粒间因相互碰撞而发生凝聚，因此大大提高了溶胶的稳定性。

保护作用在生理过程中具有重大意义。在人和动物体内，健康状况下血液中所含的难溶盐，如碳酸镁、磷酸钙等，都以溶胶状态存在，并且因被血清蛋白等高分子溶液保护着而稳定存在。但当发生某些疾病时，保护物质在血液中的含量减少，结果使溶胶凝结而堆积在身体的一些器官（如肾、胆）中形成结石。

第三节　凝　　胶

一、凝胶的形成

高分子溶液和溶胶在温度降低或浓度增大时，失去流动性，变成半固态时的体系称为凝胶。例如将琼脂溶于热水中，煮沸后形成胶体溶液，冷却后形成凝胶。根据凝胶中液体含量的多少，可将凝胶分为冻胶和干凝胶。冻胶中液体的含量常在90%以上，如血块、肉冻等。液体含量少的凝胶称为干凝胶，如明胶、半透膜等。人体的肌肉、脏器、细胞膜、皮肤、毛发、指甲、软骨都可看成凝胶。约占人体体重2/3的水，基本上都保持在凝胶里。

知识拓展

智能水凝胶

智能水凝胶是一种可对环境刺激发生响应的水凝胶。因为能够在外界温度、pH、光、电场、盐度等条件发生单一或多重变化时做出相应的收缩溶胀变化，所以在生物医学领域有着广泛的应用。根据刺激因素的不同，可将智能水凝胶分为温度敏感型、pH敏感型、光敏感型和电敏感型水凝胶等类型。智能水凝胶因为具有能够对环境刺激产生智能响应的能力而被广泛应用在生物医学领域，如组织工程、药物及基因固载、蛋白质传输等。而在这多种应用中，最重要的就是在药物缓释方面的应用。不溶于水的药物、大分子药物、疫苗抗原等都可以通过智能水凝胶作为载体达到缓慢释放的目的。

二、凝胶的性质

1. 弹性

凝胶可分为弹性凝胶和脆性凝胶两类。二者在冻态时，弹性大致相同，但在干燥后有很大区别。弹性凝胶烘干后体积缩小很多，但仍保持弹性，如肌肉、皮肤、血管壁等。脆性凝胶烘干后体积缩小不多，但失去弹性而具有脆性。脆性凝胶大多是无机凝胶（如硅胶、氢氧化铝等），它的网状结构坚固，不易伸缩，具有多孔性及较大的内表面，广泛用作吸附剂或干燥剂。

2. 溶胀

干燥的弹性凝胶放入适当的溶剂中，会自动吸收液体，使凝胶的体积和重量增大的现象称为溶胀作用。脆性凝胶没有这种性质。溶胀现象对于药用植物的浸取很重要，一般只有在植物组织溶胀后，才能将有效成分提取出来。有机体愈年轻，溶胀能力愈强，随着有机体的逐渐衰老，溶胀能力也逐渐减退。人体衰老出现皱纹是机体溶胀能力衰减所致；老年人血管硬化的重要原因之一就是构成血管壁的凝胶溶胀能力下降。

3. 离浆

制备好的凝胶在放置过程中，缓慢自动地渗出液体，使体积缩小的现象称为脱水收缩或离浆，如常见的糨糊久置后要析出水，血块放置后有血清分离出来等现象。离浆是溶胀的逆过程，可以认为是凝胶的网状结构继续相互靠近，促使网孔收缩，把一部分液体从网眼中挤出来的结果。体积虽然变小了，但仍保持原来的几何形状。离浆现象在生命过程中普遍存在，因为人类的细胞膜、肌肉组织纤维等都是凝胶状的物质，老人皮肤松弛、变皱主要就是由于细胞老化失水而引起的。

4. 触变

某些凝胶受到振摇或搅拌等外力作用，网状结构被破坏变成有较大流动性的溶液状态，去掉外力静置后，又恢复成半固体凝胶状态，这种现象称为触变现象。临床使用的众多药物中就有触变性药剂，使用时只需振摇数次，就会成为均匀的溶液。这类药物的特点是比较稳定，便于储藏。

第四节　表面现象

表面是指物体与空气或与其本身的蒸气接触的面，如水面、桌面。界面是指物体与另一个凝聚相接触的面，如水与油接触的面。习惯上，一切界面上所发生的现象统称为表面现象。溶胶所具有的吸附作用、胶粒带电、不稳定的特性都与表面现象有关。

液体的表面张力现象

一、表面张力与表面能

处在物质表面的质点，如分子、原子、离子等，其所受的作用力与处在物质内部的质点所受的作用力大小和方向并不相同。对于处在同一相中的质点来说，其内部质点由于同时受到来自其周围各个方向并且大小相近的作用力，因此它所受到的总的作用力为零。而处在物质表面的质点就不同，由于在它周围并非都是相同的质点，所以它受到的来自各个方向的作用力的合力就不等于零。该表面质点总是受到一个与界面垂直方向的作用力，这种作用力即表面张力，如图 3-4 所示。所以，物质表面的质点处在一种力不稳定状态，它有要减小自身所受作用力的趋势。对于一滴液体来说，它总是趋向于形成球形，如清晨树叶上的露珠、人洗脸后感觉面部发紧等现象，都与表面张力有关。

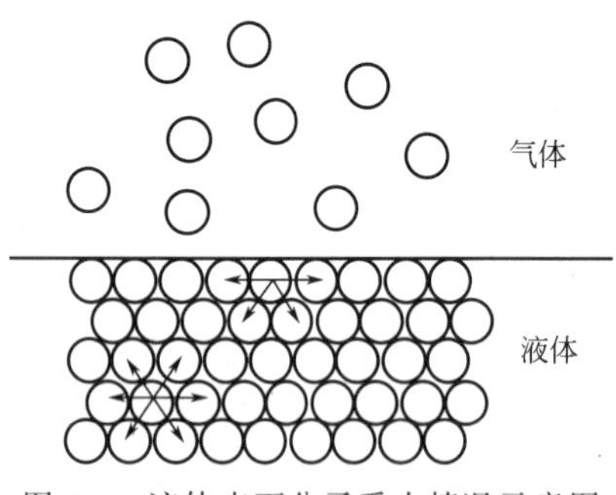

图 3-4　液体表面分子受力情况示意图

处在物质表面的质点比处在内部的质点能量要高。表面质点进入物质内部就要释放出部分能量，使其变得相对稳定。而内部质点要迁移到物质表面则就需要吸收能量，因而处在物质表面的质点自身变得相对不稳定。这些表面质点比内部质点所多出的能量称为表面能。如

1g 水作为一个球体存在时，表面积为 4.85cm^2，表面能约为 3.5×10^{-5}J，能量小，常常被忽略。但当把这 1g 水分为半径为 10^{-7}cm 的小球时，表面能约为 220J，相当于使这 1g 水温度升高 50℃所需的能量。很显然一定质量的物质分得越细小，其表面积越大，因此表面能越高，体系越不稳定。溶胶是高度分散的具有巨大表面能的不稳定体系。

二、表面吸附

表面吸附是物质在两相界面上浓度与内部浓度不同的现象。其中吸附其他物质的物质称为吸附剂，被吸附的物质称为吸附质。吸附作用可以在固体表面上发生，也可以在液体表面上发生。

1. 固体表面的吸附

位于固体表面的原子具有指向内部的表面张力，能对碰到固体表面上的分子、离子产生吸引力，使这些微粒在固体表面上发生相对的聚集，其结果能减小表面张力，降低固体的表面能，使固体表面变得较为稳定。当其他条件相同时，固体表面积越大，固体吸附剂的吸附能力也越大。细粉状物质和多孔性物质具有很大的表面积，常用作吸附剂，如活性炭、硅胶、分子筛、活性氧化铝等。吸附剂被用于吸附大气中的有毒有害气体或体内的重金属毒物，除去中的草药中的植物色素，净化水中的杂质，干燥药物等方面。

2. 液体表面的吸附

液体表面也会因某种溶质的加入而产生吸附作用，使液体表面张力发生相应的变化。实验表明有的物质溶于水可使水的表面张力显著降低，溶质在表面层的浓度大于其在溶液内部浓度；也有的物质溶于水会使水的表面张力增大，溶质在表层的浓度小于其在溶液内部浓度。

三、表面活性物质

凡是能够显著降低液体表面张力的物质称为表面活性物质或表面活性剂。凡是能增大液体表面张力的物质称为表面惰性物质。它们的表面活性是对某特定的液体而言，通常指水。

1. 表面活性物质的性质

表面活性剂的分子具有极性和非极性两部分。极性部分如—OH、—COOH、—NH_2、—SO_3H 等亲水基；非极性部分如碳氢链，是疏水基。此类分子被称为双亲分子，即亲水亲油分子。实验表明，直链型的表面活性物质，碳原子数为 8 以上的分子有明显的表面活性。但碳氢链太长的分子因在水中溶解度太低而无实用价值。

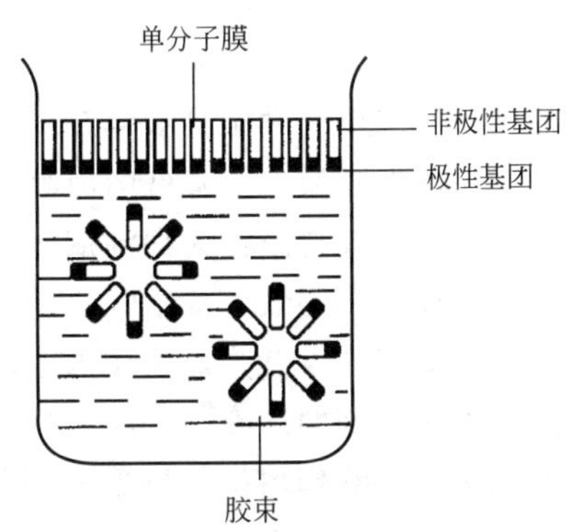

图 3-5　表面活性物质在溶液内部和表面层的分布

表面活性剂溶于水时，亲水基受到水分子吸引，疏水部分被水分子排斥。可采取两种方式稳定存在：一是亲水基在水中，疏水基在液面形成单分子膜，在这一过程中，疏水基与水分子间的斥力，使表面水分子受到向外的推力，部分地抵消了表面水分子受到的向内的拉力，使水的表面能降低；二是许多表面活性剂分子自动聚结，形成“胶束”，如图 3-5 所示。胶束可为球形，也可为层状结构，都尽可能将疏水基藏于胶束内部使亲水基外露。如溶液中有不溶于水的油，则可进入球形胶束中心和层状胶束的夹层内而溶解。

2. 表面活性物质的应用

表面活性物质在日常生活、生产、科研和医药领域中有广泛应用，可用作洗涤剂、消毒剂、悬浮剂、乳化剂、润湿剂、增溶剂等。

（1）乳化剂　乳浊液是指一种液体分散在另一种互不相溶的液体中形成的体系。这两种互不相溶的液体通常是水和有机物液体，后者习惯上统称为油（oil）。若水为分散剂而油为分散质，则称为水包油型乳浊液，以符号“O/W”表示。例如牛奶就是奶油分散在水中形成的“O/W”型乳浊液。若油为分散剂而水为分散质，则称为油包水型乳浊液，以符号“W/O”表示。例如新开采出的含水原油，就是细小水珠分散在石油中形成的“W/O”型乳浊液。

乳浊液是粗分散系，通常稳定性较差。当将水和油放在一起剧烈振荡时，能形成乳浊液，但放置不久就分成两层。要获得稳定的乳浊液，必须加入乳化剂。乳化剂大多是表面活性物质，如皂类、蛋白质、有机酸等。在乳浊液中，乳化剂的极性基团与水相互作用，非极性基团与油相互作用，这样在油滴或水滴周围就形成了一层有一定机械强度的保护膜，阻碍了分散的油滴或水滴的相互聚结，使乳浊液变得较稳定，这个过程称为乳化作用。在人体的生理活动中，乳浊液也有重要的作用。例如，食物中的脂肪在胃部难以被消化，这是因为脂肪难溶于水溶性消化液。但在小肠中，胆酸的乳化作用可将脂肪分散成微小的颗粒，以方便脂肪酶将其彻底分解，有利于肠壁吸收。

知识拓展

乳　剂

由乳化剂、水和油（这里油是指一切不溶于水的有机液体）形成的乳浊液在医学上称为乳剂。乳剂有两种类型，一种是水包油型（O/W）乳剂，一种是油包水型（W/O）乳剂。例如青霉素注射液有油剂（W/O）和水剂（O/W）两种。水剂被人体吸收快，但也容易排泄；油剂吸收慢，但在体内维持时间长。把消毒和杀菌用的药剂制成乳剂，可以大大提高其效力。

（2）润湿剂　润湿是液体在固体表面黏附的现象。在固体与液体相接触的界面上，如果加入表面活性物质，能降低固液界面张力，使液体能在固体表面很好黏附润湿。能改善润湿程度的表面活性物质称为润湿剂。润湿剂广泛应用于外用软膏，可提高药物与皮肤的润湿程度，更好地发挥药效。

（3）增溶剂　有些药物在水中的溶解度很低，达不到有效浓度。将药物加入到能形成胶束的表面活性剂的溶液中，药物分子可以钻进胶束的中心或夹缝中，使溶解度明显增大，这种现象称为增溶作用。能形成胶束的表面活性剂称为增溶剂。增溶作用在制药工业经常使用，如消毒防腐药煤酚在水中的溶解度为 2%，加入肥皂作为增溶剂，可使其溶解度增大到 50%；氯霉素的溶解度为 0.25%，加入吐温作增溶剂可使溶解度增大到 5%。

知识导图

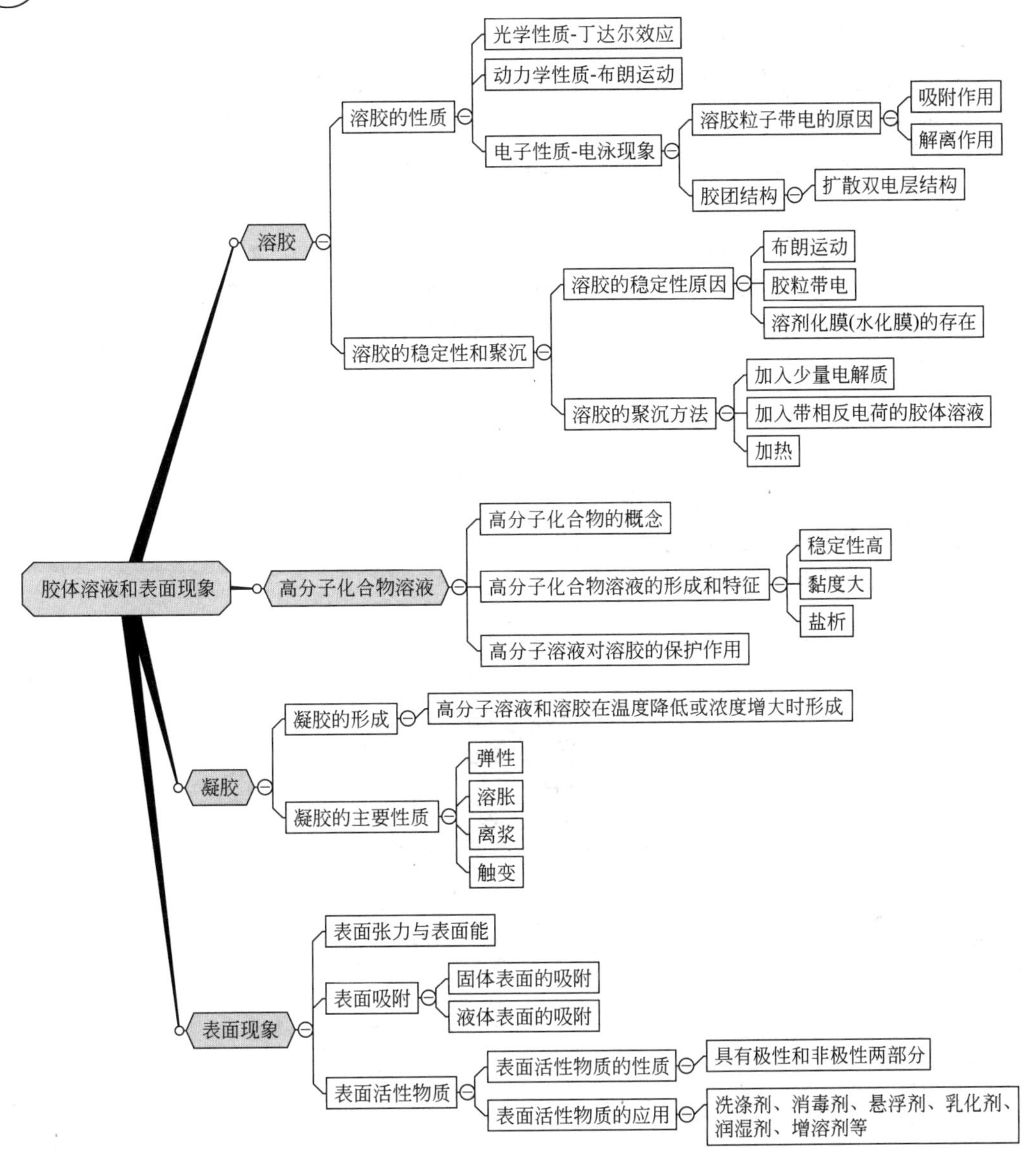

综合测试

一、填空题

1. 表面活性剂的分子具有__________和__________两部分。
2. 溶胶的制备方法有__________和__________。
3. 溶胶的性质主要包括__________、__________和__________。
4. 溶胶粒子是带电的，带电的原因主要有__________、__________。
5. 溶胶能稳定存在的主要原因是__________、__________。

二、选择题

1. 分散相粒子能透过滤纸而不能透过半透膜的是（　　）。

   A. 粗分散系　B. 胶体分散系　C. 分子、离子分散系　D. 都不是

2. 表面活性物质加入液体后，（　　）。

   A. 能显著降低液体表面张力　B. 能增大液体表面张力

   C. 能降低液体表面张力　D. 不影响液体表面张力

3. 用半透膜分离胶体粒子与电解质溶液的方法称为（　　）。

   A. 电泳　B. 渗析　C. 过滤　D. 冷却结晶

4. 下列分散系有丁达尔现象，加少量电解质可聚沉的是（　　）。

   A. AgCl 溶胶　B. NaCl 溶液　C. 蛋白质溶液　D. 蔗糖溶液

5. 混合等体积的 0.08mol/L KI 溶液和 0.1mol/L $AgNO_3$ 溶液所得的 AgI 溶胶，下列电解质对其聚沉能力最强的是（　　）。

   A. $CaCl_2$　B. NaCl　C. Na_2SO_4　D. $K_3[Fe(CN)_6]$

三、简答题

1. 高分子溶液和溶胶同属胶体分散系，其主要异同点是什么？
2. 为什么使用不同型号的墨水，有时会使钢笔堵塞而写不出来？
3. 举例说明表面活性剂有哪些基本作用？

（张锦慧）

第三章综合测试参考答案

第四章

化学反应速率与化学平衡

电子课件
化学反应速率与化学平衡

知识目标

1. 掌握化学反应速率的概念及表示方法、影响化学反应速率的因素、可逆反应和化学平衡的概念、影响化学平衡的因素。

2. 熟悉活化能的概念、碰撞理论、化学平衡常数的表达式及意义。

3. 了解质量作用定律、过渡态理论、化学反应热。

技能目标

熟练运用化学平衡的知识解决化学反应限度的问题。

素质目标

科学运用化学反应速率和化学平衡的知识解决实际生活、工作中的遇到问题，培养学生的科学观。

任何一个化学反应都涉及两个重要的问题，一个是反应速率问题；一个是反应限度问题。探讨这些问题的原因及影响因素，可以更好地指导我们采取正确的措施，使那些对人类生产、生活和健康有益的化学反应进行得更快、更彻底。而对人类危害较大的化学反应受到抑制和减缓。

第一节　化学反应速率

一、化学反应速率的概念和表示方法

在日常生活和生产实践中，有的化学反应速率非常快，如爆炸；有的化学反应速率却很慢，需要上亿年的时间，如石油的形成。为了定量地描述化学反应速率的快慢，引入了化学反应速率（v）的概念。化学反应速率通常用单位时间内反应物浓度的减少或生成物浓度的增加来表示。如果浓度用 mol/L 表示，则反应速率的单位就可以是 mol/(L · s)、 mol/(L·min)、mol/(L·h)。为了保证反应速率为正值，化学反应速率的计算公式可以用下式表示：

$$化学反应速率\ v=\left|\frac{某反应物或生成物浓度的变化值}{变化所需时间}\right|=\left|\frac{\Delta c}{\Delta t}\right|$$

对于同一化学反应，可以选定不同物质的浓度变化来计算反应速率。

例如：在某一给定条件下，合成氨的反应

	N_2 +	$3H_2$ ══	$2NH_3$
初始浓度/(mol/L)	4.0	6.0	0
4s末的浓度/(mol/L)	3.6	4.8	0.8

分别选定氮气、氢气、氨气为对象求取该反应的反应速率

$$v(N_2)=\left|\frac{\Delta c(N_2)}{\Delta t}\right|=\left|\frac{3.6\text{mol/L}-4.0\text{mol/L}}{4}\right|=0.1\text{mol/L}$$

$$v(H_2)=\left|\frac{\Delta c(H_2)}{\Delta t}\right|=\left|\frac{4.8\text{mol/L}-6.0\text{mol/L}}{4}\right|=0.3\text{mol/L}$$

$$v(NH_3)=\left|\frac{\Delta c(NH_3)}{\Delta t}\right|=\left|\frac{0.8\text{mol/L}-0}{4}\right|=0.2\text{mol/L}$$

由计算结果可知，对于同一化学反应，选定不同的对象计算出来的反应速率可能不同，所以书写反应速率时，要注明具体的反应物或生成物，如 $v(N_2)$、$v(H_2)$或 $v(NH_3)$。虽然在同一时间间隔内，$v(N_2)$、$v(H_2)$和 $v(NH_3)$具有不同的数值，但它们都表示出同一个化学反应进行的快慢，因此它们之间必然有联系。由上述计算可以看出 $v(N_2):v(H_2):v(NH_3)=1:3:2$，其比值与反应方程式中相应物质分子式前的系数比一致。所以，一般来说，对于化学反应

$$aA+bB \longrightarrow gG+hH$$

采用不同物质定义的反应速率之间存在如下关系：

$$\left|\frac{1}{a}\right|v(A)=\left|\frac{1}{b}\right|v(B)=\left|\frac{1}{g}\right|v(G)=\left|\frac{1}{h}\right|v(H)$$

课堂互动

对于化学反应 $2SO_2+O_2 \rightleftharpoons 2SO_3$，一定时间后，以 SO_2 表示的反应速率是 2.0mol/(L·min)，求以 O_2 表示的反应速率是多少？

二、碰撞理论

20 世纪，在反应速率理论研究方面影响较大的两个成就就是：1918 年提出的碰撞理论和 30 年代提出的过渡态理论。本节主要介绍碰撞理论。

1. 有效碰撞

化学反应的实质是反应物分子内旧键断裂，形成生成物分子中新的化学键，这种转化过程必须提供足够的能量方可实现。反应物分子间的相互碰撞，是发生化学反应的前提条件。如果分子之间不碰撞，反应就无法发生。据测定，在标准状态下，分子相互碰撞频率的数量级高达 10^{32} 次/(dm^3·s)，如果每次碰撞都能发生化学反应的话，气体反应物之间的反应都

会爆炸性地发生。这就说明在众多的碰撞中，只有极少数能量较高的分子间碰撞才能发生反应，这些能发生化学反应的碰撞称为有效碰撞。

2. 活化分子与活化能

我们把能够发生有效碰撞的分子称为活化分子，活化分子比其他一般的分子具有更高的能量。活化分子在总分子数中占有的比例越高，则有效碰撞的次数越多，反应速率就越快。

在一定的条件下，体系中反应物分子具有一定的平均能量（E），活化分子具有的平均能量为（E^*），把活化分子的平均能量（E^*）与反应物分子的平均能量（E）之差称为活化能（E_a）。普通分子要吸收足够能量才能转变为活化分子，才能发生有效碰撞。所以活化能的大小是决定化学反应速率的重要因素。由于不同的物质具有不同的结构，发生化学反应也就有着不同的活化能，一般来说，活化能小的反应，速率就快；活化能大的反应，速率就慢。

此外反应速率还跟碰撞方位有关，只有能量足够大，而且方位适宜的分子间的碰撞才是有效碰撞。所以碰撞理论能够非常直观地解释化学反应的速率问题。

知识拓展

过渡态理论

当两个具有足够能量的反应物分子相互接近时，分子中的化学键要发生重排，能量重新分配，即反应物先生成活化复合物，作为反应的中间过渡态。中间过渡态所具有的势能高于反应物的势能，也高于生成物的势能。这样反应物要想变成生成物，必须越过这个能量障碍，相当于碰撞理论中的"活化能"。这个能垒越高，反应速率就越慢。示意图如图 4-1 所示。

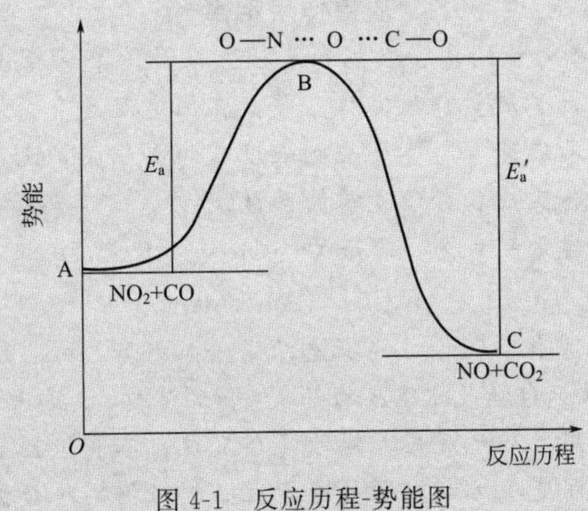

图 4-1　反应历程-势能图

三、影响反应速率的因素

不同的化学反应有着不同的反应速率。反应物的组成、结构和性质差异是起决定性作用的因素，是影响反应活化能大小从而影响反应速率大小的内在原因。

但是同一反应在不同的条件下，化学反应速率也是有着显著差别的。例如硫在空气中燃烧缓慢，产生微弱的淡蓝色火焰，在纯氧中则迅速燃烧；蛋白质的合成在实验室中很难完成，但是在细胞内，在酶的催化作用下，瞬间完成。这说明化学反应速率也会受到一些外界因素的影响。如浓度、压力、温度和催化剂等因素。了解这些因素对反应速率的影响规律，可以根据不同的需要，采取一些措施，使有利的反应加快，不利的反应减慢。

1. 浓度对化学反应速率的影响

【例 4-1】 在稀的水溶液中，过氧化氢和溴化氢的反应为：

$$H_2O_2+2H^++2Br^- \longrightarrow 2H_2O+Br_2$$

其他条件不变，仅改变反应物的浓度，对它进行反应速率测定的实验数据见表 4-1。

表 4-1　实验测定的反应速率

实验编号	c_0/(mol/L)			$v_0(H_2O_2)$/(mol/L)
	H_2O_2	H^+	Br^-	
1	0.10	0.10	0.10	1.0
2	0.01	0.10	0.10	0.10
3	0.10	0.01	0.10	0.10
4	0.10	0.10	0.01	0.10

由表 4-1 所知，增大反应物的浓度或减小反应物的浓度，反应速率加快或减慢。这个结论可以用碰撞理论来加以解释。在一定温度下，反应物分子中活化分子的数目是一恒定值，增加反应物的浓度，相当于增加了活化分子的数目，也就增大了单位时间内反应物分子的有效碰撞次数，所以反应速率增大；反之，反应速率则减小。

质量作用定律

19 世纪 60 年代，在大量的实验数据的基础上，科学家总结了反应物浓度与反应速率之间的定量关系，提出了质量作用定律。即：在恒定温度下，基元反应（是指一步完成的简单反应）的化学反应速率与各反应物浓度幂的乘积成正比。其中各浓度的幂指数分别等于反应方程式中各反应物分子式前的系数。

若某基元反应的化学方程式为：　$m\text{A}+n\text{B} \longrightarrow p\text{C}+b\text{D}$

则速率方程为：　$v=kc^m(\text{A})c^n(\text{B})$

上式中的 k 是速率常数，阿伦尼乌斯总结了一个经验公式：$k=A\text{e}^{-E_a/RT}$

速率方程的表达式中只包括气体反应物或溶液中的溶质，不包括固态和纯液态反应物。

质量作用定律只适用于基元反应，对于复杂反应，不能根据复杂反应的总方程式中各反应物的系数直接书写速率方程，其速率方程必须根据实验数据来确定。

2. 压力对化学反应速率的影响

压力只对有气体参加的化学反应的反应速率有影响。因为在一定温度下，压力的改变会影响气体体积的变化，从而引起气体浓度的变化。所以压力对反应速率的影响，本质上与浓度对反应速率的影响相同。

具体来讲，当温度一定时，气体所受压力增大，气体的体积就会相应缩小，单位体积内气体的分子数（即气体物质的浓度）就会增加。因此，对于有气体物质参加的反应来说，增大压力，也就是增大了反应物的浓度，反应速率加快；反之，则减慢。

3. 温度对化学反应速率的影响

对于大多数反应来说，升高温度，反应速率会加快，极个别的反应除外。通过大量的实验数据的测定，化学家们总结出了一条经验规律：当其他条件不变时，温度每升高 10℃，化学反应的速率约增大到原来的 2～4 倍。因此在实践中，人们往往通过调节温度来有效地控制化学反应速率。

动画 温度对反应速率的影响

升高温度可以加快反应速率也可以用碰撞理论解释。一方面升高温度加快了反应物分子间的碰撞频率，从而一定程度上增加了单位时间内分子间的有效碰撞次数，使反应速率加快。最重要的本质原因是升高温度使一些普通分子获取能量成为活化分子，增加了活化分子的百分率，使单位时间内有效碰撞的次数大大增加，从而使反应速率增大。通过阿伦尼乌斯公式也知道温度的改变也会改变速率常数 k，从而改变反应速率。

动画 催化剂对反应速率的影响

4. 催化剂对化学反应速率的影响

催化剂是一类能改变化学反应速率，而本身的化学组成、性质及质量在反应前后都不发生变化的物质。我们使用的催化剂大多是加快反应速率的，也有些催化剂能使激烈的化学反应趋于缓和。

催化剂能加快化学反应速率的本质原因是：催化剂能改变反应的历程，使反应沿着捷径走，降低了反应的活化能，使更多的普通分子变成活化分子，有效碰撞频率加大，从而成千上万倍地加快了反应速率。根据阿伦尼乌斯公式，催化剂的加入改变了活化能，同时也改变了速率常数 k，进而改变反应速率。催化剂改变反应历程的示意图如图 4-2 所示。

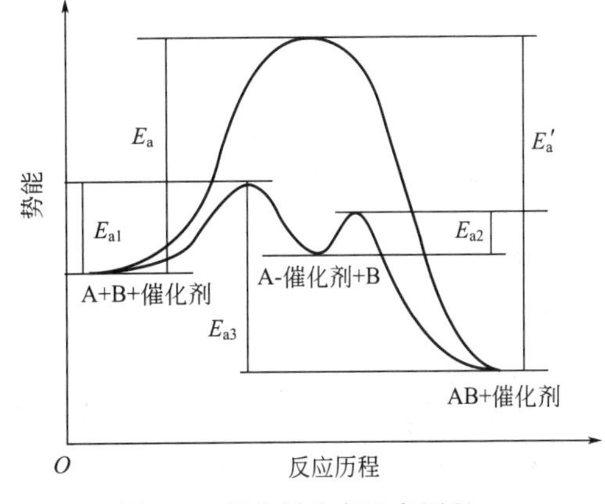

图 4-2 催化剂改变反应历程

催化剂能高效地加快反应速率，被广泛地应用于生产、生活实践中。尤其是在生物催化中更为突出。在生物体内几乎所有的化学反应都是由酶所催化的。酶的种类繁多，它们都是蛋白质。酶不同于一般的催化剂，具有高度的专一性、高效的催化活性，同时对反应条件要求较高。

以上讨论了浓度、压力、温度和催化剂对反应速率的影响，除了这些因素外，在一些非均相体系中进行的化学反应的反应速率还与反应物接触面的大小、接触概率有关。所以在生产中还经常采用搅拌、振荡、雾化等手段来加强扩散作用以增大反应速率。此外，高能射线、激光、超声波等作用也可能对一些化学反应速率有较大影响。

第二节 化学平衡

一、可逆反应与化学平衡

在一定的反应条件下，有些反应一旦发生，就能不断进行，直到反应物几乎都变成生成物。我们把这些只能向一个方向进行的单向反应称为不可逆反应。如：盐酸和氢氧化钠的中和反应。

$$HCl + NaOH \longrightarrow NaCl + H_2O$$

大多数化学反应在同一反应条件下，两个相反的反应可以同时进行，即反应物能变成生成物，同时生成物也能变成反应物。我们把这种在同一条件下，既能按反应方程式向某一方向进行，又能向相反方向进行的反应称为可逆反应。在反应方程式中常用两个相反的箭头"$\rightleftharpoons$"代替等号，以表示反应的可逆性。如合成氨的反应。

$$N_2 + 3H_2 \rightleftharpoons 2NH_3$$

在可逆反应中，通常把从左到右的反应称为正反应，从右到左的反应称为逆反应。

课堂互动

NH_4Cl 受热分解生成 NH_3 和 HCl，NH_3 和 HCl 反应生成 NH_4Cl。请问上述反应是可逆反应吗？

如合成氨的反应，在一定条件下，将氮气和氢气放在密闭的容器中，在开始的一瞬间，只有氢气和氮气发生正反应，一旦有氨气产生，立即就有其分解反应发生。随着反应的进行，氢气和氮气的浓度逐渐减小，正反应速率越来越慢，而氨气的浓度逐渐增大，逆反应速率越来越大，经过一段时间后，正反应的速率和逆反应的速率就会相等，如图 4-3 所示。这时，即在单位时间内反应物减少的分子数恰好等于逆反应生成的分子数，反应系统内各物质的浓度不再随时间而改变。从表面上看，反应已不再向某一方向进行。在化学中，把正反应速率和逆反应速率相等时系统所处的状态称作化学平衡。

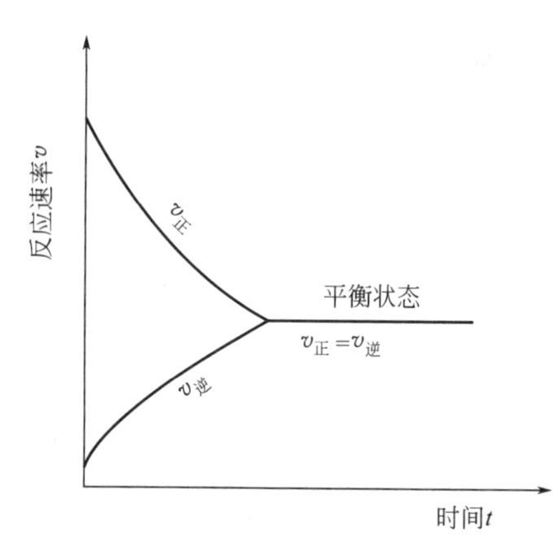

图 4-3　可逆反应的反应速率变化示意图

综上所述，化学平衡具有如下特点：在密闭的容器中，反应不能进行到底，无论反应多长时间，反应物和生成物总是同时存在；化学平衡是一个动态平衡，正、逆反应仍在进行，只是正、逆反应速率相等；在一定条件下，反应物和生成物的浓度各自保持恒定，不再随时间而改变。

化学平衡状态是一定条件下可逆反应达到的最大限度。化学平衡是有条件的、相对的、暂时的平衡。随着条件的改变，化学平衡会被破坏而发生移动，反应的限度也随之改变。

阅读拓展

侯德榜制碱法

侯德榜（1890—1974），我国著名的科学家，杰出化学家，侯氏制碱法的创始人，中国重化学工业的开拓者。近代化学工业的奠基人之一，是世界制碱业的权威。侯德榜打破西方技术垄断，埋头苦干，解决了一系列技术难题，成功解决了氨碱法制碱技术。生产的"红三角"牌纯碱获得 1926 年万国博览会金奖。侯氏制碱法与索尔维相比，具有很多优点，其中最大的优点是使 NaCl 的利用率提高到 96%以上，其原理是 $NH_4HCO_3 + NaCl \longrightarrow NH_4Cl + NaHCO_3\downarrow$，先在低温下，通入 NaCl，使 NH_4Cl 先析出，该反应正向移动，从而氯化钠的利用率显著提高。侯德榜还积极传播交流科学技术，培育了很多科技人才，为发展科学技术和化学工业做出了卓越贡献。

二、化学平衡常数

1. 化学平衡常数

当可逆反应达到平衡状态时，系统中各物质的浓度不再随着时间的改变而改变，称为平衡浓度。实验证明，在同一温度下，不管反应物的初始状态如何，反应物和生成物的平衡浓度之间存在一定的关系。表 4-2 列出了二氯乙酸在 298K 时解离平衡的实验数据。

$$CHCl_2COOH \rightleftharpoons CHCl_2COO^- + H^+$$

表 4-2　$CHCl_2COOH$ 解离平衡的实验数据

编号	c/(mol/L)			$\frac{[H^+][A^-]}{[HA]}$
	HA	H^+	A^-	
1	0.050	0.050	0.050	5.0×10^{-2}
2	0.019	0.031	0.031	5.1×10^{-2}
3	0.800	0.200	0.200	5.0×10^{-2}
4	0.063	0.087	0.037	5.1×10^{-2}

从表 4-2 可得出如下结论：在一定温度下，无论初始物是反应物还是生成物，无论各物质的初始浓度和平衡浓度是何数值，只要达到平衡态，该系统中生成物平衡浓度的乘积与反应物平衡浓度的乘积之比总是一个定值。该定值被称作平衡常数。

对于任一可逆反应：$mA+nB \rightleftharpoons pC+bD$，在一定温度下达到化学平衡时，各物质的平衡浓度 [A]、[B]、[C]、[D] 之间存在如下关系：

$$K_c=\frac{[C]^p[D]^b}{[A]^m[B]^n} \qquad (K_c \text{ 为平衡常数})$$

对于气相反应来说，由于恒温恒压下，气体的分压与浓度成正比，因此，在平衡常数表达式中，也可用平衡时各气体的平衡分压来代替浓度。如上式中的 A、B、C、D 如果都是气体的话，且 $p(A)$、$p(B)$、$p(C)$、$p(D)$ 分别表示各气体的平衡分压，则：

$$K_p=\frac{p^p(C)p^b(D)}{p^m(A)p^n(B)} \qquad (K_p \text{ 为平衡常数})$$

每一个可逆反应都有自己的特征平衡常数，它表示了化学反应在一定条件下达到平衡后反应物的转化程度；K_c 越大，表示正反应进行的程度越大，平衡混合物中生成物的相对平衡浓度就越大。同一反应中，平衡常数随温度的变化而变化，与浓度变化无关。

2. 书写平衡常数表达式的注意事项

(1) 反应系统中的纯固体、纯液体或稀溶液中的水，均不写入平衡常数表达式。例如：

$$Cr_2O_7^{2-}+H_2O \rightleftharpoons 2CrO_4^{2-}+2H^+$$

则：

$$K_c=\frac{[CrO_4^{2-}]^2[H^+]^2}{[Cr_2O_7^{2-}]}$$

$$C(s)+H_2O(g) \rightleftharpoons CO(g)+H_2(g)$$

则：

$$K_p=\frac{p(CO)p(H_2)}{p(H_2O)}$$

(2) 平衡常数表达式必须与反应方程式相对应，反应式的写法不同，平衡常数的表达式和平衡常数值也不同。例如：

$$CO(g)+\frac{1}{2}O_2(g) \rightleftharpoons CO_2(g) \qquad K_p=\frac{p(CO_2)}{p(CO)p^{1/2}(O_2)}$$

$$2CO(g)+O_2(g) \rightleftharpoons 2CO_2(g) \qquad K_p=\frac{p^2(CO_2)}{p^2(CO)p(O_2)}$$

（3）正逆反应的平衡常数互为倒数。例如：

$$2SO_2(g)+O_2(g) \rightleftharpoons 2SO_3(g) \qquad K_p=\frac{p^2(SO_3)}{p^2(SO_2)p(O_2)}$$

$$2SO_3(g) \rightleftharpoons 2SO_2(g)+O_2(g) \qquad K'_p=\frac{p^2(SO_2)p(O_2)}{p(SO_3)^2}$$

$$K_p=\frac{1}{K'_p}$$

三、化学平衡的移动

我们知道化学平衡是一种在一定条件下相对的、暂时的平衡状态。如果外界条件（如浓度、压力、温度等）发生改变，由于它们可能对正向反应速率和逆向反应速率产生不同的影响，原来的平衡状态就被破坏，而向新的平衡状态转化。这种由于外界条件的改变，使可逆反应从一种平衡状态向另一种平衡状态转变的过程，称为化学平衡的移动。

1. 浓度对化学平衡的影响

浓度对化学平衡的影响

例如： $FeCl_3+3KSCN \rightleftharpoons Fe(SCN)_3$（红色溶液）$+3KCl$

通过改变反应物和生成物的浓度，观察红色深浅的变化，具体变化如表4-3所示。

表 4-3　浓度对化学平衡的影响

编号	$FeCl_3+3KSCN \rightleftharpoons Fe(SCN)_3$（红色溶液）$+3KCl$			颜色变化
	$c(FeCl_3)$	$c(KSCN)$	$c(KCl)$	
1	增加	不变	不变	加深
2	不变	增加	不变	加深
3	不变	不变	增加	变浅

由表4-3可知，在其他条件不变时，增大反应物的浓度或减小生成物的浓度，平衡向正反应方向（或向右）移动；增大生成物的浓度或减小反应物浓度，平衡向逆反应方向（或向左）移动。

根据浓度对平衡移动影响的规律，在实际工作中，经常通过加大某些廉价原料的浓度，达到充分利用贵重原料，提高贵重原料的转化率；也常采用分离出产物的方法来提高反应物的利用率。

课堂互动

你能否用质量作用定律来解释浓度对化学平衡移动的影响？

2. 压力对化学平衡的影响

因为压力对固体和液体的影响很小，所以压力的改变对固体和液体反应的平衡系统没有显著影响。对于有气体参加的反应，有两种情况，一种情况是反应前后气态物质分子总数有变化的，压力的改变对此类反应平衡有影响；另一种情况是反应前后气态物质分子总数没有变化的，压力的改变对此类反应平衡没有影响。

例如：$2NO_2$（g，红棕色）$\rightleftharpoons$ N_2O_4（g，无色）

用注射器吸入少量的 NO_2 和 N_2O_4 混合气体，并且将注射器针头插入橡胶管中。如图 4-4 所示。

将活塞往外拉，发现混合气体的颜色先变浅又逐渐变深。变浅是因为体积变大，NO_2 浓度减小的缘故。而颜色又逐渐加深，是因为体积变大，压力变小，平衡向生成 NO_2 的方向移动。将活塞往里推，发现混合气体的颜色先变深又逐渐变浅。变深是因为体积变小，NO_2 浓度增大的缘故。而颜色又逐渐变浅，是因为体积变小，压力变大，平衡向生成 N_2O_4 的方向移动。

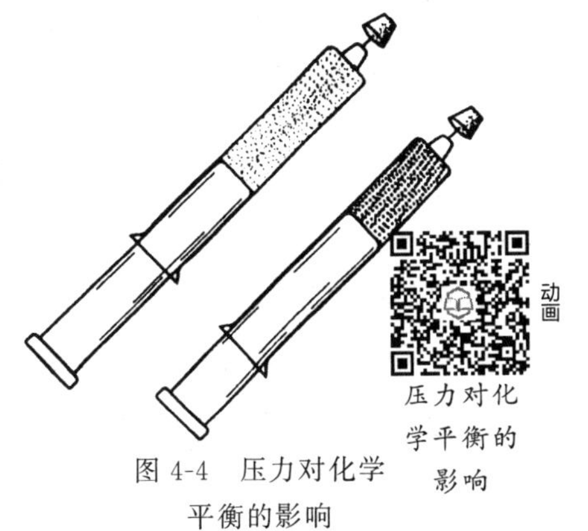

图 4-4　压力对化学平衡的影响

根据上述实验事实可得出结论：在其他条件不变的情况下，增大压力，化学平衡向着气体分子数减少的方向移动；减小压力，化学平衡朝着气体分子数增加的方向移动。

以上结论也可以用质量作用定律加以解释。

3. 温度对化学平衡的影响

知识拓展

化学反应热

在化学反应进行的过程中，经常伴随着热量的变化。我们把放出热量的化学反应称为放热反应，吸收热量的化学反应称为吸热反应。对于一个可逆反应，如果正反应是放热反应，那逆反应就是吸热反应；反之，亦然。

化学反应中的热效应一般是在化学方程式的右边用“＋”“－”表示，“＋”表示放热反应，“－”表示吸热反应。

在伴随着热效应的可逆反应中，当反应达到平衡时，改变温度，也会使化学平衡发生移动。

例如：$2NO_2$(g,红棕色)$\rightleftharpoons$ N_2O_4(g,无色)＋56.9kJ/mol

将 NO_2 和 N_2O_4 的混合气体放在三个烧瓶里，其中两个烧瓶用橡胶管连通，然后用夹子夹住橡胶管，把一个烧瓶放进热水里，把另一个烧瓶放进冰水里，如图 4-5 所示。

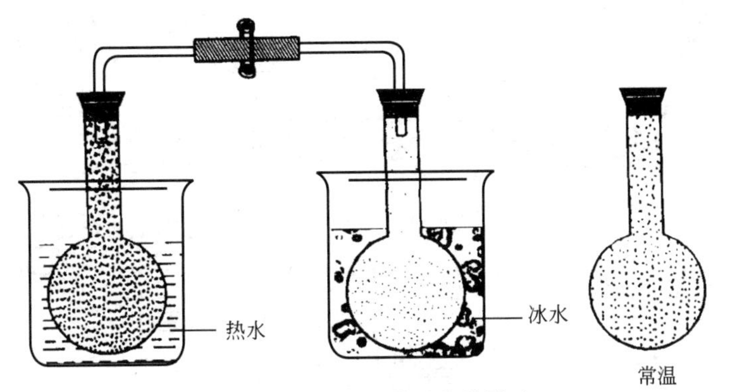

微课

温度对化学平衡的影响

图 4-5　温度对化学平衡的影响

分别观察烧瓶里气体颜色的改变，并与在常温下放置在另一烧瓶里的气体颜色进行比较。实验结果是放进热水里的烧瓶颜色变深，说明平衡朝着逆反应方向移动，NO_2 浓度增大，颜色加深。放进冷水里的烧瓶颜色变浅，说明平衡朝着正反应方向进行，N_2O_4 浓度增大，颜色变浅。

根据实验事实可得出结论：在其他条件不变的情况下，升高温度，平衡朝着吸热方向移动，降低温度，平衡朝着放热方向移动。

升高温度，正、逆反应的速率都会增大，但是增大的倍数不一样，吸热反应速率增大的倍数要大于放热反应速率增大的倍数，所以吸热反应的速率快，平衡朝着吸热方向移动；降低温度，正、逆反应的速率都会减小，但是减小的倍数不一样，吸热反应减小的倍数大，所以放热反应速率快，平衡朝着放热方向移动。

4. 催化剂与化学平衡的关系

催化剂能改变反应历程从而改变反应速率。但是，对于可逆反应来说，催化剂对正、逆反应能同等程度地发挥作用。因此，催化剂的加入，不会破坏平衡体系中 $v_{正}=v_{逆}$ 的状态，但能缩短到达这个平衡状态所需要的时间，从而较大程度地提高生产效率。

根据以上各因素对化学平衡的影响情况，法国化学家 Le Chatelier 概括了一条普遍规律：如果改变影响平衡的任一条件（如浓度、压力或温度），平衡就朝着减弱这种改变的方向移动。这个规律又被称为平衡移动原理。但是这个规律只适用于已达平衡的体系，而不适用于非平衡体系。

知识导图

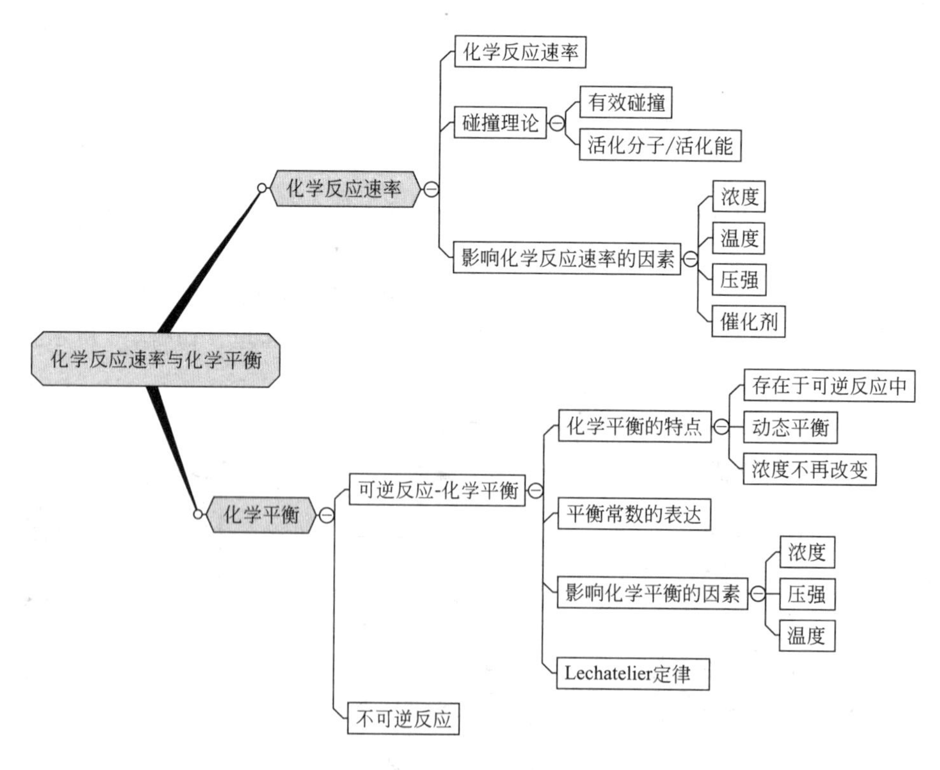

综合测试

一、填空题

1. 影响化学反应速率大小的决定性因素是__________。影响化学反应速率的主要外界因素有__________、__________、__________、__________，压力只对有__________参加的化学反应速率有影响。

2. 可逆反应的特点是____。可逆反应达到化学平衡的特点是______________________________、______________________________、____。

3. 影响化学平衡的因素有__________、__________、__________。

4. 法国化学家 Le Chatelier 概括了一条普遍规律是________________________________。

二、选择题

1. 化学反应速率，通常是以（　　）来表示。

A. 每秒钟内反应物浓度的变化　　B. 每分钟内生成物浓度的变化

C. 每小时反应物或生成物浓度的变化　　D. 单位时间内反应物或生成物的浓度的变化

2. 合成氨反应 $N_2+3H_2 \rightleftharpoons 2NH_3$ 进行的某一时刻，$v(N_2)=0.01mol/(L \cdot s)$，则 $v(H_2)$为（　　）。

A. $0.01mol/(L \cdot s)$　　B. $0.02mol/(L \cdot s)$

C. $0.03mol/(L \cdot s)$　　D. $0.04mol/(L \cdot s)$

3. 在一密闭容器内，已知 SO_2 和 O_2 的浓度分别为 2mol/L 和 1.2mol/L，一定条件下，使之发生反应，2min 末测得 SO_2 的浓度为 1.7mol/L，则 O_2 在 2min 末的反应速率是（　　）。

A. $0.3mol/(L \cdot min)$　　B. $0.6mol/(L \cdot min)$

C. $0.15mol/(L \cdot min)$　　D. $0.075mol/(L \cdot min)$

4. 溴水存在下述平衡：$\underset{\text{橙色}}{Br_2}+H_2O \rightleftharpoons \underset{\text{无色}}{HBrO+H^++Br^-}$

能使溶液的橙色褪去的试剂是（　　）。

A. 溴　　B. 硝酸银

C. 稀硝酸　　D. 氢氧化钠

5. 在可逆反应中，$X(g)+2Y(g) \rightleftharpoons 2Z(g)-Q$ 中，为了有利于 Z 的生成，应采用的反应条件是（　　）。

A. 高温高压　　B. 高温低压

C. 常温常压　　D. 低温低压

6. 在密闭容器中，反应 $mA(g)+nB(s) \rightleftharpoons pC(g)$达到平衡后，缩小容器体积，发现 A 的转化率也随之降低，那么下列表示化学方程式系数各组关系中，适用于上述反应的是（　　）。

A. $m+n<p$　　B. $m=p$

C. $m>p$　　D. $m<p$

7. 合成氨反应 $N_2+3H_2 \rightleftharpoons 2NH_3$ 达到平衡时，下列说法中正确的是（　　）。

A. H_2 与 N_2 不再化合　　B. H_2、N_2、NH_3 的浓度相等

C. H_2、N_2、NH_3 的浓度保持不变　　D. H_2、N_2、NH_3 的分子个数之比为1∶3∶2

8. 可逆反应 $A+B \rightleftharpoons C+D+Q$，降低温度对正逆反应速率的影响是（　　）。

A. 都减慢且减慢的速率一致　　B. 正反应速率减慢，逆反应速率加快

C. 向吸热反应方向的速率减少的多些　　D. 向放热反应方向的速率减少的多些

9. 下列可逆反应达到平衡，增压和升高温度使平衡向相同的方向移动的是（　　）。

A. $2NO_2(g) \rightleftharpoons N_2O_4(g)+Q$

B. $H_2(g)+I_2(g) \rightleftharpoons 2HI(g)+Q$

C. $NH_4HCO_3 \rightleftharpoons NH_3(g)+H_2O+CO_2(g)-Q$

D. $Cl_2(g)+H_2O \rightleftharpoons$ HCl(溶液)+HClO$-Q$

10. 对于平衡体系 $2HI(g) \rightleftharpoons H_2(g)+I_2(g)-Q$，增大压力，反应的速率将是（　　）。

A. 正反应速率大于逆反应速率　　B. 逆反应速率大于正反应速率

C. 正逆反应速率以同等程度增大　　D. 正逆反应速率以同等程度减少

三、写出下列可逆反应的平衡常数表达式

1. $2NO_2 \rightleftharpoons N_2O_4$

2. $H_2+I_2(g) \rightleftharpoons 2HI(g)$

3. $AgCl \rightleftharpoons Ag^+ + Cl^-$

（彭颐）

第四章综合测试参考答案

第五章

酸碱平衡

知识目标

1. 掌握酸碱解离理论和酸碱质子理论要点、缓冲溶液组成和缓冲作用原理。
2. 熟悉弱电解质 pH 的计算方法、缓冲溶液的 pH 计算方法。
3. 了解活度、活度系数、解离度的定义。

技能目标

会进行缓冲溶液的配制。

素质目标

通过学习酸碱平衡在生活及医学上的意义，培养医学生的责任担当意识和家国情怀。

第一节　电解质溶液

电解质是在水溶液或熔融状态下能导电的化合物，而在水溶液或熔融状态下都不能导电的化合物称为非电解质。根据化合物在水溶液或熔融状态下导电性能的强弱，把电解质分为强电解质和弱电解质。强电解质在水溶液中完全解离成离子。强酸（HCl、HNO_3、H_2SO_4）、强碱（NaOH、KOH）和绝大多数盐类（NaCl、KCl、$NaNO_3$）都是强电解质。弱电解质在水溶液中只能部分地解离成离子。弱酸（HAc、H_2CO_3）、弱碱（$NH_3 \cdot H_2O$、CH_3NH_2）及少数盐类［Hg_2Cl_2、$Pb(Ac)_2$］都是弱电解质。强电解质完全解离，弱电解质只有部分解离，存在解离平衡。

人体体液和组织液中含有多种电解质离子，如 K^+、Na^+、Ca^{2+}、Mg^{2+}、HCO_3^-、CO_3^{2-}、$H_2PO_4^-$、HPO_4^{2-}、PO_4^{3-}、SO_4^{2-}、Cl^- 等。这些离子对维持体内的渗透平衡、酸碱平衡以及神经、肌肉等组织中的生理、生化过程起着重要作用。

阅读拓展

毛守白

人体内的水、电解质代谢紊乱会引发很多疾病，例如，患血吸虫病性肝硬化（俗称大肚子病）会全身浮肿，就是因为血管内外液体交换失衡导致的。中华人民共和国成立以前，我国曾出现“千村薜荔人遗矢，万户萧疏鬼唱歌”的人间惨状。我国寄生虫学家毛守白（1912—1992），为防治血吸虫病倾尽一生，在病重住院期间，仍念念不忘寄生虫病的防治工作，并用放大镜审阅其主编的学术期刊。他通过大量的研究，作出了“中国的钉螺是一个同属种，即湖北钉螺”的结论，澄清了国际寄生虫学界认为“中国大陆的钉螺有十几个种”的错误论点。他还是我国第一位也是目前唯一一位获得联合国世界卫生组织颁发的“里昂·伯尔纳基金奖”的杰出公共卫生人士。他在生命垂危之际，立下遗嘱将遗体捐献给祖国医学研究事业。当今，党中央把“健康中国”提升为国家战略，推动实现《“健康中国2030”规划纲要》提出的到2030年全面消除血吸虫病的目标，今天的医学生更应追寻毛守白教授的足迹，为我国血防献策献力。

一、强电解质溶液理论

强电解质在水溶液中完全解离成离子。强酸（HCl、HNO_3、H_2SO_4）、强碱（NaOH、KOH）和绝大多数盐类（NaCl、KCl、$NaNO_3$）都是强电解质。弱电解质在水溶液中只能部分解离成离子。

1. 离子互吸理论

强电解质在水溶液中能完全解离成离子，如 $CuSO_4$、NaCl、HCl 等物质，其解离是不可逆的，不存在解离平衡。例如：

$$HCl \longrightarrow H^+ + Cl^-$$

$$NaCl \longrightarrow Na^+ + Cl^-$$

电解质的解离程度可以用解离度的大小来衡量，解离度通常用 α 来表示。

理论上强电解质的解离度应为100%。但实验测得的解离度均小于100%。例如常温下，测得0.1mol/L KCl溶液的 α 为86%；0.1mol/L HCl溶液的 α 为89%。这种相互矛盾的现象可以用德拜（P. Debye）和休克尔（E. Huckel）提出的离子互吸理论来解释。该理论认为：①强电解质在水溶液中是全部解离的，溶液中的离子密度较大。②由于阴、阳离子间存在静电相互作用，使溶液中离子的分布不均匀，即阳离子周围分布的主要是阴离子；阴离子周围分布的主要是阳离子。德拜和休克尔将中心离子周围的那些异性离子叫做“离子氛”，如图5-1所示。③当电解质溶液通电时，中心阳离子向负极移动，但它的“离子氛”却向正极移动，显然中心阳离子移动的速度就要比未受牵制的阳离子慢些，因此溶液的导电性比理论值低，产生一种解离不完全的假象，由此测出的解离度也就不会是100%了。实际测定的解离度称为表观解离度。

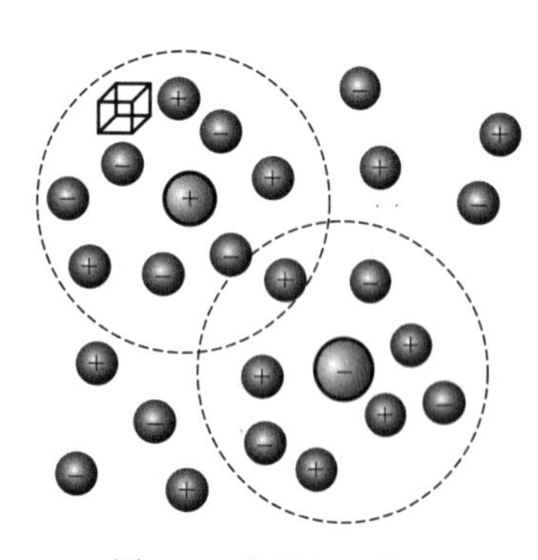

图5-1　离子氛示意图

2. 活度和活度系数

由于“离子氛”的存在，强电解质溶液中的离子不能百分之百地发挥离子应有的效能，因此我们把电解质溶液中，实际上能起作用的离子浓度称为有效浓度，又称为活度。这一概念是由美国化学家路易斯于1907年提出的。活度通常用 a 表示，活度与溶液浓度的关系为：

$$a_i=\gamma_i c_i \tag{5-1}$$

下标 i 表示溶液中的第 i 种离子。γ_i 称为该离子的活度系数，它反映了电解质溶液中离子相互牵制作用的大小。溶液越浓，离子间的牵引作用越大，γ_i 越小，反之亦然。当溶液极稀时，离子间相互作用极浓，$\gamma_i\approx1$，这时 $a_i=c_i$。对于液态和固态的纯物质以及稀溶液中的溶剂（如水），其活度系数均视为1，一般情况下，中性分子的活度系数也视为1；从理论上讲在强电解质溶液中，在进行有关计算时都用活度代替浓度，才能得到准确结果。但是，如果对计算结果要求不高时，也可用浓度进行计算。在弱电解质溶液中，如果溶液的浓度小，对计算结果要求又不高时常用浓度进行计算。

3. 离子强度

在电解质溶液中，离子的活度系数不仅与本身的浓度和电荷有关，还受到其他离子的浓度和电荷的影响。为了定量地说明这些影响，1921年路易斯提出离子强度的概念。溶液中各离子浓度与离子电荷平方乘积的总和的二分之一称为该溶液的离子强度。可用下式表示

$$I=\frac{1}{2}\sum_{B}c_B Z_B^2 \tag{5-2}$$

式中，I 为离子强度；c_B 为B离子的浓度；Z_B 为B离子的电荷数。

离子强度是溶液中存在的离子所产生的电场强度的量度，只与离子浓度和电荷数有关而与离子本性无关。在一定的浓度范围内，溶液的离子强度越大，表明离子间的相互牵制作用越强，离子活度系数越小；离子浓度与实际浓度相差就越大。

课堂互动

醋酸铵、氯化银、硫酸钡是强电解质还是弱电解质？

二、弱电解质的解离平衡

电解质是在水溶液里或熔融状态下能导电的化合物，而在水溶液里或熔融状态下都不能导电的化合物称为非电解质。根据化合物在水溶液或熔融状态下导电性能的强弱，把电解质分为强电解质和弱电解质。强电解质完全解离，弱电解质只有部分解离，存在解离平衡。

1. 弱电解质的解离平衡和解离平衡常数

某些具有极性的共价化合物如弱酸、弱碱和一部分盐类，它们溶于水时，只有部分解离，还有未解离的电解质分子存在，若电解质的解离是可逆的，即存在解离平衡，这类化合物是弱电解质。如醋酸、氨水在水溶液里的解离方程式：

$$HAc \rightleftharpoons H^+ + Ac^-$$

$$NH_3 \cdot H_2O \rightleftharpoons NH_4^+ + OH^-$$

（1）弱电解质的解离平衡　弱电解质在水溶液中部分发生解离，解离过程是可逆的。如 $NH_3 \cdot H_2O$ 在溶液中的解离方程式为：

$$NH_3 \cdot H_2O \rightleftharpoons NH_4^+ + OH^-$$

正反应是 $NH_3 \cdot H_2O$ 分子解离成 NH_4^+ 和 OH^-，逆反应是 NH_4^+ 和 OH^- 结合成 $NH_3 \cdot H_2O$ 的过程，因此，弱电解质的解离过程是可逆的，这个可逆的解离过程与可逆的化学反应一样，它的相反的两种趋势最终也将达到平衡。在一定条件（如温度、浓度）下，当电解质分子解离成离子的速率和离子重新结合生成分子的速率相等时，解离过程就达到了平衡状态，这时溶液中各种粒子的浓度不再改变，称为弱电解质的解离平衡。解离平衡的建立可用图 5-2 表示。

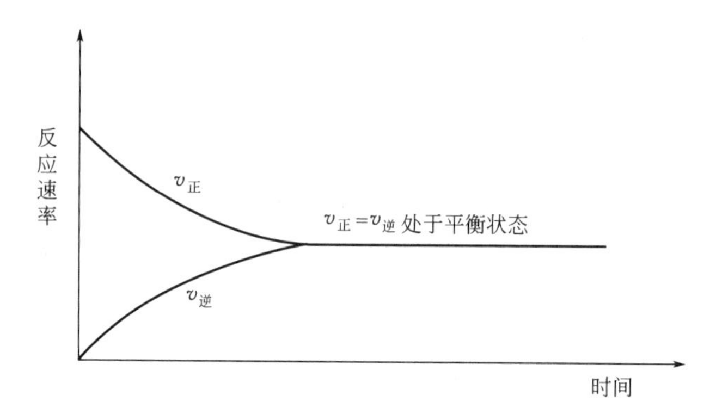

图 5-2　弱电解质解离平衡状态建立示意图

又如在 HF 溶液中，只有一部分 HF 分子发生解离，在溶液中，既有 H^+ 和 F^-，又有 HF 分子，离子和分子之间存在着解离平衡。解离方程式可表示如下：

$$HF \rightleftharpoons H^+ + F^-$$

解离平衡和化学平衡一样，也是动态平衡。化学平衡原理也适用于解离平衡，当浓度、温度等条件改变时，弱电解质的解离平衡也会发生移动。

（2）解离平衡常数　在一定的条件下，当弱电解质的解离达到平衡时，溶液中各组成成分的浓度不再发生变化，而达到平衡时各组分浓度有一定的关系，如对于一元弱酸或一元弱碱，溶液中解离所生成的各种离子浓度的乘积，跟溶液中未解离的分子浓度的比是一个常数。这个常数叫解离平衡常数，简称解离常数。弱酸的解离常数用 K_a 表示，弱碱的解离常数用 K_b 表示。

以 HAc 的解离过程为例：

$$HAc \rightleftharpoons H^+ + Ac^-$$

$$K_a = \frac{[H^+][Ac^-]}{[HAc]}$$

对于 $NH_3 \cdot H_2O$ 的解离过程：

$$NH_3 \cdot H_2O \rightleftharpoons NH_4^+ + OH^-$$

$$K_b=\frac{[NH_4^+][OH^-]}{[NH_3 \cdot H_2O]}$$

由上述表示式可以看出，K 值越大，溶液中离子浓度也越大，表示该弱电解质在该条件下越容易解离。

一般来说 K 在 $10^{-5}\sim10^{-10}$ 范围内的电解质为弱电解质，$K<10^{-10}$ 时为极弱电解质。另外，解离常数与温度有关，而与浓度无关。常见弱酸和弱碱的解离常数见表 5-1。

表 5-1 弱酸和弱碱的解离常数

酸	K_a	pK_a	碱	K_b	pK_b
HIO_3	1.96×10^{-1}	0.71	IO_3^-	5.1×10^{-14}	13.29
$H_2C_2O_4$	5.90×10^{-2}	1.23	$HC_2O_4^-$	1.69×10^{-13}	12.77
H_2SO_3	1.54×10^{-2}	1.81	HSO_3^-	6.49×10^{-13}	12.19
HSO_4^-	1.20×10^{-2}	1.92	SO_4^{2-}	8.33×10^{-13}	12.08
H_3PO_4	7.52×10^{-3}	2.12	$H_2PO_4^-$	1.33×10^{-1}	11.88
HNO_2	4.6×10^{-4}	3.34	NO_2^-	2.17×10^{-11}	10.66
HF	3.53×10^{-4}	3.45	F^-	2.83×10^{-11}	10.55
$HC_2O_4^-$	6.40×10^{-5}	4.19	$C_2O_4^{2-}$	1.56×10^{-10}	9.81
HAc	1.76×10^{-5}	4.76	Ac^-	5.68×10^{-10}	9.25
NH_4^+	5.64×10^{-10}	9.25	NH_3	1.774×10^{-5}	4.751
H_2S	5.7×10^{-8}	7.24	HS^-	1.75×10^{-7}	6.76

2. 解离度

弱电解质的解离是可逆过程。解离度是当弱电解质达到解离平衡时，溶液中已解离的分子数占弱电解质分子总数（已解离和未解离的）的百分比。解离度通常用 α 来表示：

$$\alpha=\frac{\text{已解离的电解质分子数}}{\text{解离前的电解质分子数}}\times100\% \tag{5-3}$$

【例 5-1】 在某温度时，在 0.1mol/L 的 HAc 溶液中，每 1000 个 HAc 分子有 72 个分子解离成离子，求 HAc 在该温度时的解离度。

解
$$\alpha=\frac{\text{已解离的电解质分子数}}{\text{解离前的电解质分子数}}\times100\%=\frac{72}{1000}\times100\%=7.2\%$$

答：HAc 在该温度时的解离度为 7.2%。

3. 影响解离度的因素

（1）电解质的性质　电解质的本性决定着不同的电解质有不同的解离度。这是因为分子内部化学键的极性强弱不同引起的。离子化合物和强极性共价化合物在水溶液中离子间吸引力较弱，水分子对它的作用力较大，因此能完全解离；弱极性共价化合物，因极性小，水分子对它的作用力较小，又因为分子中原子间结合牢固，所以解离度小。一般地说化合物的极性越小，解离度越小。

（2）浓度　电解质溶液的浓度与解离度有密切关系，相同条件下，对同种电解质溶液，溶液的浓度越小，解离度越大。溶液浓度越小，离子间相互碰撞的机会越小，所以结合成分子的概率也越小，解离度也就越大。反之，溶液浓度越大，解离度就越小。因此，在讨论某一电解质的解离度时，必须指明该电解质溶液的浓度。同一种电解质在不同浓度时其解离度不同，以醋酸为例（表 5-2）。

表 5-2 醋酸不同浓度时的解离度

浓度/(mol/L)	0.2	0.1	0.02	0.01	0.001
解离度 α/%	0.934	1.33	2.96	4.20	12.40

（3）温度　解离是一个吸热过程，升高温度有利于电解质的解离，所以解离度随着温度的升高而增大。

（4）溶剂　溶剂在弱电解质的解离过程中所起的作用是很大的，同一种电解质在不同溶剂中解离度是不同的。例如 HCl 在水中的解离度很大，但在酒精中几乎不解离。因为水是极性溶剂，酒精是非极性溶剂。电解质在通常情况下，溶剂的极性越大，解离度越大。

4. 同离子效应和盐效应

弱电解质的解离平衡是暂时的，相对的，一旦条件改变，平衡也会发生移动，使解离平衡移动的最主要的因素是同离子效应和盐效应。

（1）同离子效应　在 HAc 溶液中加入少量的 NaAc，由于溶液中 Ac^- 浓度增大，使 HAc 的解离平衡向左移动，从而降低了 HAc 的解离度。

在弱电解质溶液中，加入与该弱电解质有共同离子的强电解质，使弱电解质的解离度降低的现象，称为同离子效应。

（2）盐效应　如果在 HAc 溶液中加入不含相同离子的强电解质（例如 NaCl），由于离子总浓度增大，溶液中离子间的相互牵制作用增大，Ac^- 和 H^+ 结合为 HAc 分子的机会减小，达到平衡时，HAc 的解离度略有增高，这种作用称为盐效应。

产生同离子效应的时候，必然伴随盐效应的发生，但同离子效应的影响要大得多。对于稀溶液，一般不考虑盐效应的影响。

5. 弱电解质溶液 pH 近似计算

对于弱酸、弱碱的水溶液，人们关心的是其酸强度（H^+ 浓度）和碱强度（OH^- 浓度）。知道解离常数，便可计算弱酸、弱碱水溶液 H^+ 浓度、OH^- 浓度和 pH。

【例 5-2】 298K 时，HAc 的解离常数为 1.76×10^{-5}。计算 0.10mol/L HAc 溶液的 H^+ 浓度和解离度。

解　HAc 水溶液中，同时存在两个解离平衡：

$$H_2O \rightleftharpoons H^+ + OH^-$$

$$HAc \rightleftharpoons H^+ + Ac^-$$

H^+ 有两个来源，但在计算 H^+ 浓度时，当 $K_i c(HAc) \gg 20K_w$ 时，可忽略水的解离，溶液中 $[H^+]\approx[Ac^-]$。设 $[H^+]=x$

$$HAc \rightleftharpoons H^+ + Ac^-$$

平衡浓度　　$0.10-x$　　x　　x

$$K_a=\frac{x^2}{0.10-x}$$

如果 $c(HAc)/K_i \gg 500$，$c(HAc)\approx$[酸]，即 $0.10-x\approx0.10$。这时，上式可作近似计算：

$$K_a=\frac{x^2}{0.10}=1.76\times10^{-5}$$

$$[H^+]=x=\sqrt{1.76\times10^{-5}\times0.10}\ mol/L=1.33\times10^{-3}\ mol/L$$

$$\alpha=\frac{[H^+]}{c[HAc]}=\frac{1.33\times10^{-3}}{0.10}=1.33\%$$

答：0.10mol/L HAc溶液的H^+浓度为1.33×10^{-3}mol/L，解离度为1.33%。

把以上近似计算推广到一般浓度为$c_{酸}$的一元弱酸溶液中：

$$[H^+]=\sqrt{K_a c_{酸}}$$

$$\alpha=\sqrt{\frac{K_a}{c_{酸}}}$$

对于一元弱碱溶液，同理可以得到：

$$[OH^-]=\sqrt{K_b c_{碱}}$$

【例 5-3】 计算500ml溶液中含NH_3 17g的pH（$K_{NH_3\cdot H_2O}=1.76\times10^{-5}$）。

解　已知$m(NH_3)=17g$，$V=500ml=0.5L$，$K_{NH_3\cdot H_2O}=1.76\times10^{-5}$

$$n(NH_3)=\frac{m(NH_3)}{M(NH_3)}=\frac{17g}{17g/mol}=1.0mol$$

$$c(NH_3)=\frac{n(NH_3)}{V}=\frac{1.0mol}{0.5L}=2.0mol/L$$

$$c(NH_3)/K_{NH_3\cdot H_2O}\gg500$$

因此

$$[OH^-]=\sqrt{K_b c_B}=\sqrt{1.76\times10^{-5}\times2.0}\ mol/L=5.93\times10^{-3}\ mol/L$$

$$pOH=-lg[OH^-]=lg(5.93\times10^{-3})=2.23$$

则　$pH=14-2.23=11.77$

答：500ml溶液中含NH_3 17g的pH为11.77。

注：多元弱酸和多元弱碱存在多级解离，但一级解离是主要的，所以在计算H^+浓度时，可以按一元弱酸或一元弱碱的计算公式进行计算。

课堂互动

在醋酸溶液中，分别加入盐酸、氢氧化钠、醋酸钠，解离平衡向哪个方向移动？其中哪一种能产生同离子效应？

第二节　酸碱质子理论

人们对于酸、碱的认识，经历了一个由浅入深，由低级到高级的过程。最初，人们是根据物质的性质来区分酸和碱的。有酸味，能使紫色石蕊变成红色的是酸；有涩味、滑腻感，使紫色石蕊变成蓝色的是碱。随着生产和科学的发展，19世纪后期，解离理论产生之后才出现了近代的酸碱理论，近代酸碱理论主要包括酸碱的解离理论、酸碱质子理论和酸碱的电子理论。我们主要学习酸碱质子理论。

在中学已经学过了酸碱的解离理论，酸碱的解离理论认为：酸是解离时产生的阳离子全部是氢离子的化合物；碱是解离时产生的阴离子全部是氢氧根离子的化合物。然而，酸碱的解离理论有其局限性，它把酸碱仅限于水溶液中。所以解离理论无法说明物质在非水溶液中的酸碱性问题。

1923 年布朗施德-劳莱提出了酸碱质子理论，扩大了酸碱的范围，更新了酸碱的含义。

一、酸碱质子理论

质子理论认为：凡能给出质子（H^+）的物质都是酸；凡能接受质子的物质都是碱。如 HCl、NH_4^+、HSO_4^-、$H_2PO_4^-$ 等都是酸，因为它们都能给出质子；Cl^-、NH_3、HSO_4^-、SO_4^{2-}、NaOH 等都是碱，因为它们能接受质子。质子理论中，酸和碱不局限于分子，还可以是阴、阳离子。

根据酸碱质子理论，酸和碱不是孤立的。酸给出质子后生成碱，碱接受质子后就变成酸。

$$\text{酸} \rightleftharpoons \text{质子} + \text{碱}$$

$$HCl \longrightarrow H^+ + Cl^-$$

$$NH_4^+ \rightleftharpoons H^+ + NH_3$$

$$H_2PO_4^- \rightleftharpoons H^+ + HPO_4^{2-}$$

$$HSO_4^- \longrightarrow H^+ + SO_4^{2-}$$

这种对应情况叫做共轭关系。右边的碱是左边酸的共轭碱；左边的酸又是右边碱的共轭酸。酸越强，它的共轭碱越弱；酸越弱，它的共轭碱越强。

常见共轭酸碱对列于表 5-3。

表 5-3 常见共轭酸碱对

共轭酸		共轭碱	
名称	化学式	化学式	名称
高氯酸	$HClO_4$	ClO_4^-	高氯酸根
硫酸	H_2SO_4	HSO_4^-	硫酸氢根
氢碘酸	HI	I^-	碘离子
氢溴酸	HBr	Br^-	溴离子
盐酸	HCl	Cl^-	氯离子
硝酸	HNO_3	NO_3^-	硝酸根
水合氢离子	H_3O^+	H_2O	水
硫酸氢根	HSO_4^-	SO_4^{2-}	硫酸根
磷酸	H_3PO_4	$H_2PO_4^-$	磷酸二氢根
亚硝酸	HNO_2	NO_2^-	亚硝酸根
醋酸	CH_3COOH	CH_3COO^-	醋酸根
碳酸	H_2CO_3	HCO_3^-	碳酸氢根
氢硫酸	H_2S	HS^-	硫氢根
铵离子	NH_4^+	NH_3	氨
氢氰酸	HCN	CN^-	氰根
水	H_2O	OH^-	氢氧根
氨	NH_3	NH_2^-	氨基离子

从表中的共轭酸碱对可以看出：① 酸和碱可以是分子，也可以是阳离子或阴离子；②有的离子在某个共轭酸碱对中是碱，但在另一个共轭酸碱对中却是酸，如 HSO_4^- 等；③质子理论中没有盐的概念。酸碱解离理论中的盐，在质子理论中都是离子酸或离子碱。例如在质子理论中，NH_4Cl 中的 NH_4^+ 是酸，Cl^- 是碱。

二、酸碱反应

根据酸碱质子理论，酸碱反应的实质，就是两个共轭酸碱对之间质子传递的反应。例如：

$$\underset{\text{酸1}}{HCl} + \underset{\text{碱2}}{NH_3} \longrightarrow \underset{\text{酸2}}{NH_4^+} + \underset{\text{碱1}}{Cl^-}$$

NH_3 和 HCl 的反应，无论在水溶液中、液氨溶液中、苯溶液中或气相中，其实质都是一样的，即 HCl 是酸，放出质子给 NH_3，然后转变为它的共轭碱 Cl^-；NH_3 是碱，接受质子后，转变为它的共轭酸 NH_4^+。强碱夺取了强酸放出的质子，转化为较弱的共轭酸和共轭碱。

酸碱质子理论不仅扩大了酸和碱的范围，还可以把解离理论中的解离作用、中和作用、水解作用等，统统包括在酸碱反应的范围之内，都可以看作是质子传递的酸碱反应。

1. 解离作用

根据质子理论的观点，解离作用就是水与分子酸碱的质子传递反应。在水溶液中，酸将其质子传给水，生成水合质子并产生共轭碱。

强酸给出质子的能力很强。其共轭碱极弱，几乎不能结合质子，因此反应几乎完全进行（相当于解离理论的全部解离）。

$$\underset{\text{酸1}}{HCl} + \underset{\text{碱2}}{H_2O} \longrightarrow \underset{\text{酸2}}{H_3O^+} + \underset{\text{碱1}}{Cl^-}$$

弱酸给出质子的能力较弱，其共轭碱则较强。因此，反应不能进行完全，为可逆反应（相当于解离理论的部分解离）。

$$\underset{\text{酸1}}{HAc} + \underset{\text{碱2}}{H_2O} \rightleftharpoons \underset{\text{酸2}}{H_3O^+} + \underset{\text{碱1}}{Ac^-}$$

氨和水反应时，H_2O 给出质子，由于 H_2O 是弱酸，所以反应也进行得很不完全，是可逆反应（相当于 NH_3 在水中的解离过程）。

$$\underset{\text{酸1}}{H_2O} + \underset{\text{碱2}}{NH_3} \rightleftharpoons \underset{\text{酸2}}{NH_4^+} + \underset{\text{碱1}}{OH^-}$$

可见，在酸的解离过程中，H_2O 接受质子，是一个碱，而在 NH_3 的解离过程中，H_2O 放出质子，又是一个酸，所以水是两性物质。在水的自递过程中，也体现了酸碱的共轭关系。由于 H_3O^+ 是强酸，OH^- 是强碱，平衡强烈向左移动。

$$\underset{\text{酸1}}{H_2O} + \underset{\text{碱2}}{H_2O} \rightleftharpoons \underset{\text{酸2}}{H_3O^+} + \underset{\text{碱1}}{OH^-}$$

2. 中和反应

解离理论中酸碱的中和反应也是质子的传递作用：

$$\underset{\text{酸1}}{H_3O^+} + \underset{\text{碱2}}{OH^-} \rightleftharpoons \underset{\text{酸2}}{H_2O} + \underset{\text{碱1}}{H_2O}$$

$$\underset{\text{酸1}}{HAc} + \underset{\text{碱2}}{NH_3} \rightleftharpoons \underset{\text{酸2}}{NH_4^+} + \underset{\text{碱1}}{Ac^-}$$

3. 水解反应

质子理论中没有盐的概念，因此，也没有盐的水解反应。解离理论中的水解反应相当于质子理论中水与离子酸、碱的质子传递反应。

$$\underset{\text{酸1}}{H_2O} + \underset{\text{碱2}}{Ac^-} \rightleftharpoons \underset{\text{酸2}}{HAc} + \underset{\text{碱1}}{OH^-}$$

$$\underset{\text{酸1}}{NH_4^+} + \underset{\text{碱2}}{H_2O} \rightleftharpoons \underset{\text{酸2}}{H_3O^+} + \underset{\text{碱1}}{NH_3}$$

通过上面的分析看出，酸碱的质子理论扩大了酸碱的含义和酸碱反应的范围，摆脱了酸碱必须在水中发生反应的局限性，解决了一些非水溶剂或气体间的酸碱反应，并把水溶液中进行的各种离子反应系统地归纳为质子传递的酸碱反应。这样，加深了人们对于酸碱和酸碱反应的认识。关于酸碱的定量标度问题，质子理论亦能像解离理论一样，应用平衡常数来定量地衡量在某酸或碱的强度，这就使质子理论得到广泛的应用。目前分析化学课程中已经用质子理论解决问题。

三、酸碱的强度

酸和碱的强度是指酸给出质子的能力和碱接受质子的能力的强弱。

1. 拉平效应和分辨效应

酸的强弱是通过给出质子的能力来判断的。于是一方面要看酸自身的能力，另一方面又和碱接受质子的能力有关。比较 $HClO_4$、H_2SO_4、HCl 和 HNO_3 的强弱，若在 H_2O 中进行，由于 H_2O 接受质子的能力所致，四者均完全解离，故比较不出强弱。若放到 HAc 中，由于 HAc 接受质子的能力比 H_2O 弱得多，所以尽管四者给出质子的能力没有变，但是在 HAc 中却是部分解离。于是根据 K_a 的大小，可以比较其酸性的强弱。

$$HClO_4 + HAc \rightleftharpoons ClO_4^- + H_2Ac^+ \qquad pK_a = 5.8$$

$$H_2SO_4 + HAc \rightleftharpoons HSO_4^- + H_2Ac^+ \qquad pK_a = 8.2$$

$$HCl + HAc \rightleftharpoons Cl^- + H_2Ac^+ \qquad pK_a = 8.8$$

$$HNO_3 + HAc \rightleftharpoons NO_3^- + H_2Ac^+ \qquad pK_a = 9.4$$

所以四者从强到弱依次是 $HClO_4$、H_2SO_4、HCl、HNO_3。HAc 对四者有分辨效应，HAc 是四者的分辨试剂；而 H_2O 对四者有拉平效应，H_2O 是四者的拉平试剂。

2. 酸碱的强弱

对于大多数的弱酸，H_2O 是分辨试剂，可以根据它们在水中的解离平衡常数比较酸性的强弱。酸性次序如下：

$$(HClO_4、H_2SO_4、HCl、HNO_3) > H_3O^+ > HF > HAc > NH_4^+ > H_2O > HS^-$$

在水中，K_a 可以体现出一种酸给出 H^+ 的能力。例如：HAc，

$$HAc + H_2O \rightleftharpoons H_3O^+ + Ac^-$$

如何体现其共轭碱 Ac^- 接受 H^+ 的能力呢？

$$Ac^- + H_2O \rightleftharpoons HAc + OH^-$$

其碱式解离常数为 K_b。可见一对共轭酸碱的 K_a、K_b 之间有如下关系：

$$K_b = \frac{K_w}{K_a}$$

或 $K_aK_b = K_w$，K_a 和 K_b 之积为常数。

一对共轭酸碱中，酸的 K_a 越大，则其共轭碱的 K_b 越小，所以从酸性的次序就可以推出其共轭碱的强度次序。

$$ClO_4、HSO_4^-、Cl^-、NO_3^- < H_2O < F^- < Ac^- < NH_3 < OH^- < S^{2-}$$

用 K_w 表示 $[H_3O^+][OH^-]$，K_w 称为水的离子积。这说明在一定温度下，水中的 $[H_3O^+]$ 与 $[OH^-]$ 的乘积为一常数。所以 $K_aK_b = K_w$。

根据酸碱质子理论，酸碱在溶液中所表现出来的强度，不仅与酸碱的本性有关，也与溶剂的本性有关。我们所能测定的是酸碱在一定溶剂中表现出来的相对强度。同一种酸或碱，如果溶于不同的溶剂，它们所表现的相对强度就不同。例如 HAc 在水中表现为弱酸，但在液氨中表现为强酸，这是因为液氨夺取质子的能力（即碱性）比水要强得多。这种现象进一步说明了酸碱强度的相对性。

第三节 溶液的酸碱性

一、水的解离平衡

通常认为纯水是不能导电的，但是实验证明，水有微弱的导电性，其导电性是由于水能发生微弱的解离产生水合的氢离子和氢氧根离子。按照质子理论，水既是酸又是碱，水是两性物质，作为酸的水分子可以和另一个作为碱的水分子通过传递质子而发生酸碱反应：

$$H_2O + H_2O \rightleftharpoons H_3O^+ + OH^-$$

称为水的自解离。

如果把 H_3O^+ 简写成 H^+，则上式可简写成：

$$H_2O \rightleftharpoons H^+ + OH^-$$

在纯水中，只有极少数的水分子解离成 H^+ 和 OH^-，精密实验测得 22℃时纯水中的离子浓度：

$$[H^+] = 10^{-7}\,mol/L$$

$$[OH^-] = 10^{-7}\,mol/L$$

水在解离时，平衡常数表达式为：

$$K_i = \frac{[H^+][OH^-]}{[H_2O]} \tag{5-4}$$

平衡常数 $K_w = [H^+][OH^-]$，K_w 称为水的离子积。

由于水的解离度极小，可以忽略不计已解离的水分子数，1L 纯水中，$[H_2O]$ 可以看成是一个定值。因为 1L 纯水中水的物质的量为 $1000g \div 18g/mol \approx 55.55mol$，把此数值代入

解离常数表达式中，此数值与水的解离常数的乘积仍是一个常数，用 K_w 表示。

$$K_i=[H_2O]=[H^+][OH^-]=K_i\times55.55=K_w$$

$$K_w=[H^+][OH^-]=1.0\times10^{-7}\times1.0\times10^{-7}=1.0\times10^{-14}$$

在室温下，纯水中，H^+ 浓度与 OH^- 浓度的乘积是一个常数，称为水的离子积常数，简称水的离子积，其数值是 1.0×10^{-14}。

水的离子积常数受温度的影响，因为水的解离反应是吸热反应，所以水的离子积随温度的升高而增大，随温度的降低而减小。室温（22℃）时，$K_w=1.0\times10^{-14}$。

不仅在纯水中，其他溶液中，H^+ 与 OH^- 浓度的乘积也等于水的离子积。

二、溶液的酸度

1. 溶液的酸碱性

酸度指水中能与强碱发生中和作用的物质的总量，包括无机酸、有机酸、强酸弱碱盐等，酸度也指某浓度的酸所解离出的特征阳离子的多少。例如，对于醋酸，其特征阳离子为 H^+，酸度就是指它解离产生的 H^+ 的多少。在水溶液中酸、碱的强度用其平衡常数 K_a、K_b 来衡量。$K_a(K_b)$ 值越大，酸（碱）越强。例如：以下三种酸的强度顺序是 $HCl>HAc>NH_4^+$。

在水溶液中共轭酸碱对 HAc 和 Ac^- 的解离常数 K_a 和 K_b 间的关系为：

$$K_aK_b=K_w \quad 或 \quad pK_a+pK_b=pK_w$$

可见酸的强度与其共轭碱的强度是反比关系。酸愈强（pK_a 愈小），其共轭碱愈弱（pK_b 愈大），反之亦然。根据水的离子积常数概念，任何物质的水溶液中不论它是酸性、碱性或中性，都同时含有$[H^+]$和$[OH^-]$，只不过它们的相对浓度不同。因此，溶液的酸碱性可统一用氢离子浓度来表示。在 22℃时，水溶液中的$[H^+]$和$[OH^-]$有如下关系：

中性溶液　$[H^+]=[OH^-]=1.0\times10^{-7}mol/L$

酸性溶液　$[H^+]>[OH^-]$，$[H^+]>1.0\times10^{-7}mol/L$

碱性溶液　$[H^+]<[OH^-]$，$[H^+]<1.0\times10^{-7}mol/L$

2. 溶液的 pH

当溶液中的［H^+］、［OH］很小时，为了方便地表示溶液的酸度，通常用 pH 表示溶液的酸碱性。pH 是 1909 年由丹麦生物化学家 Soren Peter Lauritz Sorensen 提出。p 来自德语 Potenz（means potency power），意思是浓度、力量，H（hydrogen ion）代表氢离子（H）。pH 就是氢离子浓度的负对数：

$$pH=-lg[H^+]$$

已知溶液的［H^+］，可计算溶液的 pH。

$[H^+]=1.0\times10^{-13}mol/L$　　则 $pH=-lg(1.0\times10^{-13})=13$

$[H^+]=1.0\times10^{-3}mol/L$　　则 $pH=-lg(1.0\times10^{-3})=3$

$[H^+]=1.33\times10^{-3}mol/L$　　则 $pH=-lg(1.33\times10^{-3})=3-lg1.33=2.88$

已知溶液的 pH，可以计算出相应的 H^+ 浓度。

$$[H^+]=10^{-pH}$$

【例 5-4】 已知 pH=4、pH=8、pH=8.8 时，计算各溶液中的 H^+ 浓度。

解　　$pH=-lg[H^+]=4$　　$[H^+]=1.0\times10^{-4}mol/L$

$$pH=-lg[H^+]=8 \qquad [H^+]=1.0\times10^{-8}mol/L$$
$$pH=-lg[H^+]=8.8 \qquad [H^+]=1.058\times10^{-9}mol/L$$

答：pH=4、pH=8、pH=8.8 时，溶液中的 H^+ 浓度分别为 $1.0\times10^{-4}mol/L$、$1.0\times10^{-8}mol/L$、$1.058\times10^{-9}mol/L$。

通过计算可知：pH 是溶液酸碱性的量度。常温下：

中性溶液　　pH=7

酸性溶液　　pH<7

碱性溶液　　pH>7

三、酸碱指示剂

有一类化合物，在不同的 pH 溶液中能呈现出不同的颜色，化学上通常利用其颜色变化来判断溶液的酸碱性。像这种借助颜色改变来指示溶液中 pH 的物质称为酸碱指示剂。

酸碱指示剂的本质是有机弱酸或有机弱碱，最常用的有甲基橙、甲基红、酚酞等。

指示剂的变色原理是由于它们在溶液中存在解离平衡，其分子和离子的颜色不同，当溶液 pH 改变时，分子和离子的相对浓度发生变化，从而使溶液呈现不同的颜色。

以甲基橙为例：

$$HIn(红色) \rightleftharpoons H^+ + In^-(黄色)$$

HIn 是指示剂的共轭酸，称为“酸型”，显示酸色；In^- 是指示剂的共轭碱，称为“碱型”，显示碱色。由平衡移动原理可知：增大溶液的 $[H^+]$，平衡左移，[HIn] 增大，溶液呈现红色；增大溶液的 $[OH^-]$，平衡右移，$[In^-]$ 增大，溶液呈现黄色。由此可见，当溶液的 pH 改变时，指示剂的解离平衡将向不同的方向移动，从而显示不同的颜色。

每一种指示剂都有一定的变色范围，即指示剂颜色变化的 pH 范围。

$$HIn(红色) \rightleftharpoons H^+ + In^-(黄色)$$

$$K_{HIn}=[H^+][In^-]/[HIn] \qquad pH=pK_{HIn}+lg[In^-]/[HIn]$$

当 $[In^-]=[HIn]$ 时，溶液呈现混合色，即黄色，此时 $pH=pK_{HIn}$，该 pH 称为指示剂的变色点。指示剂不同，变色点不同。

虽然从理论上说，$[In^-]/[HIn]$ 比值发生变化，溶液的颜色就要改变，但并不是 $[In^-]/[HIn]$ 比值的任何微小的变化都能使人观察到溶液颜色的改变。因为人的肉眼对颜色的辨别能力是有一定的限度的。一般认为，当 $[In^-]/[HIn]=10$ 时，只能看到碱色，此时 $pH=pK_{HIn}+1$；当 $[In^-]/[HIn]=1/10$ 时，只能看到酸色，此时 $pH=pK_{HIn}-1$。因此，$pH=pK_{HIn}\pm1$ 就是指示剂的变色范围，称为变色域。常见指示剂的变色范围见表 5-4。

表 5-4　常见的酸碱指示剂的变色范围

指示剂	变色范围	颜色 酸色～碱色	指示剂	变色范围	颜色 酸色～碱色
甲基橙	3.1～4.4	红色～黄色	中性红	6.8～8.0	红色～橙色
甲基红	4.4～6.2	红色～黄色	酚酞	8.2～10.0	无色～红色
石蕊	5.0～8.0	红色～蓝色	溴麝香酚酞	9.4～10.6	无色～蓝色
溴酚蓝	3.0～4.6	黄色～蓝色	溴甲酚绿	4.0～5.6	黄色～蓝色
溴百里酚蓝	6.2～7.6	黄色～蓝色			

选用指示剂时，要选 $pK_{HIn}\pm1$ 的范围与欲测溶液 pH 相当的指示剂。使用时注意控制指示剂的用量，以能观察颜色变化为度。

酸碱指示剂除用于测定溶液的酸碱性外，还可用于指示酸碱滴定反应的终点。而精确测定溶液的 pH 的方法是用 pH 计（酸度计）。

酸碱溶液在日常生活中的应用

酸碱溶液在日常生活中的应用非常广泛，例如用小苏打可以做馒头；用醋可以清理茶垢；用热水将碱融化，可以很好地清洗墙上或橱具上的污垢；用稀盐酸可刷马桶上的顽固污渍，可使衣物等脱色（特别是衣服被染色后用最好）；可以调节土壤的酸碱性，例如用熟石灰来中和土壤的酸性；用熟石灰中和硫酸厂的污水废水（含有硫酸等杂质）等。在医疗上用途也很广泛，例如用胃舒平（含氢氧化铝）等药物来医治胃酸过多的病人；碳酸钙片主要用来补钙和治疗骨质疏松等。

第四节　缓冲溶液

许多化学反应要在一定的 pH 范围内才能正常进行，例如人体血液的 pH 是 7.4 左右，大于 7.8 或小于 7.0 就会导致死亡，一些药物制剂只有在一定的 pH 范围内才具有疗效。因此，要使机体内的化学反应正常进行，就必须具有稳定的 pH，并能保持 pH 在反应过程中几乎不变的溶液，具有这种性能的溶液就是缓冲溶液。

在室温下纯水的 pH 为 7。在 1L 纯水中加入 0.01mol HCl，pH 由 7.0 下降到 2.0，改变了 5 个 pH 单位，又如在 1L 纯水中加 0.01mol NaOH，则 pH 由 7.0 上升到 12.0，也改变了 5 个单位。这说明纯水易受外界加入的少量强酸、强碱的影响。如果在 1L 含有 0.1mol HAc 和 0.1mol NaAc 的混合溶液中加入 0.01mol HCl，溶液 pH 由 4.75 下降到 4.66，仅改变了 0.09 个 pH 单位，又如在同样的混合溶液中，加入 0.01mol NaOH，溶液的 pH 由 4.75 上升到 4.84，也仅改变了 0.09 个 pH 单位。可见 HAc 和 NaAc 的混合溶液能对抗外加的少量强酸或强碱的影响，保持溶液的 pH 几乎不变。

这种能对抗外来少量酸或碱和水的稀释，而本身的 pH 几乎不变的作用称为缓冲作用，具有缓冲作用的溶液称为缓冲溶液。

微课

缓冲溶液

一、缓冲溶液的组成和作用原理

1. 缓冲溶液的组成

缓冲溶液具有缓冲作用，其原因在于缓冲溶液中含有抗酸、抗碱两种成分，且两种成分之间存在着化学平衡。抗酸成分和抗碱成分合称缓冲系或缓冲对。

按照酸碱质子理论，缓冲对都是共轭酸碱对，抗酸成分为共轭碱，抗碱成分为其共轭酸，根据缓冲对的组成不同，可分为三种类型。

（1）弱酸及其对应的盐

弱酸(抗碱成分)	对应盐(抗酸成分)
HAc	NaAc
H_2CO_3	$NaHCO_3$
H_3PO_4	NaH_2PO_4

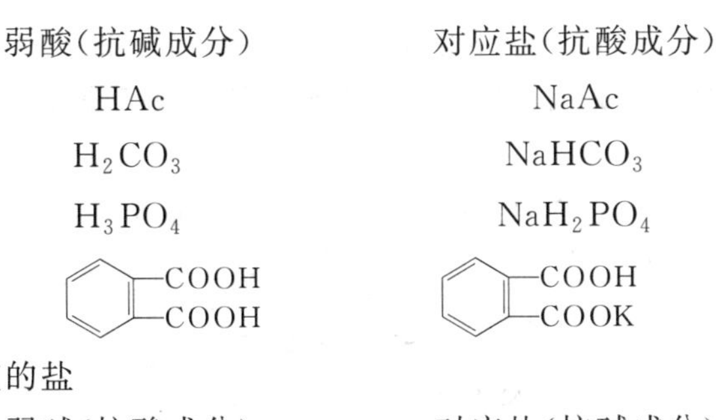

（2）弱碱及其对应的盐

弱碱(抗酸成分)	对应盐(抗碱成分)
$NH_3 \cdot H_2O$	NH_4Cl

（3）多元弱酸的酸式盐及其对应的次级盐

多元酸的酸式盐(抗碱成分)	对应次级盐(抗酸成分)
$NaHCO_3$	Na_2CO_3
NaH_2PO_4	Na_2HPO_4

2. 缓冲作用原理

按照酸碱质子理论，组成缓冲溶液的缓冲对是一个共轭酸碱体系，即由一种弱酸（质子给予体）和对应的共轭碱（质子接受体）所组成的混合物。在水溶液中，存在着质子转移平衡。现在我们按照缓冲溶液的类型分类进行讨论。

（1）弱酸及其对应的盐　现以 HAc-NaAc 缓冲体系为例进行讨论。在 HAc-NaAc 体系中，存在共轭酸碱对 $HAc\text{-}Ac^-$，HAc 是共轭酸，释放质子；Ac^- 是共轭碱，结合质子。

在含有 HAc 和 NaAc 的溶液中存在下列解离过程：

$$HAc \rightleftharpoons H^+ + Ac^-$$

$$NaAc \longrightarrow Na^+ + Ac^-$$

NaAc 是强电解质完全解离，HAc 作为一弱酸，加之同离子效应，降低了 HAc 的解离度，致使 HAc 仅发生微弱解离。因此，相对而言在混合溶液中 c_{HAc}（来自弱酸）和 c_{Ac^-}（主要来自于 NaAc）都较大，而且存在 HAc 的解离平衡。

在上述混合溶液中加入少量酸（如盐酸）时，溶液中大量的 Ac^- 就和 H^+ 结合生成 HAc，同时 HAc 的解离平衡向左移动。当建立新的平衡时，c_{HAc}略有增加，c_{Ac^-}略有减少，而溶液中 c_{H^+} 几乎保持不变。所以 NaAc 是缓冲溶液的抗酸成分。

抗酸的离子反应方程式：

$$Ac^- + H^+ \rightleftharpoons HAc$$

如果在上述混合溶液中加入少量强碱，增加的 OH^- 与溶液中的 H^+ 结合生成 H_2O，H^+ 离子浓度的减少使得 HAc 的解离平衡向右移动，以补充 H^+ 的减少。建立新的平衡时，c_{HAc}略有减少，c_{Ac^-}略有增加，而溶液的 pH 几乎保持不变，所以 HAc 是缓冲溶液中的抗碱成分。

抗碱的离子反应方程式：

$$OH^- + HAc \rightleftharpoons Ac^- + H_2O$$

当加水稀释时，溶液中的 c_{H^+} 减少，而解离度增加，补充了 c_{H^+} 的减少。因此，pH 维持相对稳定。

显然，如加入大量的酸、碱，溶液中的 HAc 或 Ac^+ 消耗将尽时，就不再具有缓冲能力。所以缓冲溶液的缓冲能力是有限的。如果外界条件的改变超过了该溶液的缓冲能力，则溶液的 pH 不再维持稳定。

（2）弱碱及其对应的盐　在 $NH_3 \cdot H_2O$-NH_4Cl 缓冲系中，$NH_3 \cdot H_2O$ 为弱电解质，在水中部分解离成 NH_4^+ 和 Cl^-。

$$NH_3 \cdot H_2O \rightleftharpoons OH^- + NH_4^+$$
$$NH_4Cl = Cl^- + NH_4^+$$

在这一混合溶液中，$NH_3 \cdot H_2O$ 的解离平衡因强电解质 NH_4Cl 的存在，溶液中 NH_4^+ 增高，对 $NH_3 \cdot H_2O$ 的解离产生了同离子效应，因而进一步抑制 $NH_3 \cdot H_2O$ 的解离，使 $NH_3 \cdot H_2O$ 的解离度减小。因此这个混合溶液中 OH^- 浓度不大，但未解离 $NH_3 \cdot H_2O$ 的量（氢氧根离子的存储量）却很大，同时，能与 OH^- 作用的 NH_4^+（主要来自 NH_4Cl）的量也很大。

当向这一混合溶液中加入少量酸（HCl）时，溶液中 $NH_3 \cdot H_2O$ 解离出来的 OH^- 就与外来少量 H^+ 结合成 H_2O，使 $NH_3 \cdot H_2O$ 的解离平衡向右移动。当建立新的化学平衡时，NH_4^+ 的浓度略有增大，$NH_3 \cdot H_2O$ 浓度略有减小、溶液中的 OH^- 的浓度没有明显减少，溶液的 pH 几乎不变。因此，$NH_3 \cdot H_2O$ 为此缓冲溶液的抗酸成分。

抗酸的离子反应方程式：

$$NH_3 \cdot H_2O + H^+ \rightleftharpoons NH_4^+ + H_2O$$

当向这一混合溶液中加入少量碱（NaOH）时，溶液中的 NH_4^+ 与外来少量 OH^- 结合成 $NH_3 \cdot H_2O$ 分子，使 $NH_3 \cdot H_2O$ 的解离平衡向左移动。当建立新的化学平衡时，OH^- 的浓度没有明显增大，溶液的 pH 几乎不变。因此，NH_4Cl 为此缓冲溶液的抗碱成分。

抗碱的离子反应方程式：

$$NH_4^+ + OH^- \rightleftharpoons NH_3 \cdot H_2O$$

总之，由于溶液中有大量的 NH_4Cl 来对抗外来少量的碱（OH^-）；有大量的 $NH_3 \cdot H_2O$ 来对抗外来少量酸（H^+），因此具有缓冲作用。

（3）多元酸的酸式盐及其对应的次级盐　在 NaH_2PO_4-Na_2HPO_4 的缓冲系中，存在下列解离平衡：

$$NaH_2PO_4 = Na^+ + H_2PO_4^-$$
$$H_2PO_4^- \rightleftharpoons H^+ + HPO_4^{2-}$$
$$Na_2HPO_4 = 2Na^+ + HPO_4^{2-}$$

在这一混合溶液中，存在大量的 $H_2PO_4^-$（主要来自 NaH_2PO_4）和 HPO_4^{2-}（主要来自 Na_2HPO_4）。当向这一混合溶液中加入少量酸（HCl）时，溶液中 HPO_4^{2-} 与外来的 H^+ 结合生成 $H_2PO_4^-$，使 $H_2PO_4^-$ 解离平衡向左移动。当建立新的化学平衡时，H^+ 浓度没有明显升高，溶液的 pH 没有明显降低。因此，Na_2HPO_4 为此缓冲溶液抗酸成分。

抗酸的离子反应方程式：

$$HPO_4^{2-} + H^+ \rightleftharpoons H_2PO_4^-$$

当向这一混合溶液中加入少量碱（NaOH）时，溶液中 H^+ 与外来的 OH^- 结合成 H_2O 分子，使解离平衡向右移动。当建立新的化学平衡时，溶液中的 OH^- 浓度没有明显升高，溶液的 pH 几乎不变。因此，Na_2HPO_4 为此缓冲溶液的抗碱成分。

抗碱的离子反应方程式：

$$H_2PO_4^- + OH^- \rightleftharpoons HPO_4^{2-} + H_2O$$

总之，由于溶液中有大量的 NaH_2PO_4 来对抗外来的少量强碱（OH^-）；有大量的 Na_2HPO_4 来对抗外来少量的酸（H^+），因此具有缓冲作用。

缓冲作用是有一定限度的，如果向缓冲溶液中加入较大量的强酸和强碱时，使缓冲溶液中的抗酸成分或抗碱成分几乎耗尽，缓冲溶液就会失去缓冲能力。

二、缓冲溶液 pH 的计算

每一种缓冲溶液都有一定的 pH，根据缓冲对的质子转移平衡，可以近似地计算其 pH。设组成缓冲溶液的弱酸（HA）的浓度为 c_a，共轭碱（A^-）的浓度为 c_b，缓冲对的质子转移平衡为：

$$HA + H_2O \rightleftharpoons A^- + H_3O^+$$

$$K_a = \frac{[H_3O^+][A^-]}{[HA]}$$

$$[H_3O^+] = \frac{K_a[HA]}{[A^-]}$$

$$pH = pK_a + \lg\frac{[A^-]}{[HA]} \tag{5-5}$$

上式称为亨德森-哈赛巴赫方程，又称缓冲公式。式中 $[A^-]/[HA]$ 称为缓冲比。在缓冲公式中 HA 是弱电解质，加之共轭碱（A^-）的同离子效应，致使 HA 的解离度更小，所以平衡时，[HA] 近似等于弱酸的浓度 c_a，$[A^-]$ 近似等于弱碱的浓度 c_b，式(5-5) 可近似为：

$$pH = pK_a + \lg\frac{c_b}{c_a} \tag{5-6}$$

根据式(5-6) 可知：

(1) 缓冲溶液的 pH 取决于缓冲对中弱酸的解离常数 K_a 和缓冲溶液中的缓冲比。

(2) 对于同一缓冲溶液，K_a 相同，其 pH 只取决于缓冲比。当缓冲比等于 1（即 $c_b = c_a$）时，缓冲溶液的 $pH = pK_a$。

【例 5-5】 500ml 缓冲溶液中含有 0.10mol HAc 和 0.20mol NaAc，已知 HAc 的 $pK_a = 4.75$，求该缓冲溶液的 pH。

解　因为　$pH = pK_a + \lg\frac{[B^-]}{[HB]}$

所以　$$pH = pK_a + \lg\frac{[Ac^-]}{[HAc]} = pK_a + \lg\frac{c_{Ac^-}}{c_{HAc}} = 4.75 + \lg\frac{\frac{0.2}{2}}{\frac{0.10}{2}} = 5.05$$

答：该缓冲溶液的 pH 为 5.05。

三、缓冲溶液的配制

在实际工作中，常常需要配制一定 pH 的缓冲溶液。配制缓冲溶液通常按照下列的原则和步骤进行。

（1）选择合适的缓冲对　其原则是所配缓冲溶液的 pH 在所选缓冲对的缓冲范围内（$pH=pK_a\pm1$），并尽量接近共轭酸的 pK_a，这样所配缓冲溶液具有较大的缓冲容量。其次，所选缓冲对不能与溶液中主物质发生反应。

（2）缓冲溶液的总浓度要适当　总浓度太低，缓冲容量小；总浓度太高，造成浪费。一般要求缓冲溶液的总浓度在 0.1～0.5mol/L 之间。

（3）计算所需共轭酸碱的量　当缓冲对及其总浓度确定后，计算出所需共轭酸碱的量。

（4）校正　按以上方法计算、配制的缓冲溶液，其实际 pH 与计算值会有差异，因此必须校正。一般用精密 pH 试纸或 pH 计对所配缓冲溶液进行校正。

【例 5-6】 如何配制 pH＝5.00 的缓冲溶液 100ml？

解　因为要配制的缓冲溶液的 pH＝5.00 接近 $pK_a=4.75$，故选用 $HAc\text{-}Ac^-$ 缓冲对。用浓度相同的 HAc 和 NaAc 溶液，按一定的体积比混合，设 HAc 的体积为 V_{HAc}（ml）和 NaAc 体积为 V_{Ac^-}(ml)，则得：

$$pH=pK_a+\lg\frac{c(Ac^-)}{c(HAc)}=4.75+\lg\frac{V(Ac^-)}{V(HAc)}=5.0 \tag{1}$$

$$\left[\frac{c(Ac^-)}{c(HAc)}=\frac{c(Ac^-)_{原}\,V(Ac^-)_{原}/V_{混}}{c(HAc)_{原}\,V(HAc)_{原}/V_{混}}=\frac{V(Ac^-)}{V(HAc)}\right]$$

又因为：

$$V(Ac^-)+V(HAc)=100ml \tag{2}$$

联立式(1)、式(2) 解得：

$$V_{Ac^-}=64ml$$
$$V_{HAc}=36ml$$

答：配制方法是取等浓度（0.1～0.2mol/L）的 HAc 溶液 36ml 和 NaAc 溶液 64ml，混合后便得到所需的缓冲溶液。

知识拓展

缓冲溶液在医学上的主要用途

1. 人体的正常生理环境的维持离不开缓冲溶液，缓冲溶液有利于认识人体复杂化学反应的机制。H_3O^+ 浓度的微小变化就能对人体正常的细胞功能产生很大的影响，在生命体中仅有很窄的 pH 范围是适宜的。如动脉血液的 pH 正常值为 7.45，小于 6.8 或者大于 8.0 的时候，只要几秒就会导致死亡。H_3O^+ 浓度稍高（pH 偏低）将引起中枢神经系统的抑郁症，稍低的 H_3O^+ 浓度（pH 偏低）将导致兴奋。缓冲溶液对维持着人体正常的血液范围具有重要作用，其中碳酸碳酸氢钠是血浆中最主要的缓冲。

2. 正常人体代谢产生的二氧化碳进入血液后与水结合成碳酸，碳酸与血浆中的碳酸氢根离子—组成共轭酸碱对，缓冲溶液在医学检验中有着重要的意义。

3. 对缓冲机制与肺的呼吸功能及肾的排泄和重吸收功能密切相关，有助于理解缓溶液及缓冲容量的概念，对分析测试中正确选缓冲溶液的配制方法及用量具有指导意义，有利于实验研究。

知识导图

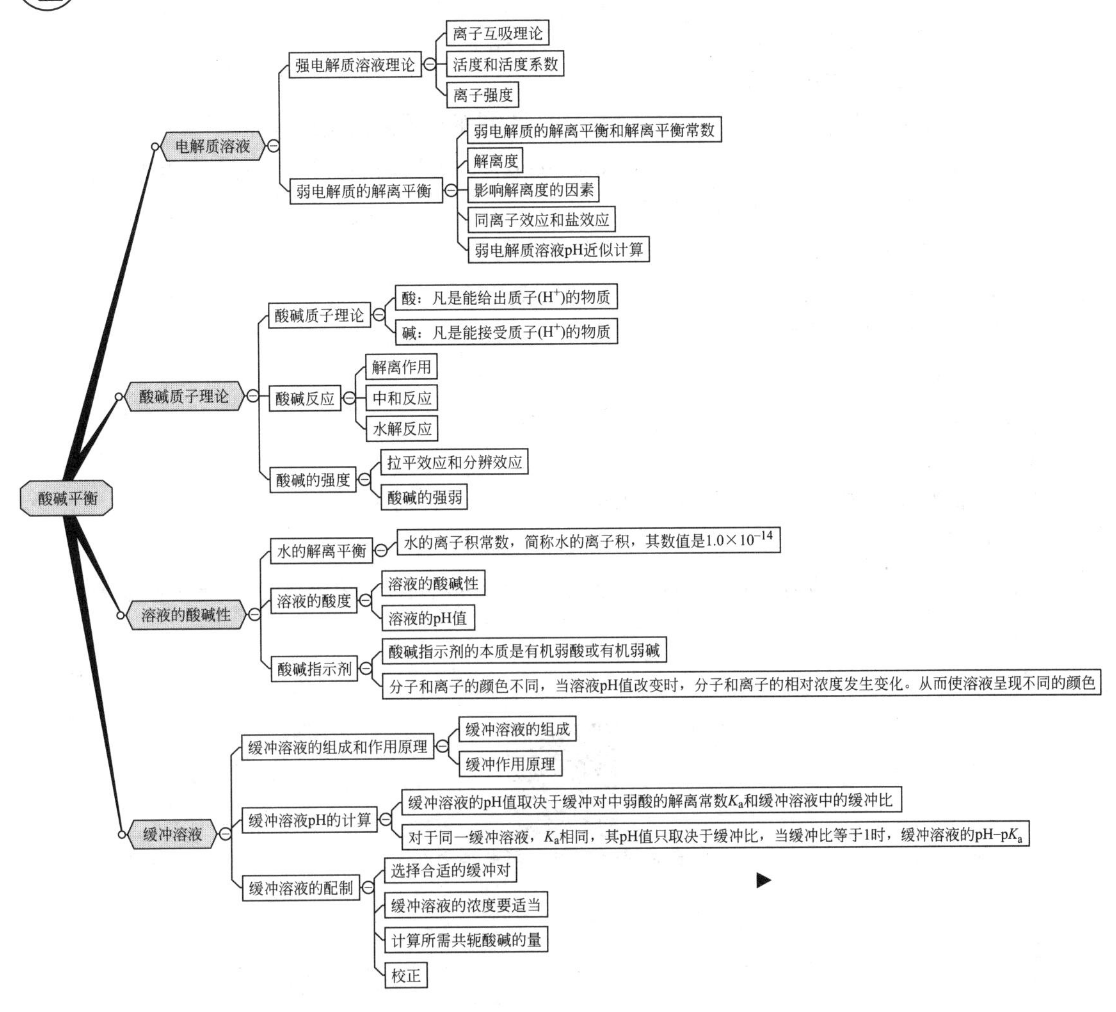

综合测试

一、填空题

1. 根据__________的不同，可将电解质分为__________和__________。在水溶液中只能部分解离的电解质称为__________，例如__________、__________等。

2. 当弱电解质在溶液里达到解离平衡时，溶液中__________数占__________的百分数，称为解离度。

3. 由于缓冲溶液中同时含有足量的__________和__________两种成分，而且两种成分之间存在着__________，所以，缓冲溶液具有__________作用。

4. 判断溶液的酸碱性，通常以__________做标准，这是因为在__________中，$[H^+]$__________$[OH^-]$，既不显__________性，也不显__________性，即显__________性。

二、选择题

1. 一定条件下，浓度为0.5mol/L的下列物质导电能力最强的是（　　）。

A. 氨水　　B. 醋酸　　C. 盐酸　　D. 碳酸

2. 下列溶液中酸性最强的是（　　）。

A. pH＝6　　B. ［H^+］＝10^{-4}mol/L

C. ［OH^-］＝10^{-10}mol/L　　D. pH＝2

3. 下列具有缓冲作用的溶液是（　　）。

A. 2mol/L 的醋酸溶液　　B. 2mol/L 的氯化钠溶液

C. 2mol/L 的氨水溶液　　D. 1mol/L 的醋酸钠溶液和 1mol/L 的醋酸混合溶液

4. 与电解质的解离度大小无关的是（　　）。

A. 电解质的种类　　B. 溶液的温度

C. 电解质的溶解度　　D. 溶液的浓度

5. 某混合溶液的 pH＝4，则［H^+］为（　　）。

A. 4mol/L　　B. 10^{-4}mol/L

C. 0.4mol/L　　D. 10mol/L

三、简答题

如何用简单的方法区别 NaCl、NH_4Cl、Na_2CO_3 三种溶液。

四、计算题

pH＝3 和 pH＝10 的溶液中，［H^+］各是多少（mol/L）？溶液各显示什么性质？

（姚莉）

第五章综合测试参考答案

第六章

沉淀-溶解平衡

沉淀-溶解平衡

知识目标

1. 掌握溶度积的概念；掌握溶度积规则及其应用。

2. 熟悉溶度积与溶解度之间的换算；学会利用溶度积规则判断沉淀的生成及溶解；学会分析沉淀的生成、溶解及分步沉淀与转化过程。

3. 了解沉淀-溶解平衡在生活中的意义。

技能目标

1. 运用溶度积规则判断沉淀-溶解平衡移动。
2. 能进行溶度积与溶解度之间的换算。
3. 熟练运用沉淀-溶解平衡对沉淀的生成、溶解、分步沉淀与转化过程进行分析。

素质目标

运用沉淀-溶解平衡知识提升对日常生活知识的认知。

沉淀的生成与溶解是一类常见并实用的化学反应，这类反应的特征是在反应过程中总伴随着一种固体物质的生成或消失。沉淀与溶解反应发生的方向，以及反应进行完全的条件都是沉淀-溶解平衡要解决的问题。沉淀的生成与溶解不仅在药物生产、药品质量控制等方面有着重要的应用，而且在生物体内同样有着重要意义，例如临床上常见的胆囊结石、肾结石、龋齿等就与沉淀的生成与溶解有关。因此学习有关沉淀-溶解平衡的基本知识，对物质的分离、药物含量分析以及临床病理性疾病的预防、治疗有着极为重要的意义。

第一节 难溶电解质的溶度积

一、沉淀-溶解平衡与溶度积常数

在水中绝对不溶解的物质是不存在的，任何难溶电解质在水中都会溶解，只是溶解多少不同而已。在一定温度下，某固态物质在100g溶剂中达到饱和状态时所溶解的溶质的质量，叫做这种物质在这种溶剂中的溶解度。就水为溶剂而言，习惯上把溶解度大于0.1g/100g水的电解质叫做易溶电解质；溶解度在0.01～0.1g/100g水的电解质叫做微溶电解质；溶解度小于0.01g/100g水的电解质叫做难溶电解质。例如，25℃时，AgCl、$CaCO_3$、$BaSO_4$都属于难溶强电解质。对于难溶物质来说，它们在水中溶解度的大小首先是由其本身性质所决定；其次，温度的高低、其他可溶性盐类的存在等外界因素也会影响其溶解度。

在一定温度下，将难溶电解质固体AgCl放入水中，其表面的Ag^+和Cl^-在水分子的作用下，有些Ag^+和Cl^-离开固体表面溶入水中，这一过程就是溶解；与此同时，随着溶液中Ag^+和Cl^-浓度的逐渐增加，它们又会碰到AgCl固体的表面而沉积于其上，这一过程就是沉淀。当难溶强电解质溶解的速率和沉淀的速率相等时，就达到平衡状态，溶液中离子的浓度不再变化，建立了固体和溶液中离子间的动态平衡，称为难溶电解质的沉淀-溶解平衡，此时溶液为饱和溶液，可表示为：

$$\underset{\text{未溶解的固体}}{AgCl(s)} \underset{\text{沉淀}}{\overset{\text{溶解}}{\rightleftharpoons}} \underset{\text{溶液中的离子}}{Ag^+(aq)+Cl^-(aq)}$$

实际工作中，经常用到沉淀-溶解平衡来指导药物的制备、分离、净化及定性、定量分析。

沉淀-溶解平衡是一个动态平衡，与解离平衡一样，遵循化学平衡的一般规律。则上述难溶电解质（AgCl）达到沉淀-溶解平衡时可表示如下：

$$K=\frac{[Ag^+][Cl^-]}{[AgCl](s)}$$

$$K[AgCl(s)]=[Ag^+][Cl^-]$$

由于AgCl是固体，K是一常数，所以$K[AgCl(s)]$也是一常数，用K_{sp}来表示。

$$K_{sp}=K[AgCl(s)]=[Ag^+][Cl^-]$$

K_{sp}表示在一定温度下，难溶电解质饱和溶液中各离子浓度的系数方次项的乘积为一常数，这一常数称为溶度积常数，简称为溶度积。

对于难溶电解质A_mB_n，在一定温度下，其饱和溶液中存在下列沉淀-溶解平衡：

$$A_mB_n(s) \rightleftharpoons mA^{n+}(aq)+nB^{m-}(aq)$$

其溶度积常数的表达式为：

$$K_{sp}=[A^{n+}]^m[B^{m-}]^n$$

K_{sp}和其他平衡常数一样，只与电解质本身的性质和温度有关，而与溶液中离子浓度无关。在一定温度下，K_{sp}的大小反映了难溶电解质的溶解能力和沉淀能力。K_{sp}的值越大，表明该物质在水中溶解的趋势越大，生成沉淀的趋势越小；K_{sp}值越小，表明该物质在水中溶解的趋势越小，生成沉淀的趋势越大。K_{sp}数值的大小可以通过实验测定，本书附录中列出了常见难溶电解质的溶度积常数。

请分别说出下列四种难溶电解质的溶度积常数的表达式：

$CaCO_3$　$BaSO_4$　Ag_2CrO_4　$Mg(OH)_2$

二、溶度积与溶解度

溶度积与溶解度都是表示难溶电解质的溶解能力，两者之间有一定的联系，能进行相互换算。本书用摩尔溶解度（1L 饱和溶液中所含溶解难溶物质的物质的量，单位 mol/L）来表示难溶物质的溶解度。

对于 AB 型难溶电解质，在一定的温度下，在其饱和溶液中，若其溶解度为 S(mol/L)，存在以下溶解-沉淀平衡：

$$AB(s) \rightleftharpoons A^+(aq) + B^-(aq)$$

平衡浓度/(mol/L)　　S　　S

则有：

$$K_{sp} = [A^+][B^-] = S \cdot S$$

$$S = \sqrt{K_{sp}}$$

对于难溶电解质 A_mB_n，在一定的温度下，在其饱和溶液中，若 A_mB_n 的溶解度为 S(mol/L)，根据沉淀-溶解平衡式：

$$A_mB_n(s) \rightleftharpoons mA^{n+}(aq) + nB^{m-}(aq)$$

可知，$[A^{n+}] = mS$(mol/L)，$[B^{m-}] = nS$(mol/L)

$$K_{sp} = [A^{n+}]^m[B^{m-}]^n = (mS)^m(nS)^n$$

由上式可得：

$$S = \sqrt[m+n]{\frac{K_{sp}}{m^m n^n}}$$

显然，只要知道难溶物质的 K_{sp}，就能求得该难溶物质的溶解度；相反，只要给出难溶物质的溶解度，就能求得该难溶物质的 K_{sp}。但在进行溶解度和溶度积的换算时应注意，溶解度 S 用摩尔溶解度表示，单位为 mol/L。

【例 6-1】 已知 25℃时，$BaSO_4$ 的溶解度 $S = 2.43 \times 10^{-3}$ g/L，求 $K_{sp}(BaSO_4)$。

解

$$BaSO_4(s) \rightleftharpoons Ba^{2+}(aq) + SO_4^{2-}(aq)$$

$$K_{sp}(BaSO_4) = [Ba^{2+}][SO_4^{2-}]$$

$BaSO_4$ 的摩尔质量为 233.4g/mol，故 $BaSO_4$ 的摩尔溶解度为：

$$\frac{2.43 \times 10^{-3}\,\text{g/L}}{233.4\,\text{g/mol}} = 1.04 \times 10^{-5}\,\text{mol/L}$$

由于每 1mol $BaSO_4$ 溶解就能生成 1mol Ba^{2+} 和 1mol SO_4^{2-}。因此，$BaSO_4$ 饱和溶液中，

$$[Ba^{2+}] = [SO_4^{2-}] = 1.04 \times 10^{-5}\,\text{mol/L}$$

$$K_{sp}(BaSO_4) = [Ba^{2+}][SO_4^{2-}] = 1.04 \times 10^{-5} \times 1.04 \times 10^{-5} = 1.08 \times 10^{-10}$$

答：$K_{sp}(BaSO_4)$ 为 1.08×10^{-10}。

【例 6-2】 已知 25℃时，250ml 水中能溶解 CaF_2 4.00×10^{-3} g，求 $K_{sp}(CaF_2)$。

解

$$CaF_2(s) \rightleftharpoons Ca^{2+}(aq) + 2F^-(aq)$$

$$K_{sp}(CaF_2) = [Ca^{2+}][F^-]^2$$

CaF_2 的摩尔质量为 78.08g/mol，所以 CaF_2 的摩尔溶解度为：

$$\frac{4.00 \times 10^{-3}g}{78.08g/mol \times 0.250L} = 2.05 \times 10^{-4} mol/L$$

CaF_2 饱和溶液中，$[Ca^{2+}] = 2.05 \times 10^{-4}$ mol/L，$[F^-] = 2 \times 2.05 \times 10^{-4}$ mol/L $= 4.10 \times 10^{-4}$ mol/L

$$K_{sp}(CaF_2) = [Ca^{2+}][F^-]^2 = 2.05 \times 10^{-4} \times (4.10 \times 10^{-4})^2 = 3.45 \times 10^{-11}$$

答：$K_{sp}(CaF_2)$ 为 3.45×10^{-11}。

【例 6-3】 已知 25℃时，PbI_2 溶度积是 9.8×10^{-9}，问 PbI_2 的溶解度 S（g/L）为多少？

解 设 PbI_2 的溶解度为 x（mol/L），根据：

$$PbI_2(s) \rightleftharpoons Pb^{2+}(aq) + 2I^-(aq)$$

可知达到沉淀-溶解平衡时，$[Pb^{2+}] = x$（mol/L），$[I^-] = 2x$（mol/L）。

$$K_{sp}(PbI_2) = [Pb^{2+}][I^-]^2 = x(2x)^2 = 9.8 \times 10^{-9}$$

$$x = 1.35 \times 10^{-3} mol/L$$

PbI_2 的摩尔质量为 461.0g/mol，所以溶解度为：

$$S = 1.35 \times 10^{-3} mol/L \times 461.0g/mol = 0.622g/L$$

答：PbI_2 的溶解度为 0.622g/L。

【例 6-4】 Ag_2CrO_4 和 AgCl 在 25℃时的 K_{sp} 为 1.12×10^{-12} 和 1.77×10^{-10}，在此温度下，Ag_2CrO_4 和 AgCl 在纯水中的溶解度哪个大？

解 这两种难溶电解质不是同一种类型，不能直接从溶度积的大小判断其溶解度的大小，须先计算出溶解度，然后进行比较。

首先计算 Ag_2CrO_4 在纯水中的溶解度：

$$Ag_2CrO_4 \rightleftharpoons 2Ag^+ + CrO_4^{2-}$$

$$K_{sp}(Ag_2CrO_4) = [Ag^+]^2[CrO_4^{2-}]$$

设饱和溶液中 Ag_2CrO_4 的摩尔溶解度为 c_1(mol/L)，则溶液中 $[Ag^+]$ 的浓度为 $2c_1$(mol/L)，$[CrO_4^{2-}]$ 的浓度为 c_1（mol/L）。

$$K_{sp}(Ag_2CrO_4) = (2c_1)^2 c_1 = 4c_1^3$$

$$c_1 = \sqrt[3]{\frac{K_{sp}}{4}} = 6.54 \times 10^{-5} mol/L$$

同理，设 AgCl 的饱和溶液中 AgCl 的摩尔溶解度为 c_2(mol/L)。

$$AgCl(s) \rightleftharpoons Ag^+ + Cl^-$$

$$K_{sp}[AgCl] = c_2 c_2 = c_2^2$$

所以，

$$c_2 = \sqrt{K_{sp}} = 1.33 \times 10^{-5} mol/L$$

答：在纯水中，Ag_2CrO_4 的溶解度比 AgCl 的大。

可以看出，Ag_2CrO_4 的溶度积常数比 AgCl 小，但从计算结果来看，Ag_2CrO_4 在纯水中的溶解度比 AgCl 在纯水中的溶解度大。

将上述示例中的 $BaSO_4$、CaF_2、PbI_2、Ag_2CrO_4 以及 AgCl 的溶解度和溶度积列表比较于表 6-1。

表 6-1　几种类型的难溶物质溶度积、溶解度比较

难溶物质类型	难溶物质	溶度积 K_{sp}	溶解度/(mol/L)
AB	AgCl	1.77×10^{-10}	1.33×10^{-5}
	$BaSO_4$	1.08×10^{-10}	1.04×10^{-5}
AB_2	CaF_2	3.45×10^{-11}	2.05×10^{-4}
	PbI_2	9.8×10^{-9}	1.35×10^{-3}
A_2B	Ag_2CrO_4	1.12×10^{-12}	6.54×10^{-5}

从表 6-1 中可以看出，对于同类型难溶物质（如 AB 型的 AgCl 和 $BaSO_4$，或 AB_2 型的 CaF_2 和 PbI_2），溶度积大的，摩尔溶解度也大，因此可以根据溶度积的大小来直接比较它们溶解度的相对高低。但是，对于不同类型的难溶物质（如 AB 型的 AgCl 和 A_2B 型的 Ag_2CrO_4），不能简单地根据它们的 K_{sp}数值大小来判断它们溶解度的相对大小，需经计算才能得出结论。

溶解度和溶度积都反映了物质的溶解能力，溶解度大的电解质，溶液中离子的浓度就大；溶解度小的电解质，溶液中离子的浓度就小。同类型难溶电解质的 K_{sp}越大，其溶解度也越大，K_{sp}越小，其溶解度也越小。不同类型的难溶电解质，由于溶度积表达式中离子浓度的幂指数不同，因此不能简单地从溶度积的大小来直接比较溶解度的大小。

但溶度积和溶解度也有差别：溶度积 K_{sp}只用来表示难溶电解质的溶解度，不受离子浓度的影响，而溶解度则不同。同时，用 K_{sp}比较难溶电解质的溶解性能只能在相同类型化合物之间进行，而溶解度则比较直观。影响溶解度的因素主要有：

（1）本性　难溶电解质的本性是决定溶解度大小的主要因素。

（2）温度　大多难溶电解质的溶解过程是吸热过程，随温度升高溶解度增大，温度降低溶解度减小。

（3）同离子效应　在难溶电解质饱和溶液中，加入含有相同离子的易溶的强电解质，使难溶电解质的溶解度出现减小的效应就称为同离子效应。例如，足量的 AgCl 固体在 1L 纯水中的溶解度是 1.33×10^{-5} mol/L，而在 1L 1.0mol/L 的盐酸中溶解度是 1.77×10^{-10} mol/L，远小于在纯水中的溶解度，后者由于有相同离子 Cl^- 的加入，使难溶电解质 AgCl 的溶解度减小。

（4）盐效应　在难溶电解质饱和溶液中，加入不含相同离子的易溶的强电解质，使难溶电解质的溶解度出现增大的效应就称为盐效应。例如，向饱和 AgCl 溶液中加入 KNO_3 固体，KNO_3 全部解离为 K^+ 和 NO_3^-，结果溶液中离子总浓度骤增，使 Ag^+ 和 Cl^- 活度降低，所以 AgCl 固体继续溶解以保持平衡，于是增大了 AgCl 的溶解度。

在难溶电解质中加入具有相同离子的易溶强电解质时，在产生同离子效应时也产生盐效应。但一般盐效应不如同离子效应所起的作用大，它引起溶解度的变化很小，在一般计算中，特别在较稀的溶液中不考虑盐效应。

珊瑚虫是海洋中的一种腔肠动物，它们可以从周围海水中获取 Ca^{2+} 和 HCO_3^-，经反应形成石灰石外壳：

$$Ca^{2+} + 2HCO_3^- \rightleftharpoons CaCO_3\downarrow + CO_2\uparrow + H_2O$$

珊瑚周围藻类植物的生长会促进碳酸钙的产生，对珊瑚的形成贡献很大。而人口增长、大规模砍伐树木、燃烧化石燃料等因素，会干扰到珊瑚的生长，甚至造成珊瑚虫死亡。请分析这些因素影响珊瑚生长的原因。

三、溶度积规则

难溶电解质的沉淀-溶解平衡是动态平衡，随着条件的改变，平衡会发生移动，直至达到新的平衡。

判断难溶强电解质在一定条件下，是否有沉淀生成或者溶解，在这里引入一个离子积的概念：在难溶强电解质溶液中，离子浓度幂的乘积称为离子积（也可称为反应熵），用符号 Q 表示。Q 的表达式和 K_{sp} 表达式相似。

当 $Q=K_{sp}$ 时，溶液处于沉淀-溶解平衡状态，此时的溶液为饱和溶液，溶液中既无沉淀生成，也无固体溶解。

当 $Q>K_{sp}$ 时，溶液处于过饱和状态，会有沉淀生成，随着沉淀的生成，溶液中离子浓度下降，直至 $Q=K_{sp}$ 时达到沉淀-溶解平衡。

当 $Q<K_{sp}$ 时，溶液未达到饱和状态，若溶液中有沉淀存在，则沉淀会发生溶解，随着沉淀的溶解，溶液中离子浓度增大，直至 $Q=K_{sp}$ 时达到沉淀-溶解平衡。

上述用溶度积来判断沉淀的生成或溶解的规则称为溶度积规则。沉淀的生成和溶解是两个相反的过程，是可以进行相互转化的，转化的条件就是离子浓度。利用溶度积规则，我们可以通过控制溶液中离子的浓度，使沉淀产生或溶解。

第二节 沉淀的生成和溶解

在无机化学中，可以通过化学反应得到难溶电解质。例如，向三支分别装有 NaCl、KI、Na_2S 溶液的试管中都加入 $AgNO_3$ 溶液，可以观察到三支试管内分别出现白色、黄色、黑色浑浊。向第一支出现白色浑浊的试管中加入 KI 溶液，观察到试管内出现黄色浑浊，白色沉淀消失。向第二支出现黄色沉淀的试管中加入 Na_2S 溶液，试管内出现黑色浑浊。

微课

沉淀-溶解平衡

刚开始三支试管内分别出现白色、黄色、黑色浑浊，是由于发生化学反应生成了白色 AgCl 沉淀、黄色 AgI 沉淀、黑色 Ag_2S 沉淀，随着三支试管中 Ag^+ 浓度的增加，使得 $Q(AgX)>K_{sp}(AgX)$，根据溶度积规则从而生成 AgX 沉淀，反应方程式分别是：$NaCl+AgNO_3 = AgCl\downarrow+NaNO_3$，$KI+AgNO_3 = AgI\downarrow+KNO_3$，$Na_2S+2AgNO_3 = Ag_2S\downarrow+2NaNO_3$，每支试管中 Cl^-、I^-、S^{2-} 已沉淀完全。当向第一支白色沉淀试管中加入 KI 溶液后，出现黄色浑浊，通过检测发现生成的黄色沉淀是 AgI，溶液中 Cl^- 浓度变大，说明 AgCl 沉淀转化成黄色 AgI 沉淀。当向第二支黄色沉淀的试管中加入 Na_2S 溶液，试管内出现黑色浑浊，通过检测发现生成的黑色沉淀是 Ag_2S，溶液中 I^- 浓度变大，说明 AgI 沉淀转化成黑色 Ag_2S 沉淀。

一、沉淀的生成

根据溶度积规则，在难溶电解质的溶液中，如果 $Q>K_{sp}$，就会有沉淀产生，这个是沉淀生成的必要条件。

【例 6-5】 取 5ml 0.002mol/L 的 $BaCl_2$ 溶液，向此溶液中加入 5ml 0.02mol/L 的 Na_2SO_4 溶液，问是否有 $BaSO_4$ 沉淀生成？［已知 $K_{sp}(BaSO_4)=1.08\times10^{-10}$］

解 溶液等体积混合后，各物质的浓度均减小一半，即：

$$[SO_4^{2-}]=\frac{0.02mol/L}{2}=0.01mol/L \quad [Ba^{2+}]=\frac{0.002mol/L}{2}=0.001mol/L$$

$$BaSO_4 \rightleftharpoons Ba^{2+}+SO_4^{2-}$$

离子积 $Q=[Ba^{2+}][SO_4^{2-}]=0.001\times0.01=1.0\times10^{-5}>1.08\times10^{-10}$

答：因为 $Q>K_{sp}$，所以有 $BaSO_4$ 沉淀生成。

【例 6-6】 已知 $K_{sp}(AgCl)=1.77\times10^{-10}$，将 0.001mol/L 的 NaCl 溶液 和 0.001mol/L 的 $AgNO_3$ 溶液等体积混合，是否有 AgCl 沉淀生成？

解 两溶液等体积混合后，Ag^+ 和 Cl^- 的浓度都等于原来浓度的一半，即：

$$[Ag^+]=[Cl^-]=1/2\times0.001mol/L=0.0005mol/L$$

在混合溶液中， $Q=[Ag][Cl^-]=0.0005\times0.0005=2.5\times10^{-7}>1.77\times10^{-10}$

答：因为 $Q>K_{sp}$，所以有 AgCl 沉淀生成。

【例 6-7】 在 10ml 0.1mol/L 的 $MgSO_4$ 溶液中加入 10ml 0.10mol/L $NH_3\cdot H_2O$，问有无 $Mg(OH)_2$ 沉淀生成？{已知 $K_b(NH_3\cdot H_2O)=1.76\times10^{-5}$，$K_{sp}[Mg(OH)_2]=5.61\times10^{-12}$}

解 由于等体积混合，所以各物质的浓度均减小一半，即：

$[Mg^{2+}]=\frac{1}{2}\times0.10mol/L=5.0\times10^{-2}mol/L$，$[NH_3\cdot H_2O]=\frac{1}{2}\times0.10mol/L=5.0\times10^{-2}mol/L$

设混合后 $[OH^-]=x(mol/L)$

$$NH_3\cdot H_2O \rightleftharpoons NH_4^+ + OH^-$$

平衡浓度/(mol/L) $\quad 0.05-x \quad\quad x \quad\quad x$

$$K_b=\frac{[NH_4^+][OH^-]}{[NH_3\cdot H_2O]}$$

由于 $0.05-x\approx0.05$，所以，

$$1.76\times10^{-5}=\frac{x^2}{0.05}$$

$$x=9.38\times10^{-4}$$

即 $$[OH^-]=9.38\times10^{-4}mol/L$$

$$Q=[Mg^{2+}][OH^-]^2=0.05\times(9.38\times10^{-4})^2$$
$$=4.40\times10^{-8}>K_{sp}^{\ominus}[Mg(OH)_2]=5.61\times10^{-12}$$

答：有 $Mg(OH)_2$ 沉淀生成。

【例 6-8】 向 0.010mol/L 的硝酸银溶液中滴入盐酸溶液（不考虑体积的变化），①当氯离子浓度为多少时开始生成氯化银沉淀？②加入过量的盐酸溶液，反应完成后，溶液中氯离子浓度为 0.010mol/L，此时溶液中银离子是否沉淀完全？[已知 $K_{sp}(AgCl)=1.77\times10^{-10}$]

解 ①向 0.010mol/L 的硝酸银溶液中滴入盐酸溶液，根据溶度积规则，当溶液中的 Cl^- 浓度增大到能使 AgCl 的 $Q\geqslant K_{sp}$时，便会有沉淀生成，即：

$$Q=[Ag^+][Cl^-]=0.010mol/L\times[Cl^-]\geqslant K_{sp}$$

$$[Cl^-]\geqslant1.77\times10^{-8}mol/L$$

即当 $[Cl^-]\geqslant1.77\times10^{-8}mol/L$ 时，溶液中开始有沉淀生成。沉淀生成后，Ag^+ 浓度会逐渐降低，若要银离子继续析出，必须增大沉淀剂 Cl^- 的浓度，使两种离子的离子积再次

超过溶度积常数。

② 若加入过量的盐酸溶液，使反应完成后，溶液中氯离子浓度为 0.010mol/L，此时溶液中的 Ag^+ 浓度可根据溶度积规则计算而得：

$$[Ag^+]=\frac{K_{sp}}{[Cl^-]}=1.77\times10^{-8}mol/L$$

此时银离子的浓度已经非常小，只有原来离子浓度的十万分之一残留在溶液中，我们认为银离子已经被沉淀完全。

严格地说，没有任何一个沉淀反应是绝对完全的。因为溶液中沉淀-溶解平衡总是存在，在一定温度下的 K_{sp} 总保持为一个常数，所以不论加入的沉淀剂如何过量，总会有极少量的待沉淀的离子残留在溶液中，即离子浓度不会随沉淀剂的加入而降至零。一般来说，当被沉淀离子的浓度小于 10^{-5} mol/L 时，可以认为离子已经被完全沉淀。用沉淀反应来分离溶液中的某种离子时，要使离子沉淀完全，一般采取以下几种措施：

(1) 选择适当的沉淀剂，使沉淀的溶解度尽可能小。

(2) 可加入适当过量的沉淀剂，在分析化学中一般沉淀剂过量 20%～50%。

(3) 沉淀某些离子时，还必须控制溶液的 pH，才能确保沉淀完全。

二、沉淀的溶解

根据溶度积规则，当 $Q<K_{sp}$ 时，已有的沉淀将发生溶解。因此，一切能降低平衡体系中各种离子浓度的方法，都能促使沉淀-溶解平衡向着沉淀溶解的方向移动。有以下几种途径，可以破坏已有的沉淀溶解平衡，使 $Q<K_{sp}$，从而使已有的沉淀发生溶解。

1. 生成弱电解质使沉淀溶解

例如：难溶的弱酸盐 MA 溶于强酸 HB 的过程中，因 A 与 H^+ 生成弱酸 HA，从而降低了 A^- 的浓度，使 MA 的 $Q<K_{sp}$，沉淀溶解。

$$\begin{array}{rcl} MA & \rightleftharpoons & M^+ + A^- \\ & & \quad\;\; + \\ HB & = & B^- + H^+ \\ & & \qquad\;\; \Updownarrow \\ & & \qquad\;\; HA \end{array}$$

总反应式：

$$MA+H^+\rightleftharpoons M^+ + HA$$

$$K=\frac{[M^+][HA]}{[H^+]}=\frac{[M^+][HA]}{[H^+]}\cdot\frac{[A^-]}{[A^-]}=\frac{K_{sp}(MA)}{K_a(HA)}$$

即

$$K=\frac{K_{sp}}{K_a}$$

又如，难溶于水的氢氧化物能溶于强酸或铵盐中，反应会生成弱电解质水或氨水，从而降低溶液中的 OH^- 浓度，使难溶氢氧化物的 $Q<K_{sp}$，沉淀溶解。

由此可知，可以利用化学反应，使难溶电解质中的某一离子生成水、弱酸或弱碱等弱电解质，从而实现沉淀溶解。

【例 6-9】 要溶解 0.10mol $Mg(OH)_2$ 沉淀，需用 1L 多大浓度的氯化铵溶液？已知 $K_{sp}[Mg(OH)_2]=5.61\times10^{-12}$，$K_b(NH_3\cdot H_2O)=1.76\times10^{-5}$。

解　$Mg(OH)_2$ 溶于铵盐的反应式是：

$$Mg(OH)_2(s)+2NH_4^+(aq) \rightleftharpoons Mg^{2+}(aq)+2NH_3(aq)+2H_2O(l)$$

$$[NH_4^+] \qquad 0.10mol/L \quad 0.20mol/L$$

平衡时浓度

$$K=\frac{[Mg^{2+}][NH_3]^2}{[NH_4^+]^2}=\frac{[Mg^{2+}][NH_3]^2[OH^-]^2}{[NH_4^+]^2[OH^-]^2}$$

$$=\frac{K_{sp}[Mg(OH)_2]}{[K_b(NH_3)]^2}=\frac{5.61\times10^{-12}}{(1.76\times10^{-5})^2}=1.81\times10^{-2}$$

$Mg(OH)_2$ 完全溶解后，溶液中 NH_4^+ 的平衡浓度：

$$[NH_4^+]=\sqrt{\frac{[Mg^{2+}][NH_3]^2}{K}}=\sqrt{\frac{0.10\times(0.20)^2}{1.81\times10^{-2}}}mol/L=0.47mol/L$$

反应前总的 NH_4^+ 的平衡浓度：$[NH_4^+]=(0.20+0.47)mol/L=0.67mol/L$

答：需用 1L 0.67mol/L 的 NH_4Cl 溶液来溶解 0.10mol $Mg(OH)_2$ 沉淀。

2. 发生氧化还原反应使沉淀溶解

加入氧化剂或还原剂，使难溶电解质中的某一离子发生氧化还原反应，降低该离子的浓度，使沉淀溶解。例如，CuS 因其溶度积常数太小 $[K_{sp}(CuS)=6.3\times10^{-36}]$，即使加入高浓度的盐酸也不能有效降低 S^{2-} 的浓度。但加入具有氧化性的 HNO_3 后，使溶液中的 S^{2-} 发生氧化反应生成 S，降低了溶液中 S^{2-} 浓度，使 CuS 的 $Q<K_{sp}$，沉淀溶解。该反应的方程式为：

$$3CuS+2NO_3^-+8H^+ = 3Cu^{2+}+2NO\uparrow+3S\downarrow+4H_2O$$

3. 生成配合物使沉淀溶解

当难溶电解质的金属离子可以与配位剂生成可溶性配离子，则也会使离子浓度降低而导致沉淀溶解。例如，在含有 Ag^+ 的溶液中加入盐酸，生成的 AgCl 沉淀不溶于稀盐酸溶液，但可溶于浓盐酸溶液，这是因为 Ag^+ 与浓盐酸形成了配位离子 $[AgCl_2]^-$ 而溶解。详见配位化合物一章。

三、分步沉淀

以上是针对溶液中只有一种离子或只有一种沉淀的情况。实际上溶液中常常同时存在着多种离子，当这些离子都能被同一沉淀剂所沉淀成多种沉淀时，生成的沉淀因溶度积的不同，将按一定顺序依次析出，这种现象称为分步沉淀。

【例 6-10】　在浓度都为 0.10mol/L 的 Cl^- 和 I^- 的混合溶液中，逐滴加入 $AgNO_3$ 溶液，试问哪种溶液首先沉淀？当 AgCl 开始生成沉淀时，溶液中 I^- 浓度为多少？$[K_{sp}(AgCl)=1.77\times10^{-10}, K_{sp}(AgI)=8.52\times10^{-17}]$

解

$$AgCl \rightleftharpoons Ag^++Cl^-$$

$$AgI \rightleftharpoons Ag^++I^-$$

当 Cl^- 开始沉淀时，所需要的 $[Ag^+]$ 浓度为：

$$[Ag^+]=\frac{K_{sp}}{[Cl^-]}=\frac{1.77\times10^{-10}}{0.10}mol/L=1.77\times10^{-9}mol/L$$

因此，生成 AgCl 沉淀时溶液中 Ag^+ 的浓度要达到 $1.77\times10^{-9}mol/L$。

当 I^- 开始沉淀时，所需要的 $[Ag^+]$ 浓度为：

$$[Ag^+]=\frac{K_{sp}}{[I^-]}=\frac{8.52\times10^{-17}}{0.10}mol/L=8.52\times10^{-16}mol/L$$

因此，生成 AgI 沉淀时溶液中 Ag^+ 的浓度要达到 8.52×10^{-16} mol/L。

可见，沉淀 I^- 所需要的 $[Ag^+]$ 比沉淀 Cl^- 所需要的 $[Ag^+]$ 要小近 10^6 倍，所以逐滴加入 $AgNO_3$ 溶液时，AgI 先沉淀，AgCl 后沉淀。

当 AgCl 开始生成沉淀时，所需的$[Ag^+]$为 1.77×10^{-9} mol/L，而此时溶液中 $[I^-]$ 浓度为：

$$[I^-]=\frac{K_{sp}}{[Ag^+]}=\frac{8.51\times10^{-17}}{1.77\times10^{-9}}mol/L=4.81\times10^{-8}mol/L$$

即当有 AgCl 沉淀生成时，I^- 已沉淀完全（I^- 浓度已经远小于 10^{-5} mol/L）。

由例 6-10 可知，对于同类型（如 AB 型）的沉淀来说，K_{sp}数值小的先沉淀，且溶度积相差越大，分离的效果就越好。但对于不同类型的沉淀来说，就不能直接根据 K_{sp} 数值来判断先后次序和分离效果，因为有不同浓度幂次关系。例如，用 $AgNO_3$ 溶液沉淀 Cl^- 和 CrO_4^{2-}（浓度都为 0.10mol/L），开始沉淀时所需 $[Ag^+]$ 分别是：

Cl^- 开始沉淀时，需 $[Ag^+]$ 浓度为：$[Ag^+]=\frac{K_{sp}}{[Cl^-]}=\frac{1.77\times10^{-10}}{0.10}=1.77\times10^{-9}(mol/L)$

CrO_4^{2-} 开始沉淀时，需 $[Ag^+]$ 浓度为：$[Ag^+]=\sqrt{\frac{K_{sp}}{[CrO_4^{2-}]}}=\sqrt{\frac{1.12\times10^{-12}}{0.10}}=3.35\times10^{-6}(mol/L)$

虽然 AgCl 的 K_{sp} 比 Ag_2CrO_4 的 K_{sp} 大，但沉淀 Cl^- 所需要的 $[Ag^+]$ 比沉淀 CrO_4^{2-} 所需要的 $[Ag^+]$ 要小得多，所以 Cl^- 比 CrO_4^{2-} 先沉淀。然而，溶度积不能完全决定分布沉淀的顺序，溶液中各离子的浓度改变也可以调换沉淀的顺序。一般来说，同类型沉淀的 K_{sp} 相差越大，分离的越完全。

四、沉淀的转化

借助某一试剂的作用，把一种难溶电解质转化为另一种难溶电解质的过程，叫沉淀的转化。沉淀的转化在实际生产中有着重要的意义。例如，锅炉炉垢中的 $CaSO_4$ 既难溶于水，又难溶于酸，用 Na_2CO_3 溶液处理，将 $CaSO_4$ 转化为 $CaCO_3$，然后用酸除去。

【例 6-11】 在 1L Na_2CO_3 溶液中溶解 0.01mol 的 $CaSO_4$，问 Na_2CO_3 的最初浓度是多大？已知 $K_{sp}(CaSO_4)=4.93\times10^{-5}$，$K_{sp}(CaCO_3)=3.36\times10^{-9}$。

解 $CaSO_4$ 溶解于 Na_2CO_3 溶液的反应方程式：

$$CaSO_4(s)+CO_3^{2-}(aq)\rightleftharpoons CaCO_3(s)+SO_4^{2-}(aq)$$

$$K=\frac{[SO_4^{2-}]}{[CO_3^{2-}]}=\frac{[Ca^{2+}][SO_4^{2-}]}{[Ca^{2+}][CO_3^{2-}]}=\frac{K_{sp}(CaSO_4)}{K_{sp}(CaCO_3)}=\frac{4.93\times10^{-5}}{3.36\times10^{-9}}=1.47\times10^4$$

平衡时 $[SO_4^{2-}]=0.01$mol/L，则：

$$[CO_3^{2-}]=\frac{[SO_4^{2-}]}{K}=\frac{0.01}{1.47\times10^4}mol/L=6.80\times10^{-7}mol/L$$

因为溶解 0.01mol 的 $CaSO_4$ 需要消耗 0.01mol 的 Na_2CO_3，所以 Na_2CO_3 的最初浓度$=(0.01+6.80\times10^{-7})mol/L\approx0.01$mol/L。

由例 6-11 可知，$CaSO_4(s)+CO_3^{2-}(aq)\rightleftharpoons CaCO_3(s)+SO_4^{2-}(aq)$ 这一反应之所以能

够发生，是由于生成了更难溶解的 $CaCO_3$ 沉淀，$CaCO_3$ 沉淀的生成降低了溶液中的 Ca^{2+}，破坏了 $CaSO_4$ 的溶解平衡，使 $CaSO_4$ 溶解，进而 $CaSO_4$ 沉淀转化为 $CaCO_3$ 沉淀。

在沉淀转化反应中，若难溶电解质类型相同，则 K_{sp} 较大的沉淀易转化为 K_{sp} 较小的沉淀，二者的溶度积相差越大，沉淀转化越完全。沉淀转化反应的完全程度由两种沉淀物的 K_{sp} 值及沉淀的类型决定。

课堂互动

锅炉水垢的主要成分为 $CaCO_3$、$CaSO_4$、$Mg(OH)_2$，在处理水垢时，通常先加入饱和 Na_2CO_3 溶液浸泡，然后再向处理后的水垢中加入 NH_4Cl 溶液，请描述所发生的变化并说明理由。①加入饱和 Na_2CO_3 溶液后，水垢的成分发生了什么变化？②NH_4Cl 溶液的作用是什么？

知识拓展

牙齿中的沉淀溶解与转化

牙齿表面由一层坚硬的组成为 $Ca_5(PO_4)_3OH$ 的物质保护着，它在唾液中存在下列平衡：

$$Ca_5(PO_4)_3OH(s) \rightleftharpoons 5Ca^{2+} + 3PO_4^{3-} + OH^-$$

进食后，细菌和酶作用于食物，产生有机酸，这时牙齿就会受到腐蚀，其原因是生成的有机酸能中和 OH^-，使平衡向脱矿方向移动，加速腐蚀牙齿。当经常使用配有氟化物添加剂的牙膏时，能防止龋齿，主要是因为发生了下面的反应：

$$5Ca^{2+} + 3PO_4^{3-} + F^- = Ca_5(PO_4)_3F\downarrow$$

生成的 $Ca_5(PO_4)_3F$ 的溶解度比 $Ca_5(PO_4)_3OH$ 更小、质地更坚固，保护了牙齿。

阅读拓展

奇特壮观的溶洞

石灰石岩层在经历了数万年的岁月侵蚀之后，会形成各种奇形异状的溶洞。在自然界，溶有二氧化碳的雨水，会使石灰石构成的岩层部分溶解，使碳酸钙转变成可溶性的碳酸氢钙：$CaCO_3 + CO_2 + H_2O = CaHCO_3$。当受热或压力突然减小时溶解的碳酸氢钙会分解重新生成碳酸钙：$CaHCO_3 = CaCO_3\downarrow + CO_2\uparrow + H_2O$。大自然经过长期和多次的重复上述反应，从而形成各种奇特壮观的溶洞。

大自然是最伟大的雕刻师，在沉淀溶解平衡的作用下，经历了数以万年的时间，才形成形态各异、独一无二的喀斯特地貌，这是自然馈赠给我们的宝贵财富。保护自然环境是我们的使命，人与自然和谐发展，是全面小康社会的全新理念。作为当代青年，一方面，我们要提高认识，加强宣传教育，让人人成为保护环境的卫士；另一方面，不断提高资源利用水平，努力提高“三废”治理水平，减少生态环境破坏和污染排放，真正践行“绿水青山就是金山银山”的生态文明观，为建设好和谐、文明的现代化国家而奋斗！

知识导图

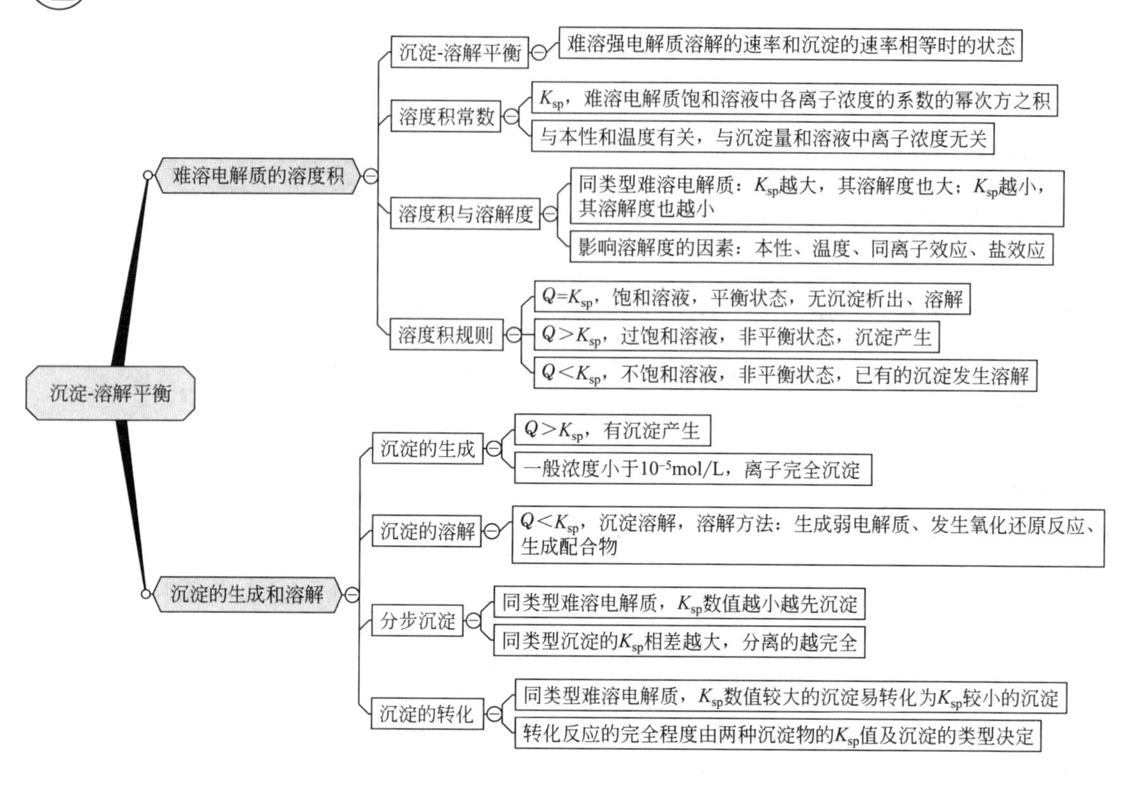

综合测试

一、填空题

1. K_{sp}称为难溶电解质的溶度积常数，该常数大小与__________和__________有关，而与__________和溶液中__________无关。溶液中离子浓度改变，只能使__________但不能__________。

2. 相同温度下，$BaSO_4$ 在 Na_2SO_4 溶液中的溶解度比在水中的溶解度__________，这种现象称为__________；而 $BaSO_4$ 在 KNO_3 溶液中的溶解度比在水中的溶解度__________，这种现象称为__________。

3. Ag_2CrO_4 溶度积常数表达式为____________________，其溶解度 S 与 $K_{sp}(Ag_2CrO_4)$ 的关系为____________________。

4. 某难溶电解质 A_2B_3 在水中的溶解度 $S=1.0\times10^{-6}$ mol/L，则在饱和溶液中 $[A^{3+}]=$______________，$[B^{2-}]=$______________，$K_{sp}(A_2B_3)=$______________。（设 A_2B_3 溶解后完全溶解，且无副反应发生。）

5. 类型相同的难溶电解质，__________难溶电解质容易转化为__________难溶电解质；沉淀转化程度取决于两种难溶电解质____________________。

二、选择题

1. 难溶电解质 A_2B 饱和溶液中，$[A^-]=a$ mol/L，$[B^-]=b$ mol/L，则 K_{sp} 数值为

(　　)。

A. a^2b　　B. ab^2　　C. $ab^2/4$　　D. $4a^2b$

2. 已知 $K_{sp}(AB)=4.0\times10^{-10}$；$K_{sp}(A_2B)=3.2\times10^{-11}$，则两者在水中的溶解度关系为（　　）。

A. $S(AB)>S(A_2B)$　　B. $S(AB)<S(A_2B)$

C. $S(AB)=S(A_2B)$　　D. 不能确定

3. 已知 $K_{sp}(AB_2)=4.2\times10^{-8}$，$K_{sp}(AC)=3.0\times10^{-15}$，在 AB_2、AC 均为饱和的混合溶液中，测得 $[B^-]=1.6\times10^{-3}$mol/L，则溶液中 $[C^{2-}]$ 为（　　）。

A. 1.8×10^{-13}mol/L　　B. 7.3×10^{-13}mol/L

C. 2.3mol/L　　D. 3.7mol/L

4. 下列叙述中正确的是（　　）。

A. 在一定温度下的 $BaSO_4$ 水溶液中，Ba^{2+} 和 SO_4^{2-} 浓度的乘积是一个常数

B. 只有难溶电解质才存在沉淀溶解平衡过程

C. 向含有 $BaSO_4$ 固体的溶液中加入适量的水使溶解又达到平衡时，$BaSO_4$ 的溶度积不变，其溶解度也不变

D. 向饱和的 $BaSO_4$ 水溶液中加入硫酸，$BaSO_4$ 的 K_{sp} 变大

5. 已知：$K_{sp}(AgCl)=1.77\times10^{-10}$，$K_{sp}(AgI)=8.52\times10^{-17}$，$K_{sp}(Ag_2CO_3)=8.46\times10^{-12}$，$K_{sp}(Ag_2SO_4)=1.20\times10^{-5}$。在下列各银盐饱和溶液中，$[Ag^+]$ 由大到小的顺序正确的是（　　）。

A. $Ag_2SO_4>Ag_2CO_3>AgI>AgCl$　　B. $Ag_2SO_4>AgCl>AgI>Ag_2CO_3$

C. $Ag_2SO_4>AgCl>Ag_2CO_3>AgI$　　D. $Ag_2SO_4>Ag_2CO_3>AgCl>AgI$

6. 欲使 $BaSO_4$ 在水溶液中的溶解度增大，宜采用的方法是（　　）。

A. 加入 1.0mol/L $Ba(NO_3)_2$　　B. 加入适量 KNO_3

C. 加入 1.0mol/L $BaCl_2$　　D. 加入 1.0mol/L Na_2SO_4

7. 将 0.01mol/L Na_2SO_4 与 0.01mol/L $AgNO_3$ 溶液等体积混合，已知 $K_{sp}(Ag_2SO_4)=1.20\times10^{-5}$，由此推断下列结论正确的是（　　）。

A. 混合溶液是 Ag_2SO_4 的饱和溶液　　B. 无 Ag_2SO_4 沉淀生成

C. 有 Ag_2SO_4 沉淀生成　　D. 混合溶液中 Ag_2SO_4 的浓度大于其溶解度

8. 设 AgCl 在水中，在 0.02mo/L NaCl 中，在 0.06mol/L $AgNO_3$ 中以及在 0.02mo/L $CaCl_2$，中溶解度分别为 S_1、S_2、S_3 和 S_4，它们之间的关系是（　　）。

A. $S_1>S_2>S_4>S_3$　　B. $S_1>S_3>S_2>S_4$

C. $S_1>S_2=S_3>S_4$　　D. $S_1>S_3>S_4>S_2$

三、简答题

1. 写出难溶强电解质 $PbCl_2$、Ag_2S、$Ca_3(PO_4)_2$ 的溶度积表达公式。

2. 什么叫溶度积？如何用溶度积规则判断沉淀的生成和溶解？

3. 试举例说明要使沉淀溶解，可采取哪些措施？请举出三种方法，并写出反应方程式。

四、计算题

1. 25℃时，在 $Ca_3(PO_4)_2$ 饱和溶液中，$[Ca^{2+}]=9.29\times10^{-8}$mol/L，$[PO_4^{3-}]=1.60\times$

10^{-5}mol/L。求 $Ca_3(PO_4)_2$ 溶度积。

2. 根据 $Mg(OH)_2$ 的溶度积 $K_{sp}[Mg(OH)_2]=5.61\times10^{-12}$ 计算：

(1) $Mg(OH)_2$ 在水中的溶解度；

(2) $Mg(OH)_2$ 饱和溶液中的 Mg^{2+} 和 OH^- 的浓度；

(3) $Mg(OH)_2$ 在 0.010mol/LNaOH 溶液中的溶解度。

3. 将 10.0mL 0.020mol/L $BaCl_2$ 溶液与 20.0mL 0.0020mol/L Na_2SO_4 溶液混合，是否产生 $BaSO_4$ 沉淀？判断 SO_4^{2-} 是否沉淀完全？[已知 $K_{sp}(BaSO_4)=1.08\times10^{-10}$]

（杨丽莉）

第六章综合测试参考答案

第七章

氧化还原反应与电极电势

氧化还原反应与电极电势

知识目标

1. 掌握氧化数和化合价、氧化反应和还原反应、氧化剂和还原剂几组概念。
2. 熟悉原电池、电极电势、标准电极电势的概念。
3. 了解能斯特方程及其运用。

技能目标

1. 能正确计算元素的氧化数与化合价、某电极的电极电势。
2. 能熟练判断氧化剂和还原剂，氧化产物和还原产物。
3. 能规范书写原电池电极反应式。

素质目标

1. 树立关心社会、爱护环境、珍惜资源的观念。
2. 提升透过现象看本质和构建逻辑思维的能力。
3. 培养学生形成物质观、世界观、对立统一的辩证观。

生活中食物的腐败，金属的腐蚀，人和动物的呼吸；农业生产中，植物的光合作用，土壤里铁或锰的氧化态的变化；药品生产、药品质量控制及药物的作用原理等都离不开氧化还原反应。对于药学专业的学生学习氧化还原反应的理论知识，对今后的生活和工作都是十分必要的。本章主要讨论氧化还原反应的特征和实质，原电池和电极电势。

第一节　氧化数和氧化还原反应

一、氧化数

为了准确地描述和研究氧化还原反应中元素原子在带电状态时的变化，科学地定义氧化还原反应，国际纯粹与应用化学联合会（IUPAC）在 1970 年提出氧化数的概念：氧化数是指某元素一个原子的表观荷电数，这种表观荷电数是指在单质或化合物中，假设把每个化学键中的电子指定给所连接的两原子中电负性较大的一个原子，这样所得的某元素一个原子的电荷数就是该元素的氧化数。并规定得电子的原子氧化数为负值，在数字前加“－”号；失电子的原子氧化数为正值，在数字前加“＋”号。

例如在 NaCl 中，Cl 的电负性大，Na 的电负性小，所以将两原子间形成的离子键的电子指定给 Cl，即 Cl 的氧化数为－1，Na 的氧化数为＋1。又如 CO_2 分子中，C 与 O 共价双键结合，由于 O 的电负性比 C 大，双键中的两对电子均指定给 O，故 O 的氧化数为－2，C 的 4 个电子分别指定给两个 O 之后，氧化数为＋4。

根据氧化数的定义，可总结出确定氧化数的一般规则：

（1）在所有单质分子中，元素的氧化数为 0。因为在同种元素的原子组成的单质分子中，原子的电负性相同，原子间成键电子无偏离。例如，O_2、H_2、Cl_2、N_2 等分子中，O、H、Cl、N 的氧化数都是 0。

（2）对单原子离子，元素的氧化数等于离子的电荷数。例如 Ca^{2+}，钙的氧化数为＋2；F^- 中氟的氧化数为－1。

（3）氧在化合物中，一般氧化数为－2；但在过氧化物中（如 H_2O_2），氧的氧化数为－1；在超氧化物中（如 KO_2），氧的氧化数是为－1/2；氟的氧化物 OF_2 中，氧的氧化数为＋2。

（4）氢在化合物中，一般氧化数为＋1；只有在金属氢化物如 CaH_2 中，氢的氧化数为－1。

（5）在化合物分子中，各元素氧化数的代数和为 0；在多原子离子中，各元素氧化数的代数和等于离子所带电荷数。例如，NaI 中 Na 的氧化数为＋1，I 的氧化数为－1；MnO_4^- 中 Mn 的氧化数为＋7，O 的氧化数为－2。

运用上述原则可以计算各物质中任意元素的氧化数。例如：

SO_3^{2-} 中 S 的氧化数为 x：$x+3\times(-2)=-2$　　得 $x=+4$

SO_4^{2-} 中 S 的氧化数为 y：$y+4\times(-2)=-2$　　得 $y=+6$

$S_2O_3^{2-}$ 中 S 的氧化数为 z：$2z+3\times(-2)=-2$　　得 $z=+2$

由此可以看出，同一元素在不同的化合物中可能具有不同的氧化数。

书写氧化数时，单独书写一般用数学中的正负数书写方法表示，但正号不省去。在化学式或化合物命名中需要注明元素的氧化数时，一般在相应元素符号或名称后用罗马数字以括号形式标明（也有用指数形式标明的），正号可以省去，负号则不能省去。

必须注意的是，氧化数并不是一个元素原子所带的真实电荷，与化合价的概念也是不同的。氧化数是对元素原子外层电子偏离原子状态的人为规定值，是一种形式电荷数，可以是整数、分数，也可以是小数，可以是对单个原子而言，也可以是平均值。例如连四硫酸根离子（$S_4O_6^{2-}$）的结构为：

```
        O           O
        ↑           ↑
  ⁻O—S—S—S—S—O⁻
        ↓           ↓
        O           O
```

按氧化数的定义，其中中间两个 S 的氧化数为 0，两边分别与三个 O 结合的两个 S 的氧化数则都为+5，可表示为 $[S_2^{0}O_2^{V}S_6^{II}]^{2-}$，而在整个离子中，S的氧化数平均值都为+2.5。

化合价反映的是原子间形成化学键的能力，只可以是整数。在许多情况下，化合物中元素的氧化数与化合价具有相同的值，但不能因此而误认为它们是同一概念。化合价的意义和数值与分子中化学键的类型有关。对于同一物质，其中同一元素的化合价和氧化数两者的数值一般是不同的。对于离子化合物，由一个原子得失电子形成的简单离子的电价正好等于该元素的氧化数，而由两个或两个以上原子形成的其他离子的电价数与其中元素的氧化数不一定相等。对于共价化合物来说，元素的氧化数与共价数是有区别的。第一，氧化数分正负，且可为分数；共价数不分正负，也不可能为分数。第二，同一物质中同种元素的氧化数和共价数的数值不一定相同。例如，H_2 分子和 N_2 分子中 H 和 N 的氧化数皆为 0，而它们的共价数分别为 1 和 3。在 H_2O_2 分子中 O 的共价数为 2，其氧化数为−1。在 CH_3Cl 中，碳的共价数为 4，碳的氧化数为−2，碳和氢原子之间的共价键数却为 3。

在 CO、CO_2、CH_4 分子中碳的氧化数分别为多少？

二、氧化还原反应

1. 氧化反应和还原反应

对氧化还原反应的认识，人们经历了一个由浅入深、由表及里、由现象到本质的过程。初中是从失氧和得氧的观点来认识氧化还原反应的。

例如：氢气还原氧化铜

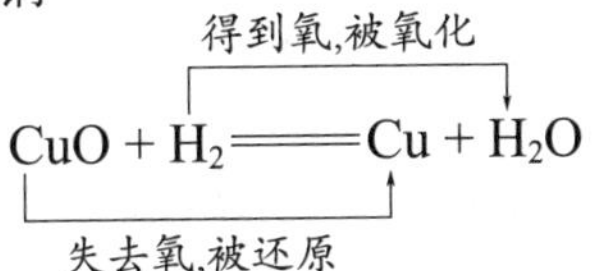

氧化还原反应

在反应中，氢气得到氧，发生氧化反应，氢气中的氢元素被氧化；氧化铜失去氧，发生还原反应，氧化铜中的铜元素被还原。像这样一种物质被氧化，另一种物质被还原的反应，称为氧化还原反应。

高中化学中是根据化合价升降的观点来认识氧化还原反应的。

例如：金属钠和氯气的反应

化合价升高,被氧化

$$2\overset{0}{Na} + \overset{0}{Cl_2} = 2\overset{+1-1}{NaCl}$$

化合价降低,被还原

在反应中没有失氧和得氧发生，但有化合价的升降。钠元素的化合价从 0 价升高到+1 价，化合价升高，被氧化；氯元素的化合价从 0 价降到−1 价，化合价降低，被还原。同理上面氢气和氧化铜的反应，氢元素的化合价由 0 价升高到+1 价，被氧化；铜的化合价由+2 价降到 0 价，化合价降低，被还原。所以我们可以说：凡是化合价有升降的反应是氧化还原反应，化合价升高的反应是氧化反应，化合价降低的反应是还原反应。氧化还原反应的表观特征是反应前后元素的化合价有升降。

分析元素化合价升降的原因是反应中发生了电子的得失或共用电子对的偏移。

因此，氧化还原反应的本质是反应中有电子得失（或偏移）。氧化还原反应的定义为：反应物质间有电子得失（或偏移）的反应称为氧化还原反应。在氧化还原反应中，由于电子得失（或偏移），引起某些元素原子的价电子层构型发生变化，改变了这些原子的带电状态，因此改变了这些元素的氧化数。失去电子，氧化数升高的反应称为氧化反应；得到电子，氧化数降低的反应称为还原反应。

在有机化学和生物化学中，氧化还原反应常常用加氧和脱氢描述。凡发生加氧和脱氢的反应，叫氧化反应；去氧和加氢的反应叫还原反应。

2. 氧化剂和还原剂

在氧化还原反应中，凡能得到电子，氧化数降低的物质，称为氧化剂。氧化剂能使其他物质被氧化，而本身被还原，其反应产物叫做还原产物。凡能失去电子，氧化数升高的物质叫做还原剂。还原剂能使其他物质被还原，而本身被氧化，其反应产物叫做氧化产物。在氧化还原反应中，有氧化剂必定有还原剂，电子从还原剂转移（或偏移）到氧化剂，在还原剂被氧化的同时，氧化剂被还原。

例如，高锰酸钾与过氧化氢在酸性条件下的反应：

$$2KMnO_4 + 5H_2O_2 + 3H_2SO_4 = 2MnSO_4 + K_2SO_4 + 5O_2\uparrow + 8H_2O$$

氧化剂　　还原剂

被还原　　被氧化

关于氧化剂和还原剂，需要说明以下几点：

（1）同一种物质在不同反应中，有时作为氧化剂，有时作为还原剂。例如 SO_2，与氧气反应时它是还原剂；若与强还原剂如 H_2S 反应时，它也可以作为氧化剂。

$$2SO_2 + O_2 = 2SO_3$$

$$SO_2 + 2H_2S = 3S\downarrow + 2H_2O$$

有多种氧化数的元素，但处于中间氧化数时，一般常具有这种性质。由此可见，氧化剂和还原剂是相对的，在一定条件下它们可以相互转化。

（2）有些物质在同一反应中，既是氧化剂又是还原剂。例如：

$$2AgNO_3 \xlongequal{\triangle} 2Ag + O_2\uparrow + 2NO_2\uparrow$$

N 的氧化数下降（从+5 到+4），被还原；O 的氧化数升高（从−2 到 0），被氧化。这种氧化与还原过程发生在同一种物质中的反应称为自身氧化还原反应。还有一些氧化还原反应，氧化与还原过程发生在同一种物质中的同一种元素上，这类特殊的自身氧化还原反应叫歧化反应。如：

$$3I_2 + 6OH^- = IO_3^- + 5I^- + 3H_2O$$

在此反应中，碘分子中的一个碘原子的氧化数从 0 升为+5，另五个碘原子的氧化数从 0 降为−1，碘既是氧化剂又是还原剂。

（3）氧化剂、还原剂的氧化还原产物与反应有关，反应条件不同，氧化还原的产物也不同。例如，氧化剂高锰酸钾与亚硫酸钠在酸性、中性或碱性溶液中发生反应时，其还原产物分别是 Mn^{2+}、MnO_2、MnO_4^{2-}。反应式如下。

在酸性溶液中：

$$2MnO_4^- + 5SO_3^{2-} + 6H^+ = 2Mn^{2+} + 5SO_4^{2-} + 3H_2O$$

在中性或弱碱性溶液中：

$$2MnO_4^- + 3SO_3^{2-} + H_2O \longrightarrow 2MnO_2 \downarrow + 3SO_4^{2-} + 2OH^-$$

在强碱性溶液中：

$$2MnO_4^- + SO_3^{2-} + 2OH^- \longrightarrow 2MnO_4^{2-} + SO_4^{2-} + H_2O$$

（4）由于得失电子的能力不同，氧化剂和还原剂也有强弱之分。易得电子的氧化剂，为强氧化剂；易失电子的还原剂，为强还原剂。

常见的氧化剂和还原剂见表 7-1、表 7-2。

表 7-1　常见的氧化剂

氧化剂	示例	
1	O_2　Cl_2　Br_2　I_2　O_3	（非金属单质）
2	Fe^{3+}　Cu^{2+}　Ag^+	（氧化数高的金属阳离子）
3	$KMnO_4$　$K_2Cr_2O_7$　$KClO_3$	（中心原子氧化数比较高的盐）
4	浓 H_2SO_4　浓 HNO_3	（强氧化性的酸）
5	MnO_2　H_2O_2	（氧化物）

表 7-2　常见的还原剂

还原剂	示例	
1	K　Na　Ca　Mg　Al	（活泼金属）
2	C　H_2	（部分非金属单质）
3	Fe^{2+}　Cu^+　Sn^{2+}	（部分金属阳离子）
4	S^{2-}　Br^-　I^-	（部分非金属阴离子）
5	CO　SO_2　NO	（部分非金属氧化物）
6	H_2S　NH_3	（非金属氢化物）

知识拓展

医药上常用的具有氧化性和还原性的药品

（1）过氧化氢（H_2O_2）　纯净的过氧化氢是无色黏稠液体，可与水以任意比例混合，其水溶液俗称双氧水。双氧水有消毒杀菌作用，临床上常用质量分数为 3%的水溶液作为外用消毒剂，清洗创口。

（2）高锰酸钾（$KMnO_4$）　俗称灰锰氧，临床上简称 PP 粉，为深紫色、有光泽的晶体，易溶于水，其水溶液显高锰酸根离子的紫色。高锰酸钾是强氧化剂，医药上常用其稀溶液作为外用消毒剂，质量分数为 0.1%的 $KMnO_4$ 溶液可用于浸洗水果以及碗、杯等用具，质量分数为 5%的 $KMnO_4$ 溶液可治疗轻度烫伤。

（3）硫代硫酸钠（$Na_2S_2O_3$）　常用的硫代硫酸钠是（$Na_2S_2O_3 \cdot 5H_2O$），又叫大苏打。它是无色晶体，易溶于水，具有还原性。临床上可用于治疗荨麻疹或解毒剂。

3. 氧化还原电对

所有的氧化还原反应都由两个半反应构成，一个是氧化反应，一个是还原反应。如：

$$2Na + Cl_2 \longrightarrow 2NaCl$$

$$2Na - 2e^- \longrightarrow 2Na^+ \qquad 氧化反应$$

$$Cl_2+2e^- = 2Cl^- \qquad 还原反应$$

为了更确切地表示氧化还原反应中有关元素电子的得失情况，我们将半反应中元素获得电子后的存在形式称为还原型，失去电子后的存在形式称为氧化型，两种存在形式彼此称为氧化还原电对。其关系可表示为：

$$氧化型+ne^- \rightleftharpoons 还原型$$

或

$$Ox+ne^- \rightleftharpoons Red$$

为书写方便，氧化还原电对常用简写方式 Ox/Red 来表示，如 K^+/K、Br_2/Br^-、I_2/I^-、Zn^{2+}/Zn 等。

第二节 电极电势

一、原电池

1. 原电池的产生

氧化还原反应的两个重要特征是反应过程中有电子的转移和热效应。当把一块锌片放入硫酸铜溶液中时，过一段时间会观察到锌片慢慢溶解，同时上面还沉积了棕红色的铜，蓝色硫酸铜溶液的颜色逐渐变浅。这说明锌和硫酸铜之间发生了氧化还原反应，其反应的离子方程式为：$Zn+Cu^{2+} \longrightarrow Zn^{2+}+Cu$。这个反应中有电子的转移，但未形成电流；有能量释放，以热能形式消耗了。

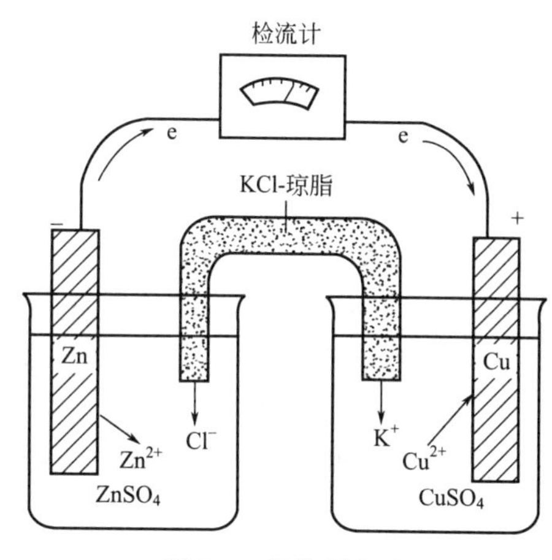

图 7-1 铜锌原电池

现在，若将一块锌片插入硫酸锌溶液中，而将一块铜片插入硫酸铜溶液中，两种溶液用一个装满饱和氯化钾溶液和琼脂的倒置 U 形管（称为盐桥）连接起来，再用导线连接锌片和铜片，并在导线中间串联一个检流计，使检流计的正极和铜片相连，负极和锌片相连（图 7-1）。

接通电路后，可以观察到：

（1）检流计指针发生偏转，表明金属导线上有电流通过。因为电子流动的方向是从负极到正极，电流的方向是从正极到负极，所以根据检流计指针偏转方向可以判断锌片为负极，铜片为正极。

（2）锌片溶解而铜片上有铜沉积。

（3）取出盐桥，电流计指针回至零点；放入盐桥，指针又发生偏转。

对上述现象可做如下分析：在图 7-1 所示的装置里，氧化还原反应 $Zn+Cu^{2+} = Zn^{2+}+Cu$ 的两个半反应分别在两个电极上进行。一个半反应为：锌片上的锌原子失去电子变成锌离子，进入到溶液中，使锌片上有了过剩电子而成为负极，在负极上发生氧化反应：

$$负极 \quad Zn-2e^- = Zn^{2+} \qquad （氧化）$$

另一个半反应为：溶液中的铜离子得到电子变成铜原子，沉积在铜片上，使铜片上有了多余的正电荷成为正极，在正极上发生还原反应：

$$正极 \quad Cu^{2+}+2e^- = Cu \qquad （还原）$$

电子沿导线由锌片定向地转移到铜片，产生了电流。这种借助于氧化还原反应将化学能转变为电能的装置称为原电池。每个金属片可以与含有其离子的溶液组一个半电池，亦称为一个电极。如铜锌原电池即由一个铜电极和一个锌电极组成。Zn 和 $ZnSO_4$ 溶液（Zn^{2+}/Zn 电对）组成锌电极；Cu 和 $CuSO_4$ 溶液（Cu^{2+}/Cu 电对）组成铜电极。每个电极上发生的氧化或还原反应，称为半电池反应，两个半电池反应构成电池反应。

随着原电池反应的进行，Zn 原子失去电子变成 Zn^{2+} 进入溶液将增加 $ZnSO_4$ 溶液中的正电荷，Cu^{2+} 在铜片上获得电子变成 Cu 原子，Cu 的沉积则导致 $CuSO_4$ 溶液中负电荷的过剩，这情况会阻碍电子由锌片向铜片流动。盐桥可以消除这种影响，盐桥中的负离子如 Cl^- 向 $ZnSO_4$ 溶液中扩散，正离子如 K^+ 向 $CuSO_4$ 溶液中扩散，以保持溶液中的电中性，使氧化还原反应继续进行。

原电池常用符号表示，如铜锌原电池可表示为：

$$(-)Zn|Zn^{2+}(c_1)\parallel Cu^{2+}(c_2)|Cu(+)$$

2. 原电池的表示方法

为了方便起见，一个实际的原电池装置可以用简单的符号或电池组成来表示，并对其表示法作了统一规定：

（1）原电池的负极写在左边，正极写在右边，两电极以盐桥相连，用“‖”表示，在盐桥两侧是两个电极的电解质溶液。

（2）电极极板（导体）与电极其余部分的界面用“|”分开；同一相中的不同物质之间，以及电极中的其他界面用“,”分开。

（3）当气体或溶液不能和普通导线相连时，应以不活泼的惰性导体（如铂或石墨）作电极极板起导电作用。

（4）电极中各物质的物理状态气态（g）、液态（l）、固态（s）应标注出来。

（5）溶液需注明浓度，当浓度为 1mol/L 时可不标；气体需注明分压。

如铜锌原电池可表示为：

$$(-)Zn|Zn^{2+}(c_1)\parallel Cu^{2+}(c_2)|Cu(+)$$

阅读拓展

纯电动汽车

纯电动汽车是一种采用单一蓄电池作为储能动力源的汽车，它利用蓄电池作为储能动力源，通过电池向电动机提供电能，驱动电动机运转，从而推动汽车行驶。纯电动汽车的可充电电池主要有铅酸电池、镍镉电池、镍氢电池和锂离子电池等。

纯电动汽车的优点有：第一，零排放，不污染环境；第二，噪声小，车厢内外安静，有效降低城市的噪声污染；第三，能源利用率高，原料广，使用的电力可以从多种一次能源获得，如煤、核能、水力等，解除了人们对石油资源日见枯竭的担心；第四，相比传统汽车的内燃汽油发动机，省去了油箱、发动机、变速器、冷却系统和排气系统，动力系统结构大为简化；第五，移峰填谷，电动汽车的电池可在夜间利用电网的廉价“谷电”进行充电，可以平抑电网的峰谷差，使发电设备日夜都能充分利用，从而大大提高经济效益。

2020 年 9 月 22 日，习近平主席在第七十五届联合国大会上提出的“双碳”理念，中国将从能源结构和产业结构上进行调整，新能源汽车一定是大势所趋。中国制造的新能源汽车在全球现处于领先地位。

二、电极电势的产生

连接原电池两极的导线有电流通过时，说明两电极间有电势差存在。两极间电势差的产生是因为两个电极得到或失去电子能力大小不同引起的。

当把金属（如锌片或铜片）插入其对应的离子溶液时，构成了相应的电极。一方面金属表面原子因热运动和受溶液中极性水分子的作用形成水合离子进入溶液中，使溶液带正电荷，金属带负电荷；这一过程是金属的溶解过程，也是金属的氧化过程：

$$M(s) - ne^- \longrightarrow M^{n+}(aq)$$

金属越活泼、离子浓度越小，这一溶解的趋势就越大。另一方面溶液中的金属离子也有可能碰撞金属表面，接受其表面的电子而沉积在金属表面上，这一过程是金属离子沉积的过程，也是金属离子的还原反应：

$$M^{n+}(aq) + ne^- \longrightarrow M(s)$$

随金属离子的浓度增加和金属表面电子的增加，沉积的速率加快，直到溶解和沉积达到平衡：

$$M(s) \rightleftharpoons M^{n+}(aq) + ne^-$$

金属越活泼（或溶液中金属离子浓度越小），越有利于正反应进行，金属离子进入溶液的速率大于沉积速率直至平衡，从而使金属表面带负电荷，溶液则带正电荷，溶液与金属的界面处形成了双电层，产生了电势。反之，如果金属越不活泼，则离子沉积的速率大于溶解的速率，金属表面带正电而溶液带负电荷，也形成了双电层，产生了电势（图 7-2）。

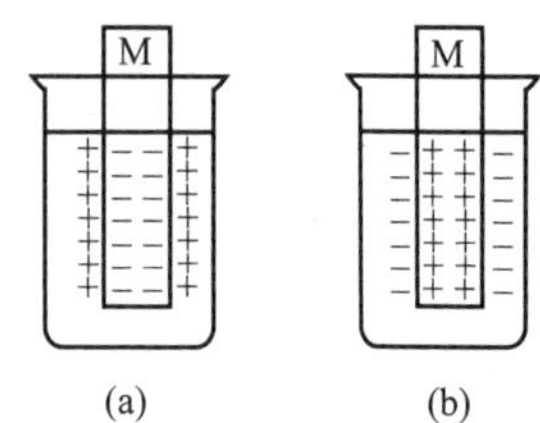

图 7-2　金属电极电势图

这种金属与溶液之间因形成双电层而产生的稳定电势称为电极电势，以符号 $\varphi_{M^{n+}/M}$ 表示。如在铜锌原电池中 Zn 片和 Zn^{2+} 溶液构成一个电极，电极电势用 $\varphi_{Zn^{2+}/Zn}$ 表示；Cu 片和 Cu^{2+} 溶液构成一个电极，电极电势用 $\varphi_{Cu^{2+}/Cu}$ 表示。

电极电势的大小主要取决于电极的本性，例如金属电极：金属越活泼，越容易失去电子，溶解成离子的倾向越大，离子沉积的倾向越小，达到平衡时，电极电势越低；金属越不活泼，则电极电势越高。另外，温度、介质和离子浓度等外界因素也对电极电势有影响。

铜锌原电池中，锌比较活泼，Zn 失电子的倾向大，Zn^{2+} 得到电子的倾向小，所以锌极的电极电势低；而铜比较不活泼，Cu^{2+} 得到电子的倾向大，Cu 失去电子的倾向小，所以铜极的电极电势高。两电极一旦相连，电子就由锌极流向铜极，氧化还原反应即可发生。

三、标准电极电势的测定

1. 标准氢电极

原电池中的电流是由两个电极的电势差产生的。在没有电流通过时，正、负两个电极的电极电势差称为原电池的电动势，用符号 E 表示。则原电池的电动势可表示如下：

$$E = \varphi_{(+)} - \varphi_{(-)}$$

如铜锌原电池的电极电势：　　$E = \varphi_{Cu^{2+}/Cu} - \varphi_{Zn^{2+}/Zn}$

目前还无法测定单个电极电势绝对值，但它的相对值可用比较的方法来测定。为了测得各种电极的相对电极电势值，必须选取一种电极作为比较标准，按照IUPAC的建议，国际上采用的比较标准是标准氢电极。

标准氢电极的构造如图7-3所示。

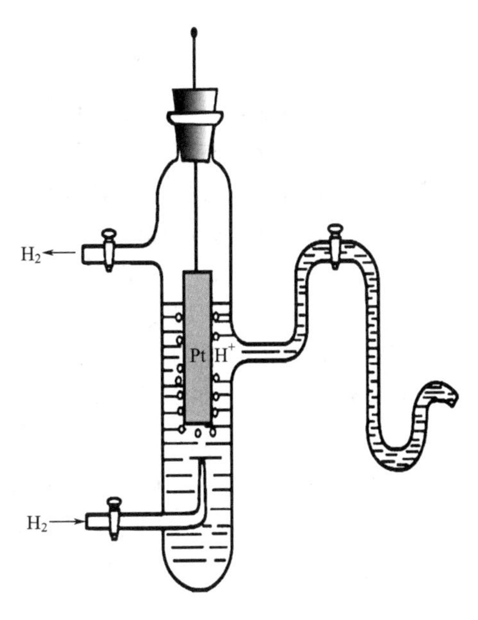

图7-3 标准氢电极

由于氢气是气体，不能直接制成电极，因此选用化学性质极不活泼而又能导电的铂片来制备电极。通常铂片上镀一层疏松而多孔的铂黑，以提高氢气的吸附量。将这种铂片插入含有氢离子浓度（严格地说应为活度）为1mol/L的溶液中，通入分压为1.01×10^5Pa(用符号p表示）的高纯氢气，不断地冲击铂片，使铂黑吸附的氢气达到饱和状态，这样就构成了标准氢电极。电极反应式为：

$$2H^+(aq)+2e^- \rightleftharpoons H_2(g)$$

规定在298.15K时，标准氢电极的电极电势为零，即$\varphi^{\ominus}_{H^+/H_2}=0$。

2. 标准电极电势

在标准状态下，将各种电极和标准氢电极连接组成原电池，测定其电动势并确定其正极和负极，从而得出各种电极的标准电极电势。所谓标准状态是指：温度恒定为298.15K，组成电极的相关离子的浓度均为1mol/L(严格讲为活度)，气体的分压为1.01×10^5Pa，固体和液体都是纯净物质。标准电极电势用符号$\varphi^{\ominus}$表示。

3. 标准电极电势的测定

测定某电极的标准电极电势时，可将待测电极与标准氢电极组成原电池，然后通过测定这个原电池的标准电动势（$E^{\ominus}$）来求得。

例如要测定锌电极的标准电极电势，可将标准状态下的锌电极与标准氢电极组成原电池，测定其电动势并由电流方向确定其正极和负极。锌电极为负极，氢电极为正极。这个原电池可用符号表示如下：

$$(-)Zn|ZnSO_4(1mol/L)||H^+(1mol/L)|H_2(100kPa)|Pt(+)$$

若测得此电池的电动势E为0.763V。由于原电池的电动势是正极的电极电势$\varphi_{(+)}$与负极的电极电势$\varphi_{(-)}$之差，故在上述电池中。

$$E=\varphi^{\ominus}_{H^+/H_2}-\varphi^{\ominus}_{Zn^{2+}/Zn}$$

$$0.763V=0V-\varphi^{\ominus}_{Zn^{2+}/Zn}$$

$$\varphi^{\ominus}_{Zn^{2+}/Zn}=-0.763V$$

同样，如要测定铜电极的标准电极电势，可将标准铜电极与标准氢电极组成电池。氢电极为负极，铜电极为正极。此原电池用符号表示如下：

$$(-)Pt|H_2(100kPa)|H^+(1mol/L)||Cu^{2+}(1mol/L)|Cu(+)$$

若测得原电池的电动势为0.337V，则：

$$E=\varphi^{\ominus}_{Cu^{2+}/Cu}-\varphi^{\ominus}_{H^+/H_2}$$

$$0.337V=\varphi^{\ominus}_{Cu^{2+}/Cu}-\varphi^{\ominus}_{H^{+}/H_2}$$

$$\varphi^{\ominus}_{Cu^{2+}/Cu}=+0.337V$$

利用同样的方法，可以测定其他各种电极的标准电极电势。各电极（电对）的标准电极电势可查阅化学手册，本书附录中列出了一些常见电对在水溶液中的标准电极电势。

应用标准电极电势表，要注意以下几点：

（1）组成原电池时，$\varphi^{\ominus}$较大的电极为正极，$\varphi^{\ominus}$较小的电极为负极。

（2）在标准状态下，电对的$\varphi^{\ominus}$越大，表明其氧化型得电子能力越强，是强氧化剂，而对应的还原型失电子能力越弱，是弱还原剂；电对的$\varphi^{\ominus}$越小，表明其还原型失电子能力越强，是强还原剂，而对应的氧化型得电子能力越弱，是弱氧化剂。

（3）电极电势值大的电对中的氧化型物质可以和电极电势值比它小的电对中的还原型物质发生氧化还原反应。如$\varphi^{\ominus}_{MnO_4^-/Mn^{2+}}=+1.51V$，$\varphi^{\ominus}_{Fe^{3+}/Fe^{2+}}=+0.771V$，则$MnO_4^-$可与$Fe^{2+}$发生氧化还原反应，其反应式为：

$$MnO_4^-+5Fe^{2+}+8H^+ \xlongequal{} Mn^{2+}+5Fe^{3+}+4H_2O$$

在分析化学中常利用此反应测定亚铁盐的含量。

四、影响电极电势的因素

1. 能斯特（Nernst）方程

标准电极电势是在标准状态下测定的，如果条件（主要是离子浓度和温度）改变时，电极电势就会发生明显变化。这种离子浓度和温度对电极电势的影响可用能斯特方程式计算。

对于电极反应 $Ox+ne^- \rightleftharpoons Red$，有

$$\varphi=\varphi^{\ominus}+\frac{RT}{nF}\ln\frac{[Ox]}{[Red]}$$

式中，φ为电极电势，V；$\varphi^{\ominus}$为标准电极电势，V；R为气体常数，8.314J/(K·mol)；T为热力学温度，(t+273.15) K；n为电极反应中得失电子数；F为法拉第常数，96500C/mol；[Ox] 为氧化型浓度；[Red] 为还原型浓度。

当T=298.15K时，将各常数值代入上式，把自然对数换成常用对数，则能斯特方程可简写成：

$$\varphi=\varphi^{\ominus}+\frac{0.059V}{n}\lg\frac{[Ox]}{[Red]}$$

使用此公式时的注意事项：

（1）凡固体物质、纯液体和溶剂在计算时其浓度规定为1。若为气体，则在公式中代入其相对分压。如：

$$Cu^{2+}+2e^- \rightleftharpoons Cu$$

$$\varphi_{Cu^{2+}/Cu}=\varphi^{\ominus}_{Cu^{2+}/Cu}+\frac{0.059V}{2}\lg[Cu^{2+}]$$

（2）电极反应中，各物质的计量系数不是1时，公式中应将它们的系数作为对应物质浓度的指数。如：

$$MnO_4^-+8H^++5e^- \rightleftharpoons Mn^{2+}+4H_2O$$

$$\varphi_{MnO_4^-/Mn^{2+}}=\varphi^{\ominus}_{MnO_4^-/Mn^{2+}}+\frac{0.059V}{5}\lg\frac{[MnO_4^-][H^+]^8}{[Mn^{2+}]}$$

2. 影响电极电势的因素

从能斯特方程式可以看出，温度和电极反应中各物质的浓度对电极电势均有影响。还有电极物质本身的浓度、酸度，以及沉淀反应、配离子的形成等均可以引起电极反应中离子浓度的改变，都会影响电极电势值。

【例 7-1】 MnO_4^- 在酸性溶液中的反应为 $MnO_4^- + 8H^+ + 5e^- \rightleftharpoons Mn^{2+} + 4H_2O$

298.15K 时，$\varphi^{\ominus}_{MnO_4^-/Mn^{2+}} = +1.507V$，计算 $[MnO_4^-] = 0.1mol/L$，$[Mn^{2+}] = 0.0001mol/L$，$[H^+] = 1mol/L$ 时电极的电极电势。

解　根据能斯特方程

$$\begin{aligned}\varphi_{MnO_4^-/Mn^{2+}} &= \varphi^{\ominus}_{MnO_4^-/Mn^{2+}} + \frac{0.059V}{5}\lg\frac{[MnO_4^-][H^+]^8}{[Mn^{2+}]}\\ &= 1.507V + \frac{0.059V}{5}\lg\frac{0.1\times1^8}{0.0001}\\ &= 1.531V\end{aligned}$$

答：电极电势为 1.531V。

【例 7-2】 在上题中若其他条件不变，$[H^+] = 0.01mol/L$，计算此时电极的电极电势。

解　根据能斯特方程

$$\begin{aligned}\varphi_{MnO_4^-/Mn^{2+}} &= \varphi^{\ominus}_{MnO_4^-/Mn^{2+}} + \frac{0.059V}{5}\lg\frac{[MnO_4^-][H^+]^8}{[Mn^{2+}]}\\ &= 1.507V + \frac{0.059V}{5}\lg\frac{0.1\times0.01^8}{0.0001}\\ &= 1.496V\end{aligned}$$

答：此时电极电势为 1.496V。

由上例计算可以看出氢离子浓度减少，$\varphi_{MnO_4^-/Mn^{2+}}$ 值明显降低，即 $KMnO_4$ 的氧化性减弱。这说明，在有氢离子或氢氧根离子参加的电极反应中，氧化还原电对的电极电势与溶液的 pH 关系密切。

五、电极电势的应用

1. 判断氧化剂和还原剂的强弱

电极电势的大小，反映了氧化还原电对中氧化型和还原型物质氧化还原能力的强弱。电对中的 φ 值越大，表示其氧化型获得电子倾向越大，是强氧化剂，而其还原型则是弱还原剂。如 $\varphi^{\ominus}_{MnO_4^-/Mn^{2+}} = +1.507V$，说明 MnO_4^- 是强氧化剂，而 Mn^{2+} 是弱还原剂。电对的 φ 值越负（代数值越小）的，表示其还原型给出电子的倾向越大，是强还原剂，而其氧化型则是弱氧化剂。如 $\varphi^{\ominus}_{Na^+/Na} = -2.71V$，说明金属 Na 是强还原剂，而 Na^+ 是弱氧化剂。

应该注意，用 $\varphi^{\ominus}$ 判断氧化还原能力的强弱是在标准状态下进行的。如果在非标准状态下比较氧化剂和还原剂的强弱，必须用能斯特方程进行计算，求出在某条件下的 φ 值，然后才能进行比较。

2. 判断氧化还原反应进行的方向

能够自发进行的氧化还原反应总是在得电子能力强的氧化剂和失电子能力强的还原剂之

间发生，生成弱的还原剂和弱的氧化剂，即 $E=\varphi_{(+)}-\varphi_{(-)}>0$，反应正向进行；$E<0$，反应逆向进行；$E=0$，反应处于平衡状态。氧化还原反应中，氧化剂对应的电对作正极，还原剂对应的电对作负极。

在氧化还原反应中，若两电对的标准电极电势值 $\varphi^{\ominus}$ 相差不大（一般<0.2V）时，可以通过改变氧化型或还原型物质的浓度，或者改变 H^+ 的浓度（有 H^+ 或 OH^- 参加反应时）来控制反应方向。

若两个电对的 $\varphi^{\ominus}$ 值相差较大时（$\Delta\varphi>0.2\sim0.4$），则可直接由标准电极电势的大小来判断氧化还原反应的方向。

3. 判断氧化还原反应进行的限度

氧化还原反应属于可逆反应，在一定的条件下可达到氧化还原平衡。反应进行的程度可根据能斯特方程来计算平衡常数 K，K 值很大，说明此反应进行的程度很完全。但平衡常数 K 值的大小，只能表示反应完成的程度，并不能说明反应进行的速率。反应实际进行的程度还要受浓度、温度等外界因素影响。

知识导图

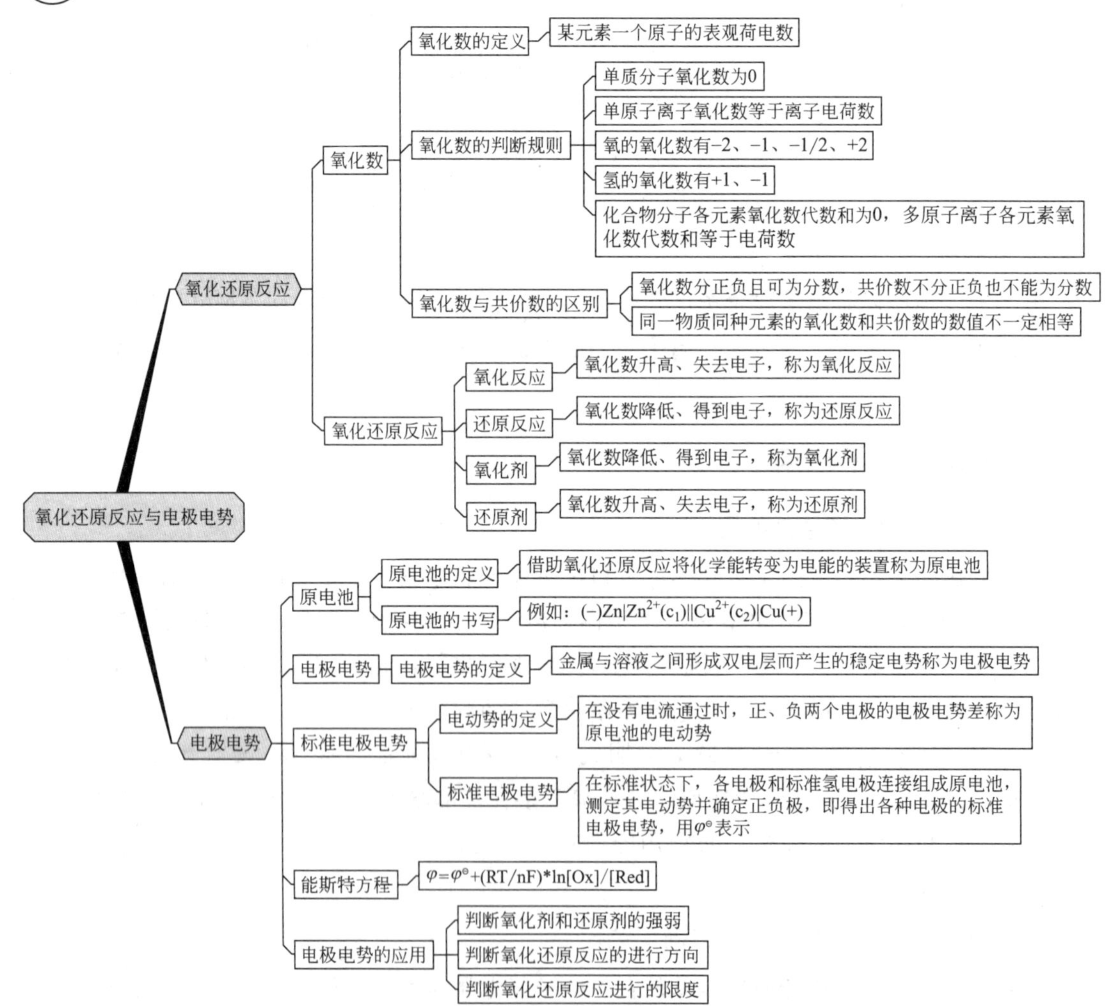

综合测试

一、填空题

1. 计算下列化合物中画线元素的氧化数：

$K\underline{Mn}O_4$ ________ $K\underline{I}$ ________ $K\underline{I}O_3$ ________ $Na\underline{N}O_2$ ________ $K_2\underline{Cr_2}O_7$ ________

$Na_2\underline{S}O_4$ ________ $Na_2\underline{S_2}O_3$ ________ $\underline{Ce}(SO_4)_2$ ________ $Na_2\underline{C_2}O_4$ ________

2. 按要求对下列物质进行排序：

（1）在酸性条件下，根据下列物质的氧化性，由强到弱进行排序：

$KMnO_4$　　$K_2Cr_2O_7$　　$FeCl_3$　　I_2　　Cl_2

________>________>________>________>________　　________

（2）在酸性条件下，根据下列物质的还原性由强到弱进行排序：

Na　　H_2　　KI　　Zn　　Mg

________>________>________>________>________　　________

3. 碳棒做正极，铁棒做负极，硫酸做电解质，组成的原电池正极反应为：__________，负极反应为：________________，总反应为：________________。

二、选择题

1. 下列微粒只能作氧化剂的是（　　）。

A. Fe^{3+}　　B. S^{2-}　　C. Cl_2　　D. SO_2

2. 人体血红蛋白中含有 Fe^{2+}，如果误食亚硝酸盐，会使人中毒，因为亚硝酸盐会使 Fe^{2+} 转变成 Fe^{3+}，生成高铁血红蛋白而丧失与 O_2 结合的能力。服用维生素 C 可缓解亚硝酸盐的中毒，这说明维生素 C 具有（　　）。

A. 酸性　　B. 碱性　　C. 氧化性　　D. 还原性

3. 下列各组物质中，通常作氧化剂的是（　　）。

A. SO_2、H_2O、N_2　　B. HNO_3、F_2、$KMnO_4$

C. CO、Br_2、CO_2　　D. HNO_3、$FeSO_4$、NaClO

4. 下列反应中，Na_2O_2 既不作氧化剂又不作还原剂的是（　　）。

A. $2Na_2O_2+2CO_2 = 2Na_2CO_3+O_2\uparrow$

B. $Na_2O_2+H_2SO_4 = 4Na_2SO_4+H_2O_2$

C. $2Na_2O_2+2H_2O = 4NaOH^{+}O_2\uparrow$

5. 用硫酸酸化的三氧化铬（CrO_3）遇酒精后，其颜色由红色变为蓝绿色，用这种现象可测得司机是否酒后驾车，反应如下：

$2CrO_3+3C_2H_5OH+3H_2SO_4 = Cr_2(SO_4)_3+3CH_3CHO+6H_2O$，此反应的氧化剂是（　　）。

A. 硫酸　　B. CrO_3　　C. $Cr_2(SO_4)_3$　　D. C_2H_5OH

6. 下列块状金属在常温时能全部溶于足量浓 HNO_3 的是（　　）。

A. Au　　B. Cu　　C. Al　　D. F e

7. 世界发生组织（WHO）将二氧化氯（ClO_2）列为 A 级高效安全灭菌消毒剂，它在食品保鲜、饮用水消毒等方面有着广泛应用，下列说法正确的是（　　）。

A. 二氧化氯是强氧化剂　　B. 二氧化氯是强还原剂

C. 二氧化氯是离子化合物　　　　　　D. 二氧化氯分子中氯的氧化数为-1

8. 下列物质：①浓 H_2SO_4　②HNO_3　③Cl_2　④H_2　⑤C　⑥$FeCl_3$　⑦O_2　⑧$FeSO_4$　⑨Na_2SO_3　⑩$KMnO_4$

(1) 属于常见的氧化剂是（　　）。

(2) 属于常见的还原剂是（　　）。

A. ①　②　　　　　　B. ①　②　③　⑥　⑦　⑩

C. ④　　　　　　　　D. ④　⑤　⑧

三、简答题

1. 配制氯化亚铁溶液时，为什么要加入少量盐酸和细铁屑？

2. 请解释金属铁能置换出铜离子，而三氯化铁又能溶解铜板的原因。

（肖玥　张旖珈）

第七章综合测试参考答案

第八章

物质结构

知识目标

1. 理解描述原子核外电子运动状态的 4 个量子数的意义。
2. 掌握原子的电子层结构与元素周期表的对应关系，元素性质的周期性变化。
3. 了解现代价键理论和杂化轨道理论的基本要点。

技能目标

1. 能正确描述核外电子的运动状态和原子核外电子的排布规则。
2. 根据元素原子序数，能正确判断其原子结构、在周期表中的位置及其某些性质。

素质目标

1. 通过对物质微观世界的了解，增强学生对生活和自然界中科学现象的好奇心和探究欲，激发学生的学习兴趣，培养学生勇于探索的精神。

2. 通过元素周期律的学习，引导学生感受量变到质变的辩证规律。

世界是物质的，不同的物质具有不同的性质，这是由物质的内部结构所决定的。自然界大多数物质是由分子组成，分子由原子组成，原子又由原子核与核外电子所组成。在化学反应中，原子核不变，变化的只是核外电子。为了研究物质的性质与其结构的关系，需要认识原子内部的秘密，特别是核外电子的运动状态。

第一节　核外电子的运动状态

一、核外电子运动状态的描述

1. 电子云

我们知道原子是由带正电荷的原子核和带负电荷的核外电子组成的。电子围绕原子核高速运转，好像卫星绕地球运转。不同的是我们可以在任何时间内同时测出卫星的位置和速率，却测不准电子的这些数据。电子质量非常小，在核外运动速率却非常快，运动范围又非常小。它不像卫星那样有固定的运动轨道，只是在原子核周围空间的各区域里运动着，且在不同的区域出现的概率大小是很不一样的，我们无法确定电子在某一时间的空间位置和速率，只能知道电子在有些区域出现的概率大，在另一些区域出现的概率小。这正是微观世界电子运动的特殊性。

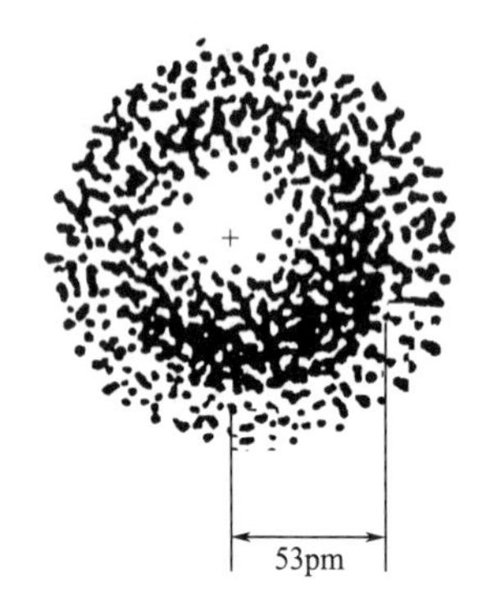

图 8-1 基态氢原子电子云图

人们利用统计学方法对电子在核外的运动情况进行了研究。假想如果能设计一个理想的实验方法，对氢原子的一个电子在核外运动的情况进行多次重复观察，并记录电子在核外空间每一瞬间出现的位置，统计结果，便可以得到一个空间图像。统计得到的这个图像就好像原子核外笼罩着一团带负电荷的云雾，形象地称之为“电子云”。如图 8-1 所示。

电子云

图中小黑点表示电子瞬间出现的位置，称为电子云。电子云是电子在空间出现的概率密度分布的形象化表示，小黑点的数目并不是电子的数目，仅仅表示一个电子在原子核外可能出现的瞬间位置。小黑点密集的地方，表示电子在该区域出现的概率大。小黑点稀疏的地方，表示电子在该区域出现的概率小。

对于氢原子来说，在离核 53pm 的球壳内电子出现的概率最大，而在球壳以外的地方，电子云的密度非常低。把电子出现概率相等的地方连接起来，成为一个曲面，作为电子云的界面图，常用电子云的界面图表示电子云的形状。而这个曲面所包围的空间范围称为原子轨道。可见，原子轨道与宏观轨道含义不同，原子轨道实际上表现的是电子经常出现的区域。

2. 核外电子运动状态的描述

电子在原子核外一定的区域内作高速运动，都有一定的能量，其电子云或原子轨道有一定的形状或伸展方向。因此，常用四个参数来描述核外电子的运动状态，即 n、l、m、m_s。由于表征电子运动状态的物理量都是量子化（即不连续地变化）的，所以把这些参数称为“量子数”。运用 n、l、m、m_s 这四个量子数可以全面地描述电子在原子核外空间的运动状态。

（1）主量子数（n）——电子层　在多电子原子中，各电子出现概率最大的区域离原子核的距离不尽相同，我们把这些不同远近、不同能量的区域，分成不同的电子层。主量子数是用来描述核外电子运动离核远近的参数，用符号 n 表示，即 $n=1$，2，3，…正整数，有∞个，每个 n 值对应一个电子层，电子层也可用 K、L、M、N、O、P、Q 等字母表示。如表 8-1 所示。显然，n 值越小，表示电子运动离核越近，电子受核的引力越大，电子的能量就越小；n 值越大，表示电子运动离核越远，电子受核的引力越小，电子的能量就越大。因此，主量子数 n 不仅能表示电子运动离核距离的远近，也是决定电子能量高低的主要参数。

表 8-1　主量子数、电子层符号、离核距离、电子能量关系

项目名称	相互关系							
主量子数(n)	1	2	3	4	5	6	7	…
电子层符号	K	L	M	N	O	P	Q	…
离核距离	近←——————→远							
电子能量	低←——————→高							

必须说明，电子层并不是指电子固定地在哪些地方运动，而是指电子在哪些地方出现的概率最大。

(2) 副量子数 (l)——电子亚层　又称角量子数，是用来描述核外电子运动形状的参数，用符号 l 表示。在同一电子层中，电子的能量还稍有差异，电子云的形状也不相同。因此，电子层还可以分成一个或多个电子亚层。l 的取值为 0，1，2，3，4，…，$n-1$，有 n 个。也可用 s、p、d、f、g 等符号表示。如表 8-2 所示。

表 8-2　副量子数、电子亚层符号

l	0	1	2	3	4	…
电子亚层	s	p	d	f	g	…

每个电子层有不同的电子亚层，但电子亚层的数目和电子层数目相等。把一个电子层分成若干个电子亚层，在不同亚层上运动的电子，它们的电子云形状和能量各不相同。一般在电子亚层的符号前面加上相应的电子层序数就表示各电子层的电子亚层。如第一电子层有 1s 亚层，第二电子层有 2s 亚层和 2p 亚层，第三电子层有 3s 亚层、3p 亚层和 3d 亚层，以此类推。

s 亚层的电子称为 s 电子，s 电子的电子云呈球形，即 s 电子的运动轨道为球形；p 亚层的电子称为 p 电子，p 电子的电子云呈哑铃形，即 p 电子的运动轨道为哑铃形；d 亚层的电子称为 d 电子，d 电子的电子云呈花瓣形，即 d 电子的运动轨道为花瓣形；f 亚层的电子称为 f 电子，f 电子的电子云形状更为复杂，在此不再介绍。主量子数 n 确定后，副量子数 l 是决定轨道能量的又一重要参数。有关 n、l 的取值、电子亚层的符号、电子云形状（或原子轨道）等关系见表 8-3 所示。

表 8-3　n 和 l 的取值、轨道和电子亚层符号、电子云形状（原子轨道）

n 值	l 取值	轨道符号	电子亚层符号	电子云形状
1	0	s	1s	s 为球形
2	0、1	s、p	2s、2p	p 为哑铃形
3	0、1、2	s、p、d	3s、3p、3d	d 为花瓣形
4	0、1、2、3	s、p、d、f	4s、4p、4d、4f	f 形状复杂
n	0、1、2、3、4、…、$n-1$	…	…	…

(3) 磁量子数 (m)——电子云的伸展方向　在同一电子亚层中，电子云的形状相同，但它们的电子云却在不同的空间位置上，即有不同的伸展方向。磁量子数是用来描述电子云（原子轨道）在空间伸展方向的参数，用符号 m 表示。m 的取值为 0，±1，±2，…，$\pm l$，共 ($2l+1$) 个。m 的每一个取值代表电子云的一个伸展方向，即代表一个原子轨道。如

$n=3$，$l=1$（p轨道）时，$m=0$，±1，共有3个取值，表示3p轨道在空间有三个伸展方向，即有三个原子轨道——$3p_x$ 轨道、$3p_y$ 轨道、$3p_z$ 轨道。

由于电子的能量由 n 和 l 共同决定，因此在同一亚层中，电子的能量是完全相同的，不同的是电子云的伸展方向，如3p亚层的 $3p_x$ 轨道、$3p_y$ 轨道和 $3p_z$ 轨道，像这样能量相同的原子轨道，称为简并轨道（或等价轨道）。同一亚层的3个p轨道，5个d轨道，7个f轨道都分别为简并轨道。

n、l、m 三个量子数的组合必须满足取值相互制约的原则。它们的每一合理组合都确定了一个原子轨道，其中n决定原子轨道所在的电子层，l 确定原子轨道的形状，m 确定原子轨道的伸展方向。n 和 l 共同决定原子轨道的能量（氢原子除外，其原子轨道能量只由 n 决定）。

（4）自旋量子数（m_s）——电子自旋　原子中的电子不仅围绕着原子核运动，也围绕着本身的轴转动，称为电子的自旋。自旋量子数是用来描述电子自旋状态的参数，用符号 m_s 表示。m_s 的取值为$+1/2$、$-1/2$，共2个，它们代表电子自旋的2个相反方向，即顺时针方向和逆时针方向，通常分别用向上和向下的箭头“↑”和“↓”表示。由于 m_s 只有两个取值，因此每一个原子轨道中最多只能容纳2个自旋方向相反的电子。

当 n、l、m、m_s 四个量子数确定后，电子的运动状态也就确定了，原子核外没有运动状态完全相同的电子。如基态钠原子最外层的电子是 $3s^1$，其运动状态为：$n=3$，$l=0$，$m=0$，$m_s=+1/2$(或$-1/2$)。根据四个量子数可以推算出各个电子层有多少个电子亚层，每个亚层有多少个原子轨道，每个电子层最多能容纳多少个电子。n、l、m、m_s 四个量子数与电子运动状态之间的关系见表8-4所示。

表8-4　四个量子数与电子运动状态之间的关系

主量子数(n)	1	2		3			4			
电子层符号	K	L		M			N			
副量子数(l)	0	0	1	0	1	2	0	1	2	3
电子亚层符号	1s	2s	2p	3s	3p	3d	4s	4p	4d	4f
磁量子数(m)	0	0	0	0	0	0	0	0	0	0
			±1		±1	±1		±1	±1	±1
						±2			±2	±2
										±3
亚层轨道数($2l+1$)	1	1	3	1	3	5	1	3	5	7
电子层轨道数 n^2	1	4		9			16			
电子层最多容纳电子数 $2n^2$	2	8		18			32			

【例8-1】　判断下列各组量子数合理吗？

（1）$n=3$，$l=3$，$m=+2$，$m_s=+1/2$

（2）$n=2$，$l=1$，$m=+1$，$m_s=-1/2$

（3）$n=1$，$l=1$，$m=-1$，$m_s=+1/2$

（4）$n=4$，$l=3$，$m=0$，$m_s=-1/2$

解　根据主量子数 n、副量子数 l、磁量子数 m 三者之间的关系可知：

（1）、（3）不合理；（2）、（4）合理。

【例8-2】　试讨论在原子核外的第二电子层中，有多少个亚层？各亚层上有多少个轨道？最多可容纳多少个电子？

解　根据题意知：第二电子层 $n=2$，则 $l=0$，1

所以　第二电子层有 2 个亚层，即 2s 亚层，2p 亚层

当 $l=0$ 时，$m=0$，即有 1 个 2s 轨道

当 $l=1$ 时，$m=0$，$+1$，-1，即有 3 个 3p 轨道

根据各电子层最多容纳的电子数为 $2n^2$，得知第二电子层可容纳电子数为：$2\times2^2=8$ 个。

课堂互动

在原子核外的第三电子层中，有多少个亚层？各亚层上有多少个轨道？最多可容纳多少个电子？

二、多电子原子轨道的能级

1. 多电子原子轨道能级图

（1）能级　为了表示原子中各电子层和电子亚层的能量差异，通常把原子中不同的电子层及亚层按能量高低排列成序，称为能级。能级的书写形式是由代表电子层数的数字和代表电子亚层的符号组合的，如 1s、2s、2p、3s、3p、3d 等分别代表不同的能级。

（2）能级组　能级总是按照能量由低到高的顺序排列。在原子轨道能级中，根据公式 $E=n+0.7l$ 求算能级的能量，把能级能量（$n+0.7l$）的整数值相同的能级归为一组，称为能级组。整数值为 1 的称为第一能级组，整数值为 2 的称为第二能级组，依此类推，可以有多个能级组。以后会了解“能级组”与元素周期表的“周期”是相对应的。

（3）能级图　和能级一样，能级组也是按照能量由低到高的顺序排列，得到的排列图称为能级图，如图 8-2 所示。能级图中每一个长方形线框表示一个能级组，每一个小圆圈代表一个原子轨道，每个小圆圈所在位置的高低就表示这个轨道能量的高低（但并未按真实比例绘出）。从图 8-2 中可见每一个能级组都是由 s 能级开始，以 p 能级结束。

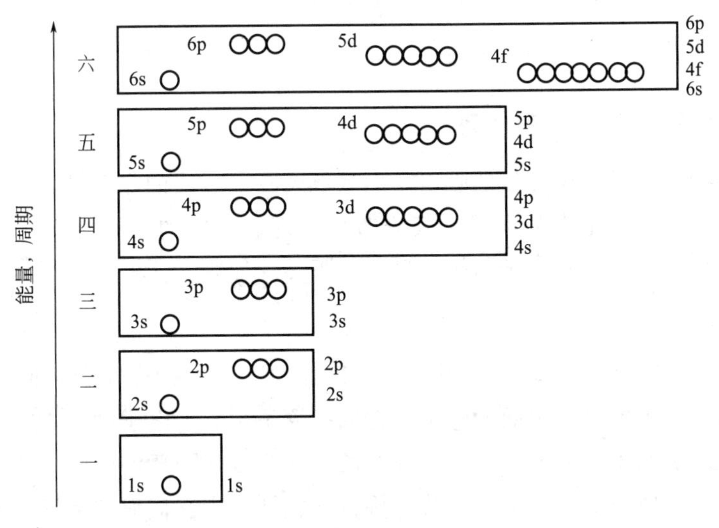

图 8-2　原子轨道近似能级图

（4）能级能量高低比较

① 如果 n 不同，而 l 相同，则 n 值越大，能级的能量越高。

如：$E_{1s}<E_{2s}<E_{3s}<E_{4s}\cdots$

② 如果 n 相同，而 l 不同，则 l 值越大，能级的能量越高。

如：$E_{4s}<E_{4p}<E_{4d}<E_{4f}\cdots$

③ 如果 n 和 l 都不同，则可由公式 $E=n+0.7l$ 求算能级的能量，E 值越大，能级能量越高。如：$E_{4s}=4+0.7\times0=4$，$E_{3d}=3+0.7\times2=4.4$，即 $E_{4s}<E_{3d}$，可见 4s 能级的能量比 3d 能级的能量低。

2. 屏蔽效应和钻穿效应

在多电子原子中，由于原子轨道间的相互排斥使主量子数相同的各轨道的能级不再相等，即多电子原子中的轨道能量由 n、l 决定。主量子数较大的轨道能量反而较主量子数较小的某些轨道能量低，这种现象称为能量交错现象，产生能量交错现象的原因有两个，即屏蔽效应和钻穿效应。

（1）屏蔽效应　在多电子原子中，电子不仅受到原子核的吸引作用，同时还受到其他电子的排斥作用，这种排斥作用会削弱原子核对电子的吸引力。像这种由于电子对另一电子的排斥而抵消了一部分核电荷对电子吸引力的作用称为屏蔽效应（或屏蔽作用）。一般而言，电子层数越大，电子离核的平均距离越远，原子中其他电子对某一电子的屏蔽作用越大，如 3d 的能量高于 4s 的能量。必须注意，外层电子对内层电子没有屏蔽作用。

（2）钻穿效应　在原子核附近出现概率较大的电子可以较多地避免其他电子的屏蔽作用，受到原子核的有效吸引作用较大，能量较低；在原子核附近出现概率较少的电子受到其他电子的屏蔽作用较大，受到原子核的有效吸引较小，能量较高。

外层电子（一般指价电子）在绕核运动的时候，具有渗入原子内部空间而更靠近核的本领称为“钻穿”。电子钻穿的结果可避开其他电子的屏蔽作用，增加了原子核对它的有效吸引，从而降低了电子所处的原子轨道的能量，这种现象称为钻穿效应。如 5s 的能量低于 4d 的能量。

屏蔽效应和钻穿效应是相互联系而又互相制约的，一般来说，钻穿效应大的电子受到其他电子的屏蔽作用较小，电子的能量较低。

三、基态原子中电子分布原理

多电子原子中，电子不仅受核的吸引，而且还存在电子间的相互排斥，这都要影响原子核外电子的排布。但处于基态的电子，其排布仍然遵循一定的排布规则在核外空间高速运动。根据有关理论，原子核外电子的排布遵循以下三条原则。

1. 保利不相容原理

1925 年，奥地利物理学家保利发现：原子核外没有运动状态完全相同的电子，或者说原子核外没有四个量子数完全相同的电子。在同一原子中，若电子的 n、l、m 相同，m_s 则一定不同，即在同一原子轨道上最多可以容纳两个自旋方向相反的电子，这就是保利不相容原理。处于同一原子轨道的两个电子，若自旋方向相同，则它们彼此会互相排斥；若自旋方向相反，则产生的磁场方向相反，彼此吸引，才能稳定共存。

2. 能量最低原理

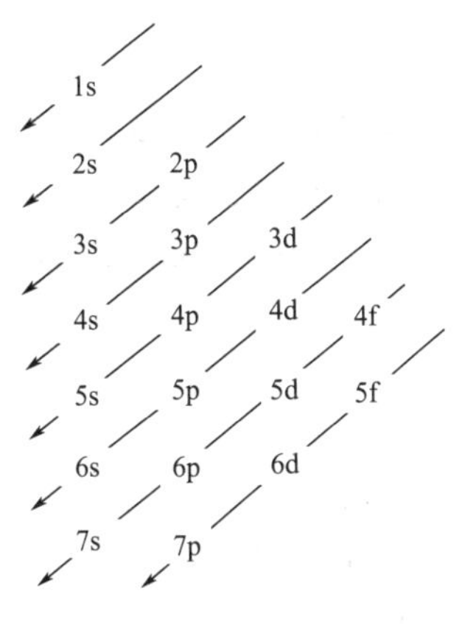

图 8-3　电子排布填入原子轨道的顺序

（1）在不违背保利不相容原理的前提下，电子在原子轨道上的排布，是随着原子序数的递增，电子总优先进入能量最低的轨道，这就是能量最低原理。根据这原理，电子排布在原子轨道上的顺序如图 8-3 所示。

（2）电子排布的表示方法　电子在原子轨道上的排布方式称为电子层结构，简称电子构型，其表示方法通常有三种。

① 轨道表示式　一般用一个方框表示一个原子轨道，用一个箭头表示一个电子，电子填充时按照能级由低到高的顺序，从左向右依次填入各原子轨道。必须注意，亚层符号应标在方框的上端，同一亚层中的简并轨道应并列画在一起。

例如：硫原子电子排布的轨道排布式为：

1s	2s	2p			3s	3p		
↓↑	↓↑	↓↑	↓↑	↓↑	↓↑	↓↑	↑	↑

注意：一般把各亚层的方框画在了同一水平线上，是为了书写简便。按理来说，应该体现出各亚层能量的高低。如 $E_{1s}<E_{2s}<E_{2p}$，在书写轨道式时，2s 的方框应画高些，2p 的方框应画得更高些。

② 电子排布式　先写出各能级符号，再在每一亚层符号右上角用数字注明各亚层中所排列的电子数目。

例如：硫原子电子排布的电子排布式为 $1s^2 2s^2 2p^6 3s^2 3p^4$。

在使用电子排布式时，有时将内层电子构型与稀有气体元素原子的电子构型相同的部分，用该稀有气体元素符号加方括号的形式表示，称为原子实。而剩下的电子排列在原子实的右侧，这种表示方法又称为原子实排布。

例如：硫原子电子排布的原子实排布为[Ne]$3s^2 3p^4$。

③ 价电子层结构式　在原子实排布中，方括号“[　]”外的电子，称为外围电子。外围电子是能量最高能级组中的电子，对应的构型称为外围电子构型。而价电子是指能参与成键的电子，对应的构型称为价电子构型（即价电子层结构）。

例如：硫原子的价电子层结构式为 $3s^2 3p^4$。

元素的化学性质主要取决于价电子构型。价电子也在高能级组中，但价电子不一定都是外围电子。对主族元素来说，价电子构型不一定是外围电子构型。如硫的外围电子构型是 $3s^2 3p^4$，价电子构型是 $3s^2 3p^4$，两者一致。如溴的外围电子是 $3d^{10} 4s^2 4p^5$，价电子构型是 $4s^2 4p^5$，两者不一致。对于副族元素来说，外围电子构型与价电子构型一致，但不是所有的外围电子都是价电子。如 Ag 的外围电子构型为 $4d^{10} 5s^1$，共有 11 个外围电子，而 Ag 的价电子只有一个，故一般只呈现 +1 氧化态。

课堂互动

请写出氯原子的轨道排布式、电子排布式、原子实排布及价电子层结构式。

3. 洪德规则

用轨道排布式表示电子排布时，处在简并轨道上的电子，应尽量分占不同的轨道，而且自旋方向相同，这就是洪德规则。如碳原子的2p亚层上的2个电子应该分占两个轨道，且自旋方向相同，其电子排布的轨道表示式为：

1s	2s	2p		
↓↑	↓↑	↑	↑	

此外，简并轨道上的电子排布处于全充满、半充满或全空的状态时，具有较低的能量，原子处于较稳定的状态，这是洪德规则的特例。

即　全充满：$p^6d^{10}f^{14}$

　　半充满：$p^3d^5f^7$

　　全　空：$p^0d^0f^0$

实验表明：24号元素铬的电子排布式不是$1s^22s^22p^63s^23p^63d^44s^2$，而是$1s^22s^22p^63s^23p^63d^54s^1$，$3d^5$为半充满。29号元素铜的电子排布式不是$1s^22s^22p^63s^23p^63d^94s^2$，而是$1s^22s^22p^63s^23p^63d^{10}4s^1$，$3d^{10}$为全充满。

大多数元素的电子层结构符合以上三条电子排布规律，但少数例外。如^{41}Nb、^{44}Ru、^{45}Rh、^{46}Pd、^{78}Pt以及一些镧系和锕系元素，它们的电子排布是由光谱实验结果确定的。

唐敖庆

唐敖庆（1915—2008），中国理论化学的开拓者和奠基人，被誉为“中国量子化学之父”。唐敖庆出身贫寒，受当时国情的影响，他年少勤奋，立志成为一名化学家，科学救国。求学期间，辗转多地，为学习最先进的技术，他去美国哥伦比亚大学攻读博士学位，超负荷的学习强度和艰苦的思维活动，使他的视力严重衰退，眼睛近视到千度以上。在顺利获得博士学位之后，美国政府竭力挽留他在美国从事科研工作，他说“我知道我的祖国现在是满目疮痍，百废待兴，但爱国者是不会嫌弃他的祖国贫困的，改变祖国贫困落后的面貌，正是每个爱国者义不容辞的责任”。经历重重困难，他回到了中国，在北京大学任教，随后，他放弃北大优厚的条件，响应国家号召开拓东北学术阵地，举家迁往长春，在东北人民大学（今吉林大学）担任教授，创建了化学系，从一无所有到如今大名鼎鼎的吉林大学化学系，唐敖庆功不可没，付出了毕生心血。作为中国现代理论化学研究的奠基人，唐敖庆先生为中国科研事业发展和国际影响力提升做出了突出贡献；作为矢志不渝、自强不息的开拓者，唐敖庆先生伟大的爱国精神和奉献情怀为世人留下了光辉典范。

第二节　电子层结构与元素周期律

科学家们通过对原子核外电子运动状态及元素性质的研究发现，元素按原子序数排列成序后，随着原子序数的递增，它们的原子核外电子排布、原子半径、电负性、化合价（或氧化数）等性质具有周期性变化。这种元素的性质随着元素原子序数的递增而呈现周期性变化的规律，称为元素周期律。元素的化学性质主要取决于原子的最外层电子构型，而最外层电子构型又取决于核电荷数和核外电子排布的规律。可见元素周期律是原子内部结构周期性变化的反应，即原子电子层结构的周期性变化决定了元素性质的周期性变化。

一、元素周期表的结构

元素周期表的结构

根据元素原子电子层结构的周期性变化，按原子序数递增的顺序从左到右，将电子层数相同的元素排成横行，将不同横行中最外电子层上电子数目相同的元素按电子层数递增的顺序由上而下排成纵行，所制得的一张表，称为元素周期表。

1. 周期

具有相同电子层数而又按原子序数递增顺序排列的一系列元素，称为一个周期。元素周期表中有 7 个横行，每一横行即一个周期。可见周期序数等于该周期元素原子核外的电子层数（或能级组数）。

周期序数＝最外电子层序数＝核外电子所处的最高能级组序数。

第 1 周期有 2 种元素，第 2、3 周期各有 8 种元素，即第 1、2、3 为短周期；第 4、5 周期中各有 18 种元素，第 6、7 周期各有 32 种元素，即第 4、5、6、7 周期为长周期。元素周期表中，57 号元素镧至 71 号元素镥，共有 15 种元素，合在元素镧同一方格中，称为镧系元素；89 号元素锕至 103 号元素铹，共有 15 种元素，合在元素锕同一方格中。镧系和锕系分别单列在元素周期表的下方。注意，镧系、锕系元素合在一起是因其结构和性质十分相似，为使周期表紧凑而为的，实际也是各占一格。

2. 族

元素周期表中共有 18 列，分为 16 个族，族的序数用罗马数字表示。其中铁、钴、镍所在的三列合为一族，其他每一列为一个族。16 个族中，有 8 个主族，8 个副族。

（1）主族　由短周期和长周期共同组成的族称为主族。用符号 A 表示，包括ⅠA～ⅧA，共 8 个族。如钠是主族元素，表示为ⅠA 族。

主族元素的族序数＝元素原子最外层的电子数＝主族元素的最高价氧化数。

主族元素的价电子构型为 $n\mathrm{s}^{1\sim2}$ 或 $n\mathrm{s}^2n\mathrm{p}^{1\sim6}$；同一主族元素的价电子构型相同，故其化学性质相似。

（2）副族　只由长周期元素组成的族称为副族。用符号 B 表示，包括ⅠB～ⅧB，共 8 个族。如锌是副族元素，表示为ⅡB 族。

最外层的 ns 和次外层的（$n-1$）d 能级上电子为价电子，价电子构型一般为 $(n-1)\mathrm{d}^{1\sim10}n\mathrm{s}^{1\sim2}$。

ⅢB 到ⅦB 族元素原子的价电子总数等于其族序号。同一副族元素具有相似的化学性质。

副族元素还可称为过渡元素。过渡元素都是金属元素，它们呈现多种氧化态，性质比主族元素复杂。

大多数过渡元素的族序数与价电子构型和电子数关系如下：

①（$n-1$）d 亚层电子已充满的元素，其族序数等于最外层电子数。

②（$n-1$）d 亚层电子未充满的元素，其族序数等于（$n-1$）d 和 ns 电子数之和。

③ 镧系和锕系都属于第ⅢB 族。

3. 区

根据元素原子外围电子构型，将元素周期表分为 s、p、d、f 共四个区，如表 8-5 所示。

表 8-5 元素周期表分区表

周期	ⅠA	ⅡA	ⅢB	ⅣB	ⅤB	ⅥB	ⅦB	ⅧB	ⅠB	ⅡB	ⅢA	ⅣA	ⅤA	ⅥA	ⅦA	ⅧA
1																
2																
3																
4	s区															
5													p区			
6						d区										
7																

f区

（1）s 区　包括ⅠA 和ⅡA 族元素，其价电子构型是 ns^1 或 ns^2。该区元素原子容易失去最外层电子，都是活泼的金属元素。

（2）p 区　包括ⅢA～ⅧA 族元素，其价电子层构型为 $ns^2np^1 \sim ns^2np^6$（He 除外）。该区元素大多是非金属元素。

（3）d 区　包括ⅠB～ⅧB 族的元素，其价电子层构型为 $(n-1)d^{1\sim10}ns^{1\sim2}$。该区元素都是过渡元素。该区元素中ⅠB 和ⅡB 族的元素又称为 ds 区元素，其价电子层构型为 $(n-1)d^{10}ns^{1\sim2}$。

（4）f 区　包括镧系和锕系的元素，其价电子层构型为 $(n-2)f^{1\sim14}(n-1)d^{0\sim2}ns^2$。该区元素都是过渡元素。

由此可见，原子的电子层结构与元素周期表的关系十分密切。一般来说，若知道元素的原子序数，便可以知道其原子的电子层结构，从而判断它所在的周期和族。反之，若知道某元素所在的周期和族，便可写出该元素原子的电子结构，也能推知它的原子序数。

【例 8-3】 已知某元素的原子序数为 35，试写出该元素原子的电子排布式，并指出它在周期表中的位置。

解　该元素的原子核外有 35 个电子，它的电子排布式为 $1s^2 2s^2 2p^6 3s^2 3p^6 3d^{10} 4s^2 4p^5$。

由电子排布式可知，其价电子构型为 $4s^2 4p^5$，符合 $ns^2np^{1\sim5}$ 构型，是主族元素，且是 p 区元素。

由于　　周期数＝电子层数＝4

　　　　族数＝最外层电子数＝2＋5＝7

因此 35 号元素在周期表中的位置是第 4 周期，第ⅦA 族。

试写出原子序数为 33 的元素原子的电子排布式，并指出它在周期表中的位置。

二、元素性质的周期性

结构决定性质，元素原子的电子排布呈周期性变化决定了元素性质的周期性变化。现将3～18号元素性质列于表8-6。

表8-6　3～18号元素性质的周期性变化

原子序数	3	4	5	6	7	8	9	10
元素名称	锂	铍	硼	碳	氮	氧	氟	氖
元素符号	Li	Be	B	C	N	O	F	Ne
外围电子构型	$2s^1$	$2s^2$	$2s^22p^1$	$2s^22p^2$	$2s^22p^3$	$2s^22p^4$	$2s^22p^5$	$2s^22p^6$
原子半径/10^{-10}m	1.52	1.113	0.88	0.77	0.7	0.66	0.64	1.60
金属性和非金属性	活泼金属	两性元素	不活泼非金属	非金属	活泼非金属	很活泼非金属	最活泼非金属	稀有气体
化合价	+1	+2	+3	+4 −4	+5 −3	−2	−1	0
电负性	1.0	1.6	2.0	2.6	3.0	3.4	4.0	
原子序数	11	12	13	14	15	16	17	18
元素名称	钠	镁	铝	硅	磷	硫	氯	氩
元素符号	Na	Mg	Al	Si	P	S	Cl	Ar
外围电子构型	$3s^1$	$3s^2$	$3s^23p^1$	$3s^23p^2$	$3s^23p^3$	$3s^23p^4$	$3s^23p^5$	$3s^23p^6$
原子半径/10^{-10}m	1.537	1.60	1.43	1.17	1.10	1.04	0.99	1.92
金属性和非金属性	很活泼金属	活泼金属	两性元素	不活泼非金属	非金属	活泼非金属	很活泼非金属	稀有气体
化合价	+1	+2	+3	+4 −4	+5 −3	+6 −2	+7 −1	0
电负性	0.9	1.3	1.6	1.9	2.2	2.6	3.2	

1. 原子半径（r）

（1）原子半径的分类　核外电子绕核高速运动没有确定的边界，因此原子半径的大小无法直接测定。通常根据原子存在的形式，将原子半径分为以下三种。

① 金属半径　指金属单质的晶体中，相邻两原子核间距离的一半。

② 共价半径　指同种元素的两原子以共价单键相结合时，两原子核间距离的一半。

③ 范德华半径　指分子晶体中，相邻两分子的两原子核间距离的一半。稀有气体元素的原子半径是范德华半径。

一般而言，共价半径最小，金属半径其次，范德华半径最大。

（2）原子半径的递变规律　从表8-6可知，随着原子序数的递增，元素的原子半径总是由大到小呈周期性变化。同一周期，从左到右，原子半径逐渐减小。这是因为同一周期，从左到右，元素的原子序数逐渐增大，核电荷数逐渐增加，原子核对外层电子的吸引能力逐渐增强；同一主族，从上到下，原子半径逐渐增大。这是因为同一主族，从上到下，元素原子的电子层数和核电荷数都在增加，但前者是主要影响因素，核电荷数的影响减小，电子离原子核的距离逐渐变远。

2. 解离能（I）

基态气体原子失去最外层一个电子成为气态+1 价正离子所需的最小能量称为该元素的第一解离能，符号为 I，单位为 kJ/mol。再从正离子相继逐个失去电子所需的最小能量则称为第二、第三、……解离能，通常 $I_1 < I_2 < I_3 \cdots$。元素的第一解离能见表 8-7 所示。

表 8-7　元素的第一解离能（单位：kJ/mol）

H 1312																	He 2372
Li 520	Be 899											B 801	C 1086	N 1402	O 1314	F 1631	Ne 2081
Na 496	Mg 738											Al 578	Si 786	P 1012	S 1000	Cl 1251	Ar 1521
K 419	Ca 590	Sc 631	Ti 658	V 650	Cr 623	Mn 717	Fe 759	Co 758	Ni 737	Cu 745	Zn 906	Ga 579	Ge 762	As 947	Se 941	Br 1140	Kr 1351
Rb 403	Sr 550	Y 616	Zr 660	Nb 664	Mo 685	Tc 702	Ru 711	Rh 720	Pd 805	Ag 804	Cd 868	In 558	Sn 709	Sb 834	Te 869	I 1008	Xe 1170
Cs 376	Ba 503	Lu 523	Hf 675	Ta 761	W 770	Re 760	Os 839	Ir 878	Pt 868	Au 890	Hg 1007	Tl 589	Rb 716	Bi 703	Po 812	At 917	Rn 1041
Fr 386	Ra 509																

元素的解离能大小能反映出该元素的金属性强弱及其原子失去电子的难易。解离能越大，表明该元素金属性越弱，其原子越难失电子；解离能越小，表明该元素金属性越强，其原子越易失电子。可见解离能是衡量元素金属性强弱的一个重要参数。

解离能的大小主要取决于原子的有效核电荷数、原子半径和原子的电子层构型。一般而言，原子半径越大，有效核电荷数越小，解离能就越小；原子半径越小，有效核电荷数越大，解离能就越大。电子构型越稳定，解离能也越大。

同一周期，从左到右，随着原子序数的增加，元素的第一解离能 I_1 总体趋势是逐渐增大的，但有些元素的解离能比元素周期表中处于其右侧元素的解离能反而略高。如氮的第一解离能 I_1 大于氧的第一解离能 I_1，是因为氮原子的电子排布处于较稳定的半充满状态。同样，同一周期中，稀有气体元素的解离能最大，是因为稀有气体元素原子的电子排布处于稳定的全充满状态。

3. 电子亲和能（E）

基态气体原子得到一个电子形成−1 价气态阴离子所放出的能量称为该元素的电子亲和能，用符号 E 表示，单位为 kJ/mol。再从负离子得到电子所放出的能量为 E_2、E_3 等。

元素的电子亲和能大小能反映出该元素的非金属性强弱及其原子得到电子的难易。元素的电子亲和能越大，表明该元素的非金属性就越强，其原子越易得到电子；元素的电子亲和能越小，表明该元素的非金属性就越弱，其原子越难得到电子。可见电子亲和能是衡量元素非金属性强弱的一个重要参数。

电子亲和能的大小主要取决于原子的有效核电荷数、原子半径和原子的电子层构型。一般而言，原子半径越大，有效核电荷数越小，电子亲和能就越小；原子半径越小，有效核电荷数越大，电子亲和能就越大。电子构型越稳定，电子亲和能也越大。

同一周期，从左到右，随着原子序数的增加，元素的第一电子亲和能总体趋势是逐渐增大的，但ⅡA、ⅤA、ⅧA 族例外。如元素氮，在得到电子时，破坏了其稳定的半充满结构，使得氮的电子亲和能是吸收能量的。

4. 电负性（χ）

1932 年，美国化学家鲍林提出了电负性的概念，他指出“元素的电负性是指元素的原子在分子中吸引电子的能力。”鲍林还指定了氟的电负性为 4.0，然后通过对比求出了其他元素的电负性数值，如表 8-8 所示。

表 8-8 元素的相对电负性

H 2.1										He
Li 1.0	Be 1.5				B 2.0	C 2.5	N 3.0	O 3.5	F 4.0	Ne
Na 0.9	Mg 1.2				Al 1.5	Si 1.8	P 2.1	S 2.5	Cl 3.6	Ar
K 0.9	Ca 1.5	Se 1.8		Zn 2.8	Ga 0.8	Ge 1.0	As 1.3	Se 1.5	Br 1.6	Kr
Rb 0.9	Sr 1.0	Y 1.2	…	Cd 1.7	In 1.7	Sn 1.8	Sb 1.9	Te 2.1	I 2.5	Xe
Cs 0.7	Ba 0.8	La 1.1	…	Hg 1.9	Tl 1.8	Pb 1.8	Bi 1.9	Po 2.0	At 2.2	Rn

元素电负性越大，表明该元素原子在分子中吸引电子的能力越强，即元素的非金属性越强。反之，则元素的非金属性越弱。一般，$\chi>2.0$ 的为非金属元素，$\chi<2.0$ 为金属元素。

由表 8-8 所知，元素的电负性随着原子序数的递增也呈现周期性变化。电负性又是一个衡量元素金属性、非金属性强弱的一个重要参数。除了稀有气体元素以外，电负性最大的元素是位于元素周期表中右上角的氟，电负性最小的是位于元素周期表中左下角的铯。

综上所述，元素周期表中的同一周期，从左至右，随着原子序数的递增，元素的解离能、电子亲和能和电负性逐渐增大，表明元素的金属性逐渐减弱而非金属性逐渐增强。元素周期表中的同一主族，自上而下，随着原子序数的增加，元素的解离能、电子亲和能和电负性逐渐减小，表明元素的金属性逐渐增强而非金属性逐渐减弱。元素周期表中主族元素性质的变化规律和它们的位置关系见表 8-9 所示。

表 8-9 主族元素性质的递变规律

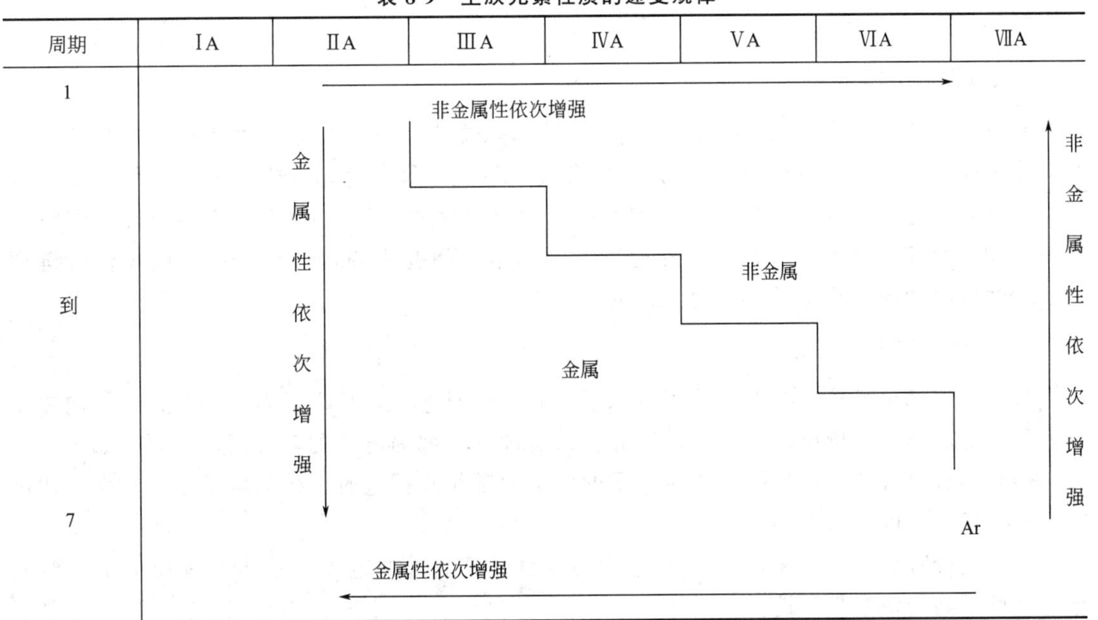

知识拓展

元素周期律的发现

1869 年，俄国化学家门捷列夫在批判地继承前人工作的基础上，对大量实验事实进行了订正、分析和概括，总结出这样一条规律：元素（以及由它所形成的单质和化合物）的性质随着原子量的递增而呈周期性的变化，这就是最初的元素周期律。他根据元素周期律编制了第一张元素周期表，把当时已经发现的 63 种元素全部列入表里。他预言了与硼、铝、硅相似的未知元素（门捷列夫叫它类硼、类铝和类硅，即以后发现的钪、镓、锗）的性质，还为这些元素在表中留下空位。他在周期表中没有机械地完全按照原子量数值大小的顺序排列，并指出当时测定的某些元素原子量的数值可能有错误。若干年后，他的预言和推测都得到了证实。门捷列夫工作的成功，引起了科学界的震动。人们为了纪念他的功绩，就把元素周期律和元素周期表称为门捷列夫元素周期律和门捷列夫元素周期表。但由于时代的局限，门捷列夫揭示的元素内在联系的规律还是初步的，他未能认识到形成元素性质周期性变化的根本原因。

第三节　分子结构

分子是组成物质并决定物质化学性质的微粒，是物质参加化学反应的基本单元。分子的性质是由分子结构决定的，分子结构主要研究分子内原子与原子间的结合方式、各原子在空间的相对位置以及分子与分子间的相互作用。我们把分子中相邻原子间的强烈相互作用称为化学键。根据分子中原子间的相互作用方式不同，化学键主要分为离子键、共价键、金属键三种类型。这些内容我们在中学已经初步学习过了，现在进一步学习分子结构及分子间相互作用的有关知识。

一、现代价键理论

经典的共价键理论是 1916 年美国化学家路易斯提出的共价学说（共用电子对理论，即八隅律理论），它只能解释一些简单分子的形成，不能解释能稳定存在的非八隅体分子，也不能解释共价键的特点和分子的几何构型。为了解决这些矛盾，1927 年德国物理家海特勒和波兰物理学家伦敦以量子力学原理处理氢分子结构问题为开端而建立起来的现代价键理论，对共价键的形成和本质有了更深入的认识。

1. 现代价键理论的要点

现代价键理论是建立在形成分子的原子应有未成对电子，且未成对电子在自旋方向相反时才可以配对形成共价键的基础上，因此，价键理论又称为电子配对理论。其要点如下：

（1）具有自旋方向相反的未成对电子的两个原子相互接近时，核间电子密度较大，才可以配对形成稳定的共价键。

（2）共价键数目取决于原子中单电子的数目。已成键的电子不能再与其他电子配对成键，这就是共价键的饱和性。

（3）在形成共价键时，共价键尽可能沿着原子轨道最大重叠的方向形成，即最大重叠原理。成键电子的原子轨道重叠越多，形成的共价键越牢固，分子的能量才最低。这就是共价键的方向性。

2. 共价键的类型

由于原子轨道重叠方式不同，共价键可分为 σ 键和 π 键。

（1）σ 键　成键原子轨道沿键轴（成键原子原子核连线）方向以“头碰头”的方式重叠而形成的共价键称为 σ 键。σ 键的特点是轨道重叠程度大，键较牢固；重叠部分集中于两核之间，并沿键轴对称分布，可任意旋转。形成 σ 键的电子称为 σ 电子。如图 8-4 所示。

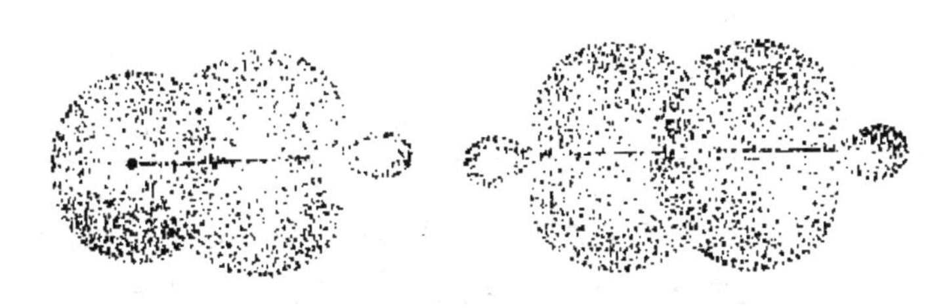

图 8-4　σ 键的形成

（2）π 键　成键原子轨道垂直于两核连线，以“肩并肩”的方式重叠而成的共价键称为 π 键。π 键的特点是原子轨道重叠程度小，不如 σ 键稳定，化学反应中容易断裂；重叠部分分布在键轴的两侧，呈镜面反对称，不能绕轴旋转。形成 π 键的电子称为 π 电子。如图 8-5 所示。

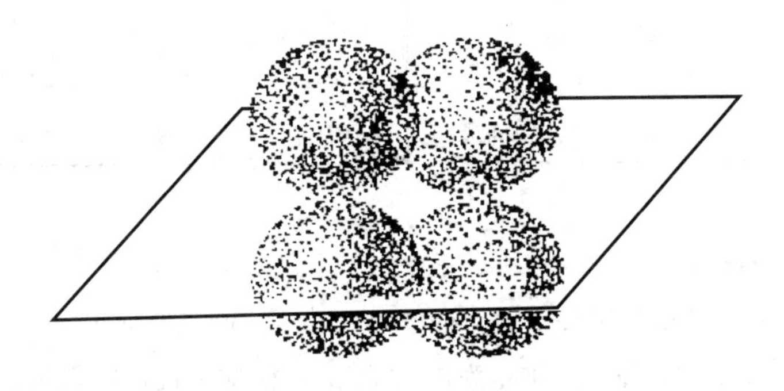

图 8-5　π 键的形成

3. 共价键的参数

凡能表征共价键性质的物理量统称为共价键参数，简称键参数，主要有键长、键能和键角。利用键参数可以判断键的稳定性、分子的几何构型及分子的极性等。

（1）键能（E）　在标准大气压和 298.15K 时，气态物质分子断开 1mol 共价键生成气态原子所需要的能量称为键能，单位为 kJ/mol。一般而言，键能越大，键越牢固，由该键形成的分子越稳定。表 8-10 列出了一些常见共价键的键能。

（2）键长（l）　分子中两个成键原子核间的平均距离称为键长，单位为 pm。一般而言，成键原子间的键长越短，键能越大，键越牢固。表 8-10 列出了一些常见共价键的键长。

表 8-10　一些共价键的键长和键能

共价键	键长/pm	键能/(kJ/mol)	共价键	键长/pm	键能/(kJ/mol)
H—H	74.2	436	F—F	141.8	154.8
H—F	91.8	569	Cl—Cl	198.8	239.7
H—Cl	127.4	431.2	Br—Br	228.4	190.16
H—Br	140.8	362.3	I—I	266.6	148.95
H—I	160.8	294.6	C—C	154	345.6
O—H	96	458.8	C═C	134	623
S—H	134	368	C≡C	120	835.1
N—H	101	376	O═O	120.7	493.59
C—H	109	418	N≡N	109.8	941.69

(3) 键角 (α)　分子中键与键之间的夹角称为键角。键角是表征分子空间结构的重要键参数。对于双原子分子，其空间构型总是直线形的；对于多原子分子，原子在空间的排列方式不同，各键之间的夹角不同，分子的空间构型也不同。表 8-11 列出了一些分子的键长、键角和分子的空间构型。

表 8-11　一些分子的键长、键角和分子的空间构型

分子	键长 l	键角 α	空间构型	分子	键长 l	键角 α	空间构型
$HgCl_2$	234	180°	直线形	SO_3	143	120°	三角形
CO_2	234	180°	直线形	BF_3	131	120°	三角形
H_2O	96	104.5°	角形	NH_3	101.5	107.3°	三角锥形
SO_2	143	119.5°	角形	CH_4	109	109.5°	四面体形

二、杂化轨道理论

现代价键理论较好地解释了分子中共价键的形成和特点，但对部分多原子分子的空间构型无法解释。如 C 原子的核外电子排布为 $1s^2 2s^2 2p^2$，根据现代价键理论，C 原子只能形成两个共价键，但实验测定，CH_4 分子中有 4 个完全相同的 C—H 键，键角为 109°28′，分子空间构型为正四面体。1931 年美国化学家鲍林提出了杂化轨道理论，很好地解释了甲烷等分子的空间构型，发展和完善了现代价键理论。

1. 杂化轨道理论要点

在形成分子过程中，由于原子间的相互影响，同一原子能量相近的几个原子轨道“混合”起来，重新分配能量和空间取向，成为成键能力更强的新原子轨道，这一过程称为杂化。杂化后所形成的新轨道，称为杂化原子轨道，简称杂化轨道。

杂化轨道理论基本要点如下：

(1) 原子在成键时，同一原子中能量相近的原子轨道才能参与杂化并形成杂化轨道。

（2）形成的杂化轨道数等于参与杂化的原子轨道数。

（3）杂化改变了原子轨道的形状、能量和伸展方向，轨道成键能力增强。杂化轨道的形状是一头大，一头小，电子云更集中，更有利于轨道的最大重叠。杂化轨道的取向对称，使成键电子对间距离最远，斥力最小，形成的分子更稳定。

（4）轨道的杂化有等性杂化和不等性杂化两种类型。全部由含单电子的原子轨道或空轨道参加的杂化，称为等性杂化。等性杂化可形成成分和能量都相同的杂化轨道。有含成对电子的原子轨道参加的杂化，称为不等性杂化。不等性杂化可形成成分和能量不完全相同的杂化轨道。

2. 杂化轨道的类型和分子的空间构型

杂化轨道的类型有多种，这里主要介绍 sp 型杂化的三种类型：sp 杂化、sp^2 杂化和 sp^3 杂化。

（1）sp 杂化　同一原子的 1 个 s 轨道和 1 个 p 轨道杂化得到两个等同的 sp 杂化轨道。每个 sp 杂化轨道含有 1/2 的 s 和 1/2 的 p 成分，两轨道间的夹角为 180°，呈直线形。如图 8-6(a) 所示。

$BeCl_2$ 分子在形成时，Be 原子轨道的杂化过程如下：

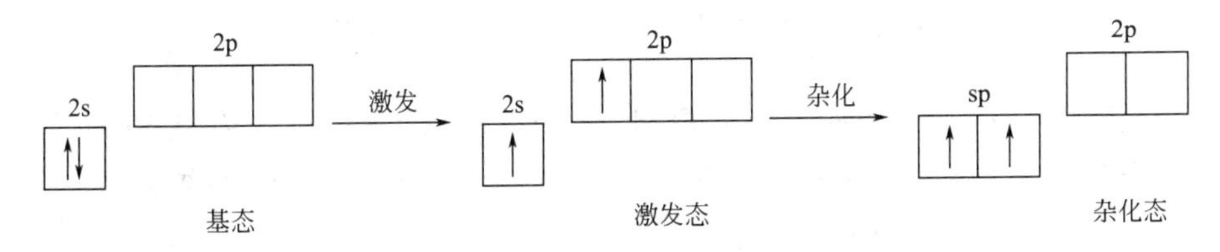

基态 Be 原子外层成对的 1 个 2s 电子被激发到 2p 轨道上，杂化形成 2 个 sp 杂化轨道。Be 原子的每个杂化轨道分别与 1 个 Cl 原子的 3p 轨道重叠，形成 2 个 σ 键，即生成 $BeCl_2$ 分子，因杂化轨道间的夹角为 180°，故 $BeCl_2$ 分子的几何构型是直线形。如图 8-6(b) 所示。

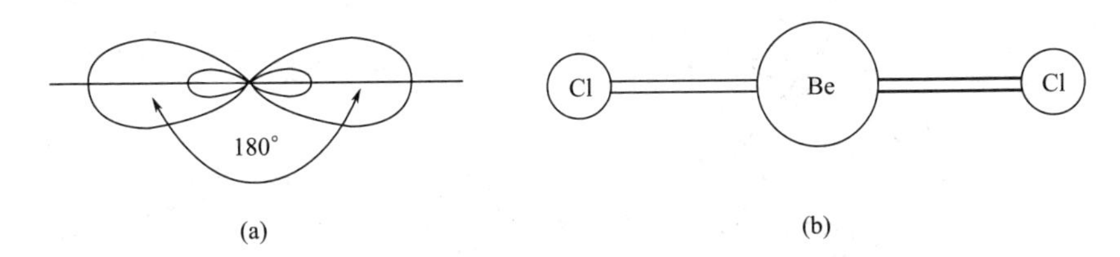

图 8-6　sp 杂化轨道及 $BeCl_2$ 的分子结构示意图

（2）sp^2 杂化　同一原子的 1 个 s 轨道和 2 个 p 轨道杂化得到三个等同的 sp^2 杂化轨道。每个 sp^2 杂化轨道含有 1/3 的 s 和 2/3 的 p 成分，三个轨道处于同一平面，每个轨道间的夹角为 120°，呈正三角形分布。如图 8-7(a) 所示。

BF_3 分子在形成时，B 原子轨道的杂化过程如下：

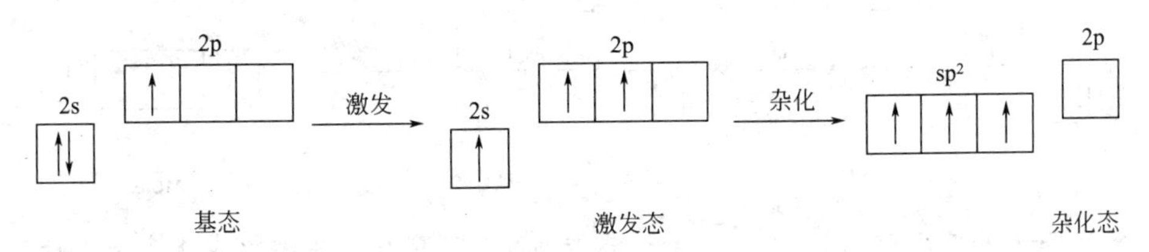

基态 B 原子外层成对的 1 个 2s 电子被激发到 2p 轨道上，杂化形成 3 个 sp^2 杂化轨道。B 原子的每个 sp^2 杂化轨道分别与 1 个 F 原子 2p 轨道重叠，形成 3 个 σ 键，即生成 BF_3 分子。由于 3 个 sp^2 杂化轨道在空间呈正三角形分布，所以 BF_3 分子的几何构型是正三角形。如图 8-7(b) 所示。

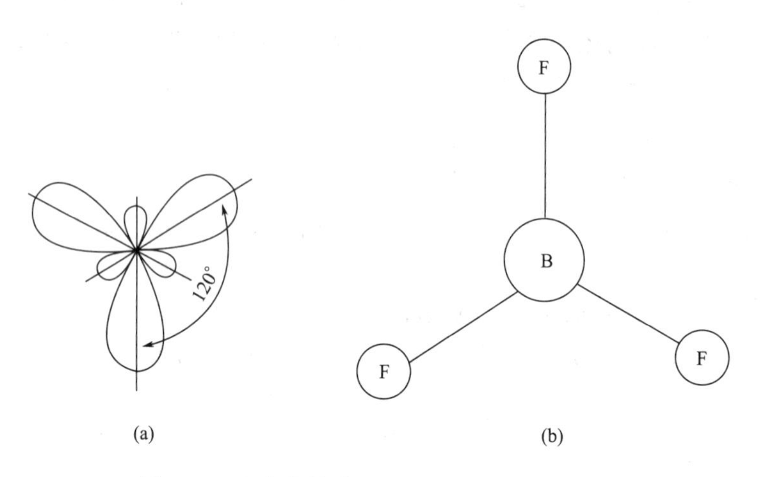

图 8-7　sp^2 杂化轨道及 BF_3 的分子结构示意图

（3）sp^3 杂化　同一原子的 1 个 s 轨道和 3 个 p 轨道杂化得到四个等同的 sp^3 杂化轨道。每个 sp^3 杂化轨道含有 1/4 的 s 和 3/4 的 p 成分，四个轨道在空间呈正四面体分布，轨道间的夹角为 109°28′。如图 8-8(a) 所示。

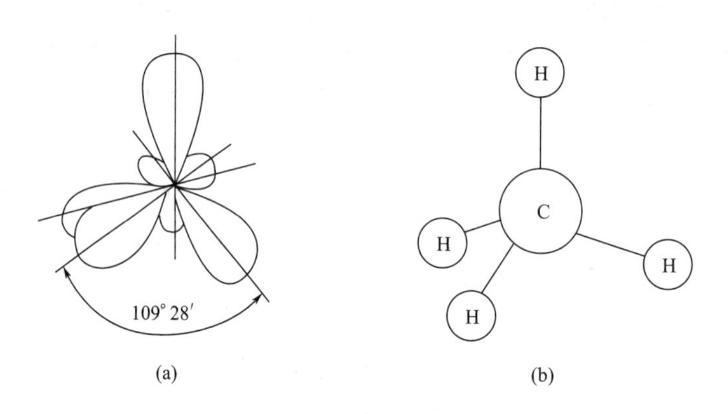

图 8-8　sp^3 杂化轨道及 CH_4 的分子结构示意图

CH_4 分子在形成时，C 原子轨道的杂化过程示意如下：

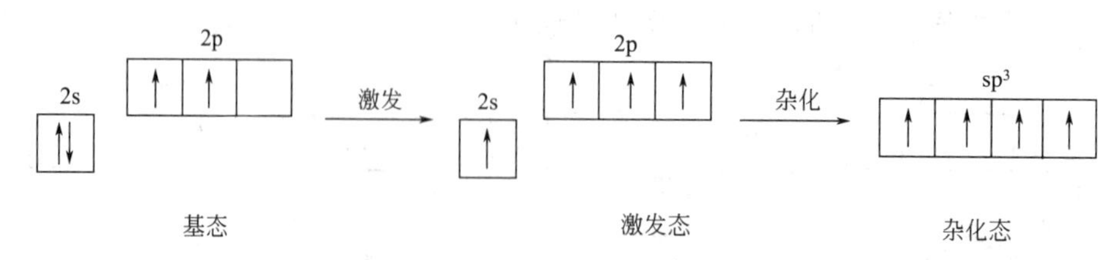

基态 C 原子外层成对的 1 个 2s 电子被激发到 2p 轨道上，杂化形成 4 个 sp^3 杂化轨道。

C 原子的每个 sp^3 杂化轨道分别与 1 个 H 原子的 1s 轨道重叠，形成 4 个 σ 键，即生成 CH_4 分子。由于 4 个 sp^3 杂化轨道在空间呈正四面体分布，所以 CH_4 分子的空间构型为正四面体型。如图 8-8(b) 所示。

(4) 不等性杂化　以上三种杂化轨道中的成分和能量完全相同，这种杂化属于等性杂化。若原子轨道杂化后形成的各杂化轨道成分不完全相同，称为不等性杂化。如在 NH_3 中，N 原子的价电子构型为 $2s^2 2p^3$，当 N 与 H 原子形成分子时，N 原子采用 sp^3 杂化方式，它的 1 个 2s 轨道和 3 个 2p 轨道杂化形成 4 个 sp^3 杂化轨道，其中有 1 个 sp^3 轨道杂化被 N 原子的孤对电子占有，这种有孤对电子参与形成的杂化轨道，其能量和成分不完全相同。由于孤对电子不参与成键，离核较近，对其余成键轨道有较大的排斥作用，所以 N—H 键之间的夹角为 107.3°，分子的空间构型为三角锥形。如图 8-9 所示。

又如在 H_2O 分子的形成过程中，O 原子的 1 个 2s 轨道和 3 个 2p 轨道杂化形成 4 个 sp^3 杂化轨道，其中有 2 个轨道被 O 原子的孤对电子占据。其余 2 个轨道各有 1 个成单电子，分别与 1 个 H 原子成键，形成 2 个 O—H 共价键。由于两对孤对电子的电子云对成键电子的排斥作用，使得 H_2O 分子的键角变为 104°45′，分子空间构型为角形。如图 8-10 所示。

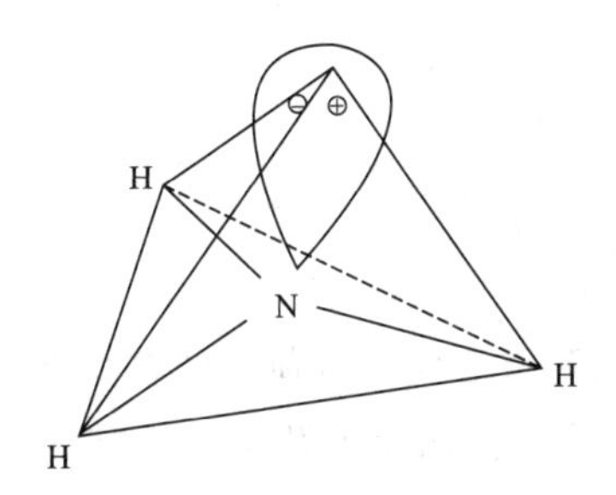

图 8-9　NH_3 分子的空间构型

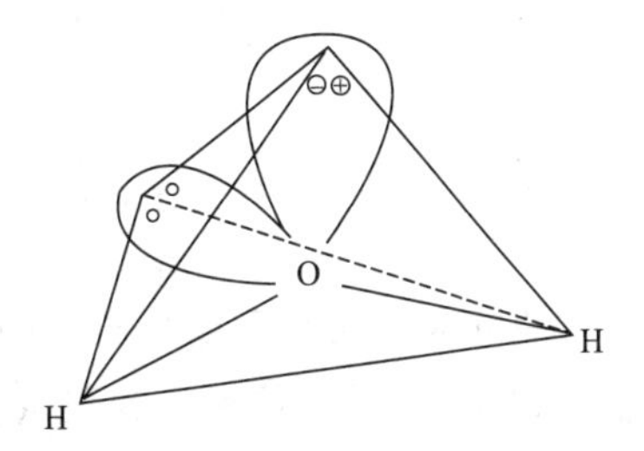

图 8-10　H_2O 分子的空间构型

类似的还有 H_2S、PH_3、NF_3 等分子，其中心原子都采用不等性 sp^3 杂化。

除上述介绍的 sp 杂化形式外，还有 spd 型、dsp 型等杂化形式。

第四节　分子间作用力与氢键

分子中相邻原子之间存在着强烈的相互作用力，即化学键，化学键的键能在 150～650kJ/mol 之间。而分子与分子之间存在着弱的作用力，一般在几十千焦每摩尔。分子间作用力主要包括范德华力和氢键。1873 年荷兰物理学家范德华最先提出分子之间存在作用力，故把这种分子间作用力称为范德华力。范德华力的大小与分子的极性有关。

一、极性分子和非极性分子

全部以共价键相结合的化合物，称为共价化合物。尽管整个分子是电中性的，但受分子空间结构和成键原子类型等因素的影响，分子内部正负电荷分布不一定均匀。分子内部正负电荷分布均匀，正负电荷重心完全重合，这种分子没有极性，称为非极性分子，如 H_2、

N_2、Cl_2 等。分子内部正负电荷分布不均匀，正负电荷重心不重合，这种分子就有极性，称为极性分子，如 HCl、NH_3、H_2O 等。

双原子分子的极性与化学键的极性一致。由非极性键相结合的分子为非极性分子，如 H_2、O_2、N_2 等。由极性键相结合的双原子分子为极性分子，如 HF、HCl、HBr 等。

非极性分子和极性分子

多原子分子的极性除与键的极性有关外，还与分子的空间构型有关。若分子构型对称，键的极性可以抵消的分子，则为非极性分子；若分子构型不对称，键的极性无法抵消的分子，则为极性分子。如 CO_2 分子，分子中化学键 C═O 键是极性键，但由于其分子空间结构是直线形，键的极性可相互抵消，分子中的正负电荷重心重合，故 CO_2 是非极性分子。H_2O 分子中化学键 O—H 键是极性键，分子的空间结构是角型，呈不对称结构，键的极性不能相互抵消，分子中的正负电荷中心不重合，故 H_2O 是极性分子。如图 8-11 所示。

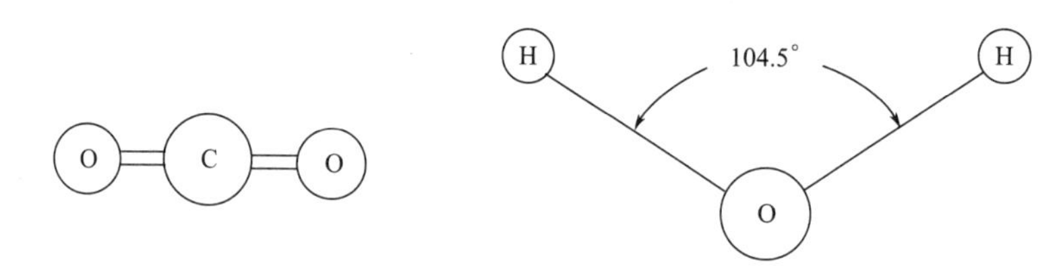

图 8-11　CO_2、H_2O 分子的空间构型

分子极性的大小与正负电荷重心间的距离和正负电荷重心所带电荷量的多少有关，可以用偶极矩（μ）来表示。偶极矩为矢量，方向由正电荷重心指向负电荷重心，其大小等于正（负）电荷重心所带的电荷量 q（单位为 C）与正负电荷重心间的距离 l（单位为 m）的乘积，即 $\mu=ql$，其单位为 C・m。

若偶极矩为零，分子为非极性分子；若偶极矩不为零，分子为极性分子。偶极矩越大，分子的极性越强。

二、分子间作用力

分子间作用力即范德华力也是静电引力。按其产生的原因和特性，可分为取向力、诱导力和色散力。

1. 取向力

极性分子与极性分子相互靠近时，一个极性分子的负极与另一个极性分子的正极相互吸引，并按一定的方向产生静电作用，这样使原来处于杂乱无章的极性分子作定向排列（即取向），这种由于极性分子之间通过取向而产生的分子间作用力，称为取向力。

取向力只存在于极性分子之间，取向力的大小取决于极性分子的偶极矩，偶极矩越大，极性越强，取向力越大。如图 8-12 所示。

2. 诱导力

极性分子与非极性分子相互靠近时，极性分子的偶极使非极性分子变形，产生的偶极称为诱导偶极。由诱导偶极与极性分子的固有偶极相吸引产生的作用力，称为诱导力。

诱导力的大小与极性分子的极性大小有关，还与分子的可极化性（变形性）有关。诱导力存在于极性分子与非极性分子之间外，也存在于极性分子之间。如图 8-13 所示。

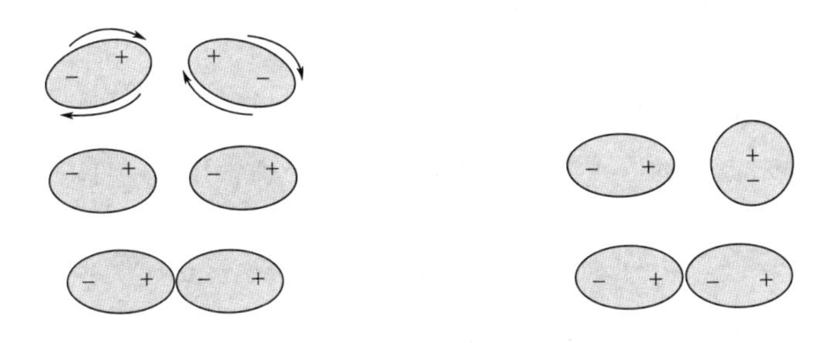

图 8-12　取向力产生示意图　　图 8-13　诱导力产生示意图

3. 色散力

非极性分子之间也存在着作用力。由于分子内原子核的不断振动和电子的不断运动而改变它们的相对位置，在某一瞬间可造成正负电荷重心不重合而产生瞬间偶极。瞬间偶极会使相邻分子在瞬间产生异极相吸的作用力，这种由瞬间偶极所产生的作用力称为色散力。

尽管瞬间偶极存在的时间极短，但原子核和电子在不断运动中，故分子间始终存在色散力。色散力的大小与分子的可极化性有关，可极化性越强，色散力越大。色散力存在于极性分子之间、非极性分子之间及极性分子与非极性分子之间。如图 8-14 所示。

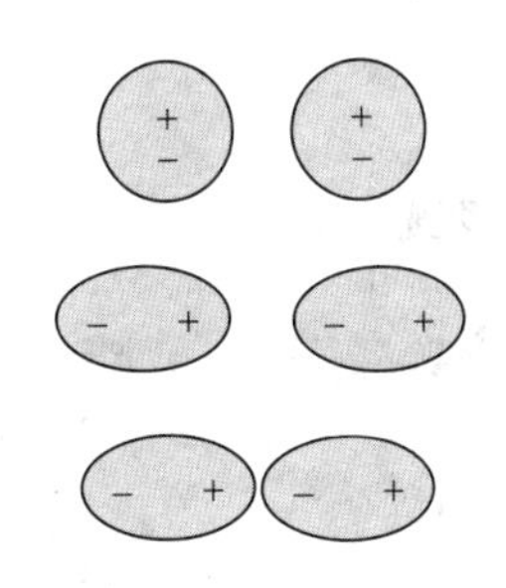

图 8-14　色散力产生示意图

综上所述，非极性分子之间只有色散力；极性分子和非极性分子之间有诱导力和色散力；极性分子和极性分子之间有取向力、诱导力、色散力三种。一般而言，分子间的范德华力以色散力为主。

范德华力对物质的物理性质影响较大。范德华力越大，物质的熔点、沸点越高，硬度越大。极性分子物质间有着较强的取向力，可增强彼此的溶解性。非极性分子物质间有较强的色散力，也可增强彼此的溶解性。

三、氢键

按范德华力对不同物质的物理性质差异所提供的理论解释，水的熔点、沸点应比硫化氢、硒化氢、碲化氢低。但由表 8-12 看到，它的熔点、沸点却最高，其余三个化合物则符合上述规律。同样氟化氢在卤化氢系列中、氨在氮族氢化物中也有类似的反常现象。可见在水、氟化氢和氨中，分子间除范德华力外还存在其他作用力，这种作用力就是氢键。

表 8-12　氧族元素氢化物的熔点和沸点

项目	H_2O	H_2S	H_2Se	H_2Te
沸点/K	373	202	232	271
熔点/K	273	187	212.8	224

1. 氢键的形成

氢键是指与电负性很大而原子半径很小的原子 X 相结合的 H 原子和另一电负性很大而原子半径很小且有孤对电子的原子 Y 之间的相互作用。通常用 X—H┄Y 表示，其中虚线表示氢键。水分子间的氢键如图 8-15 所示。

2. 氢键的特点

（1）氢键仍然属于静电引力，氢键键能为 10～40kJ/mol，比化学键弱，比范德华力强。

（2）氢键有方向性和饱和性。

（3）形成氢键的元素原子应为电负性很大、原子半径很小、有孤对电子的非金属原子，一般为 F、O、N 等原子。

（4）X 和 Y 可以是同种元素，也可以是不同种元素。可见，氢键可在同种分子间形成，如水分子间，如图 8-15 所示；也可在不同种分子间形成，如水分子与氨分子之间，如图 8-16 所示。

氢键的形成

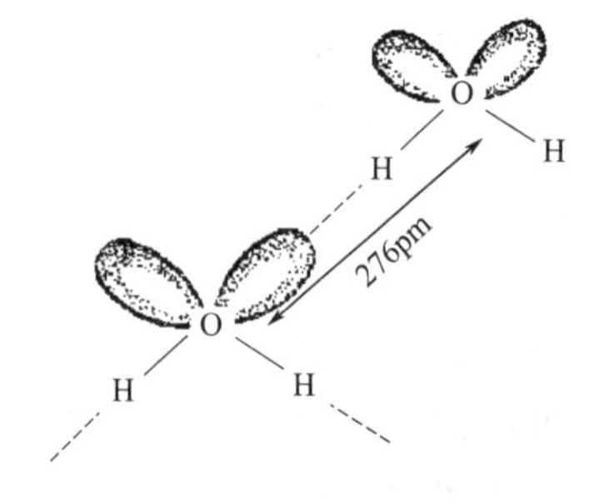

图 8-15　水分子间氢键示意图

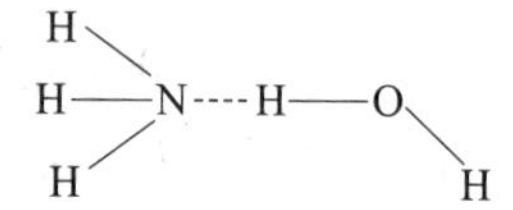

图 8-16　氨分子与水分子间氢键示意图

（5）有分子内与分子间氢键之分。两个分子间形成的氢键称为分子间氢键，如氟化氢、水分子间的氢键等。同一分子内部形成的氢键称为分子内氢键，如邻羟基苯甲酸、邻硝基苯酚分子内的氢键等。

3. 氢键的应用

利用氢键理论可以解释许多实际问题。在物质熔点、沸点方面，如前所述的水、氟化氢和氨的熔点、沸点“反常”就是因为分子间形成氢键而缔合导致的。某些有机化合物芳环上的邻、间、对异构体的熔点、沸点差距大也是因为产生分子间氢键和分子内氢键所致。在溶解性方面，若溶质与溶剂分子间能形成氢键，则其溶解性大。

知识导图

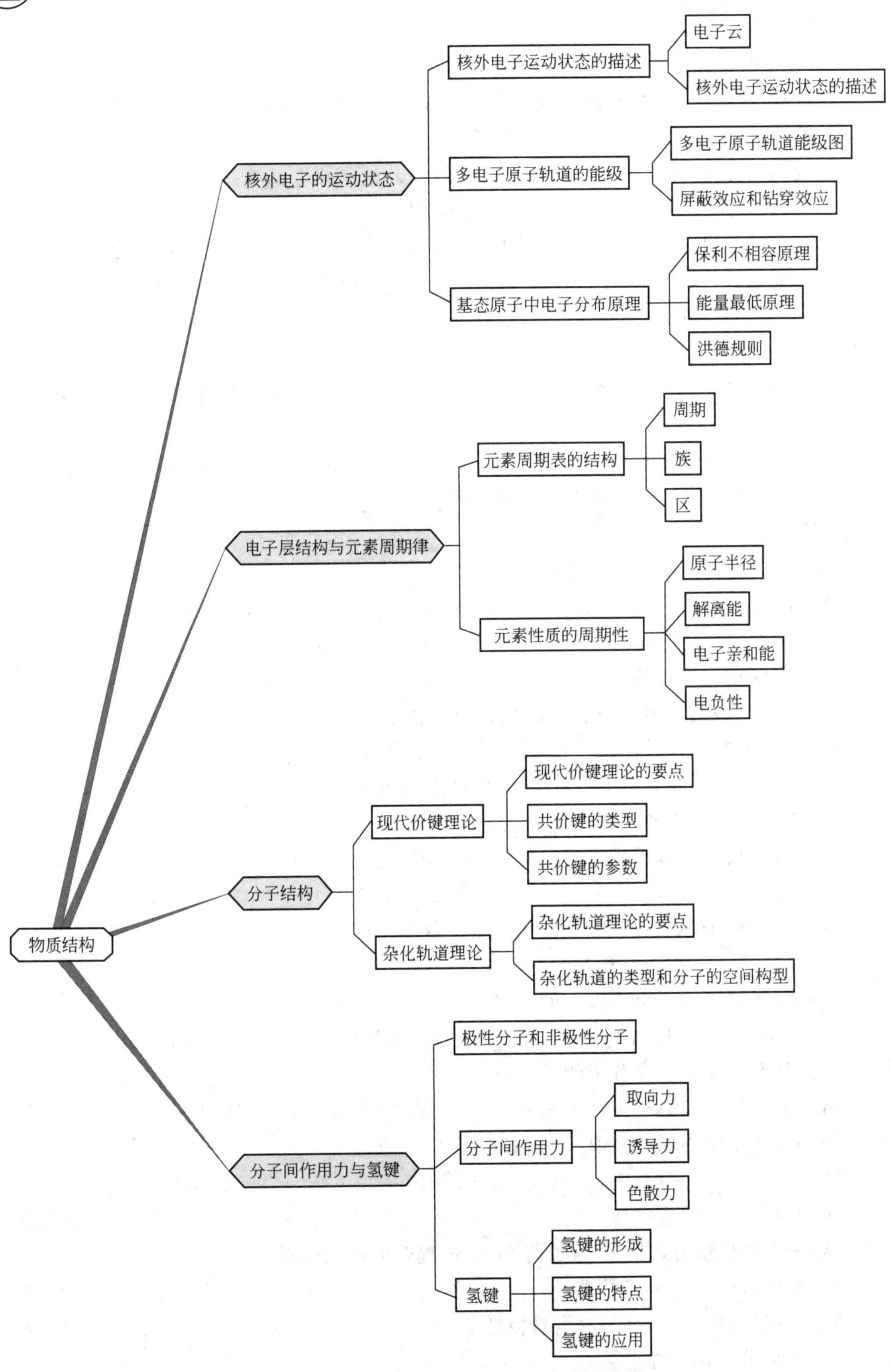
物质结构
核外电子的运动状态
核外电子运动状态的描述
电子云
核外电子运动状态的描述
多电子原子轨道的能级
多电子原子轨道能级图
屏蔽效应和钻穿效应
基态原子中电子分布原理
保利不相容原理
能量最低原理
洪德规则
电子层结构与元素周期律
元素周期表的结构
周期
族
区
元素性质的周期性
原子半径
解离能
电子亲和能
电负性
分子结构
现代价键理论
现代价键理论的要点
共价键的类型
共价键的参数
杂化轨道理论
杂化轨道理论的要点
杂化轨道的类型和分子的空间构型
分子间作用力与氢键
极性分子和非极性分子
分子间作用力
取向力
诱导力
色散力
氢键
氢键的形成
氢键的特点
氢键的应用

综合测试

一、填空题

1. 某元素的基态原子，有量子数 $n=4$、$l=0$、$m=0$ 的一个电子，有 $n=3$、$l=2$ 的 10 个电子，该原子的价层电子构型为________，位于周期表第________周期________族________区。

2. 某元素的原子序数为 24，该元素原子的核外电子排布式为________，该元素处于周期表中________周期和________族，该元素的名称是________。

3. Na、Mg、Al 元素中，第一解离能最大的是________，电负性最大的是________。

4. 元素周期表中电负性最大的元素是________，位于周期表的________，它的非金属性最________；元素周期表中电负性最小的元素是________，位于周期表的________，它的金属性最________。

5. NH_3 分子的中心原子通过________杂化，有________对孤对电子，分子的空间构型为________。

6. CO_2 和 H_2O 分子间作用力有________，H_2 和 CO_2 分子间存在的分子间作用力有________，C_2H_5OH 和 H_2O 分子间作用力有________。

二、选择题

1. $3s^1$ 表示（　　）的一个电子。

A. $n=3$　　B. $n=3$，$l=0$，$m=0$，$m_s=+1/2$ 或 $m_s=-1/2$

C. $n=3$，$l=0$，$m=0$　　D. $n=3$，$l=0$

2. 下列说法中，正确的是（　　）。

A. 主量子数为 1 时，有自旋相反的两个轨道

B. 主量子数为 3 时，3s、3p、3d 共三个轨道

C. 在除氢以外的原子中，2p 能级总是比 2s 能级高

D. 电子云图形中的小黑点代表电子

3. 下列电子层的结构不是卤素的电子层结构的是（　　）。

A. 7　　B. 2，7　　C. 2，8，7　　D. 2，8，18，7

4. 在多电子原子中，决定电子能量的量子数为（　　）。

A. n　　B. n 和 l　　C. n，l 和 m　　D. l

5. 下列能级属于同一个能级组的是（　　）。

A. 3s3p3d　　B. 4s4p4d4f　　C. 6p7s5f6d　　D. 4f5d6s6p

6. 下列分子中属于极性分子的是（　　）。

A. O_2　　B. CO_2　　C. BBr_3　　D. NF_3

7. 下列分子中中心原子采取 sp 杂化的是（　　）。

A. NH_3　　B. CH_4　　C. BF_3　　D. $BeCl_2$

8. 下列说法正确的是（　　）。

A. sp^2 杂化轨道是指 1s 轨道与 2p 轨道混合而成的轨道

B. 氢键只能在分子间形成

C. 由极性键组成的分子一定是极性分子

D. 任何分子都存在色散力

9. H_2O 的沸点高于 H_2S 的主要原因是（　　）。

A. H—O 键的极性大于 H—S 键　B. S 的原子半径大于 O

C. H_2O 分子间氢键的存在　　D. H_2O 的分子量比 H_2S 小

10. 离子 A^{3+} 的电子排布式为 $1s^2 2s^2 2p^6 3s^2 3p^6 3d^5$，该元素位于（　　）。

A. ⅤA 族　　B. ⅤB 族　　C. ⅢB 族　　D. ⅧB 族

三、简答题

1. 某元素的价层电子构型是 $3s^2 3p^4$，判断这个元素在哪个周期？哪个族？哪个区？并说明理由。

2. 若将以下基态原子的电子排布写成下列形式，各违背了什么原理？并改正之。

A. ^5B　$1s^2 2s^3$　B. ^4Be　$1s^2 2p^2$　C. ^7N　$1s^2 2s^2 2p_x^2 2p_y^1$

3. 某元素的原子序数为 35，写出电子排布式，试回答：

(1) 其原子中的电子数是多少？有几个未成对电子？

(2) 其原子中填有电子的电子层、能级组、能级、轨道各有多少？价电子数有几个？

(3) 该元素属于第几周期、第几族？是金属还是非金属？最高氧化数是多少？

（华美玲　龙军）

第八章综合测试参考答案

第九章

配位化合物

配位化合物

知识目标

1. 掌握配位化合物、配离子、配位体、内界、外界的概念。
2. 熟悉影响配位平衡与其他平衡的相互转换。
3. 了解配位化合物在医学上的意义。

技能目标

1. 熟练配位化合物的命名。
2. 解决配位数的计算方式。

素质目标

通过学习配位理论的知识，提升对日常生活中相关知识和医药学相关知识的认知。

配位化合物简称配合物，是一类组成较复杂、发展迅速、应用极为广泛和重要的化合物。配合物不仅在化学领域里得到广泛的应用，而且与生物体的生理活动有着密切的联系。例如，人体血液中起着输送氧作用的血红素，是一种含有亚铁的配合物；维生素 B_{12} 是一种含钴的配合物；人体内各种酶（生物催化剂）分子几乎都含有以配合状态存在的金属元素。因此学习有关配合物的基本知识，对了解生命活动和预防、诊断、治疗、控制疾病有着极为重要的意义。

知识拓展

最早发现的配位化合物

最早发现的配位化合物是亚铁氰化铁（普鲁士蓝）。它是 1704 年普鲁士人狄斯巴赫在染料作坊中为寻找蓝色染料，将兽皮、兽血和碳酸钠在铁锅中强烈煮沸而得到的，后经研究确定其化学式为 $Fe_4[Fe(CN)_6]_3$。

第一节 配位化合物的基本概念

一、配合物的定义

在大量的无机化合物中，有一些化合物是由简单的化合物结合而成的复杂化合物。例如，在硫酸铜溶液中加入氨水，首先可得到浅蓝色碱式硫酸铜$[Cu(OH)]_2SO_4$沉淀，继续加入氨水，则沉淀溶解而得到深蓝色溶液。若向此深蓝色溶液中加入氢氧化钠，得不到氢氧化铜沉淀，同样氨气也不能被检出；加入Ba^{2+}，有白色硫酸钡沉淀生成，检出SO_4^{2-}。显然由于加入过量的氨水，NH_3分子与Cu^{2+}间已发生了某种反应。

微课

配位化合物的生成

经实验（X射线等）研究确定，在上述溶液中生成了深蓝色的复杂离子$[Cu(NH_3)_4]^{2+}$。这说明$CuSO_4$溶液与过量氨水发生了下列反应：

$$CuSO_4+4NH_3 \rightleftharpoons [Cu(NH_3)_4]SO_4$$

又如NaCN、KCN等因含有CN^-而有剧毒，但是亚铁氰化钾$K_4[Fe(CN)_6]$和铁氰化钾$K_3[Fe(CN)_6]$虽然都含有氰根，却没有毒性，这是因为亚铁离子或铁离子与氰根离子结合成牢固的复杂离子，失去了原有的性质，故不显毒性。

$$Fe^{2+}+6CN^- \rightleftharpoons [Fe(CN)_6]^{4-}$$

这种由金属离子(如Cu^{2+}或Fe^{3+})和几个中性分子(如NH_3)或阴离子(如CN^-)结合而成的具有稳定结构的单元称为配离子，如$[Cu(NH_3)_4]^{2+}$、$[Fe(CN)_6]^{3-}$。含有配离子的化合物叫配位化合物，简称配合物。例如$[Cu(NH_3)_4]SO_4$、$K_4[Fe(CN)_6]$、$K_2[HgI_4]$、$[Ag(NH_3)_2]NO_3$等都是配合物。还有一些配合物是由金属原子和中性分子组成的。如五羰基合铁$[Fe(CO)_5]$。

课堂互动

日常生活中，有些食用盐的配料表里含有亚铁氰化钾$[K_4Fe(CN)_6]$，请查阅食用盐中加入亚铁氰化钾的目的是什么？氰化钾为剧毒物质，那添加的亚铁氰化钾在应用时能否分解产生氰化钾对人体产生毒害？

阅读拓展

戴安邦

戴安邦（1901—1999）是我国著名的无机化学家，化学教育家，我国配位化学的开拓者和奠基人（配位化学是在无机化学基础上发展起来的一门边缘学科，它所研究的主要对象为配位化合物）。我国解放后，配位化学的教学和科研几近空白，但随着原子能、石油、航天等工业的需求，配位化学在国外已经得到很大的发展，前苏联、美国等都已将配位化学列入大学课程。戴安邦从我国国情出发，认为要在国内发展配位化学必需把学科建设和人才培养有机结合起来，因此他在国内开拓配位化学研究领域，建立配位化学研究所和配位化学国家重点实验室，大力促进国内外学术交流，培养了众多学术人才，使我国配位化学和无机化学在国际上占有重要地位。他还提倡基础理论应为科学发展服务，为应用研究储备资料和积累力量，他身体力行，不辞劳苦，从实际中找课题，在科研和教书育人方面贡献了一生。他的品德高尚，为后人作出了榜样。为表彰其功绩，被国家授予奖项约20余项，并获得江苏省劳动模范称号。

二、配合物的组成

配合物一般由内界和外界两部分组成。内界即配离子部分，通常写在方括号内，与配离子结合的带相反电荷的离子称为外界，即方括号以外的部分。例如，在$[Cu(NH_3)_4]SO_4$中，四个NH_3和一个Cu^{2+}组成内界，一个SO_4^{2-}为外界。在$K_4[Fe(CN)_6]$中，六个CN^-和一个Fe^{2+}组成内界，四个K^+为外界。

$[Cu(NH_3)_4]SO_4$：中心离子（Cu）与配位体（NH_3）组成内界，SO_4为外界，内界和外界组成配合物。

$K_4[Fe(CN)_6]$：中心离子（Fe）与配位体（CN）组成内界，K_4为外界，外界和内界组成配合物。

在$[Pt(NH_3)_2Cl_4]$中，两个NH_3、四个Cl^-和一个Pt^{4+}构成内界，没有外界。只有内界没有外界的电中性配离子称为配位分子。配合物的内界和外界之间是以离子键相结合，所以在水溶液中配合物的内界和外界是完全解离的。如：

$$[Cu(NH_3)_4]SO_4 = [Cu(NH_3)_4]^{2+} + SO_4^{2-}$$

1. 中心离子(或原子)

位于配离子（或分子）中心位置的离子（或原子）称为中心离子（或原子），也称配合物的形成体。它是配合物的核心部分。常见的中心离子是金属离子，以过渡元素金属离子最多，如Cu^{2+}、Fe^{3+}、Zn^{2+}等；也有中性原子，如$[Fe(CO)_5]$中的Fe原子，还有一些高氧化数的非金属元素，如$[SiF_6]^{2-}$中的Si^{4+}等。

2. 配体和配位原子

在配离子中，同中心离子以配位键相结合的阴离子或中性分子称为配体。$[Cu(NH_3)_4]^{2+}$、$[Pt(NH_3)Cl_4]$中的NH_3、Cl^-都是配体。配体中直接同中心离子结合成键的原子称为配位原子，如NH_3分子中的N原子、Cl原子都是配位原子。配位原子的最外电子层都有孤对电子，主要属于周期表中Ⅴ、Ⅵ、Ⅶ三个主族的元素。

配体按所含配位原子的多少，可分为单齿配体和多齿配体。只有一个配位原子的配体称为单齿配体，如F^-、Cl^-、Br^-、I^-、CN^-、NO_2^-、NH_3、H_2O等。有两个或两个以上配位原子的配体称为多齿配体，如乙二胺（$H_2NCH_2CH_2NH_2$），两个氨基中的N都是配位原子。又如，乙二胺四乙酸根$[(^-OOCCH_2)_2NCH_2CH_2N(CH_2COO^-)_2]$中，除有两个氨基氮是配位原子外，还有四个羟基氧也是配位原子。现将常见的配体列入表9-1。

表9-1 常见的配体

配位原子	配体举例
卤素	F^-,Cl^-,Br^-,I^-
O	H_2O,$RCOO^-$,$C_2O_4^{2-}$(草酸根离子)
N	NH_3,NO(亚硝基),$NH_2CH_2CH_2NH_2$(乙二胺)
C	CN^-(氰根离子)
S	SCN^-(硫氰酸根离子),NCS^-(异硫氰酸根离子)

3. 配位数

在内界里，与中心离子结合的配位原子的数目，叫做该中心离子的配位数。一般中心离子的配位数为 2、4、6、8。最常见的是 4 和 6（见表 9-2）。

表 9-2 常见离子的配位数

配位数	离子
2	Ag^+,Au^+,Cu^{2+}
4	Zn^{2+},Cu^{2+},Ba^{2+},Hg^{2+},Ni^{2+},Co^{2+},Pt^{2+},Pd^{2+},Si^{4+}
6	Fe^{2+},Fe^{3+},Co^{2+},Co^{3+},Cr^{3+},Pt^{4+},Pd^{4+},Al^{3+},Si^{4+},Ca^{2+},Ir^{3+}
8	Pb^{2+},Ba^{2+},Mo^{4+},W^{4+},Ca^{2+}

在计算中心离子的配位数时，一般是先在配合物中确定中心离子和配体，接着找出配位原子的数目。如果配体是单齿的，配体的数目就是该中心离子的配位数。例如，$[Pt(NH_3)_4]Cl_2$ 和 $[Pt(NH_3)_2Cl_2]$ 中的中心离子都是 Pt^{2+}，而配体前者是 NH_3，后者是 NH_3 和 Cl^-，这些配体都是单齿的，因此它们的配位数都是 4。如果配体是多齿的，那么配体的数目为配位原子数×配体数。

分别说出下列配合物的中心离子、配体、配位原子、配位数：

$[Ag(NH_3)_2]Cl$　$Na_4[Fe(CN)_6]$　$[Co(NH_3)_4Cl_2]Cl$

三、配合物的命名

1. 命名原则

配合物的命名与一般无机化合物的命名原则相同：先提阴离子，再提阳离子。若阴离子为简单离子，称“某化某”。若阴离子为复杂离子，称“某酸某”。

内界的命名次序是：配体数－配体名称－合－中心离子（中心离子氧化数）

（1）若内界有多种配体时，则配体的命名顺序是：先无机配体，后有机配体。先阴离子配体，后中性分子配体。

（2）同类配体按配位原子元素符号的英文字母顺序排列。

（3）同类配体中若配体原子相同，则按配体中含原子数的多少来排列。原子数少的排前面，原子数多的排后面。

（4）若配位原子相同，配体中所含原子数也相同，则按在结构式中与配位原子相连的原子元素符号的英文字母顺序排列。

（5）不同配体名称之间以中圆点分开，相同的配体个数用倍数词头二、三、四等数字表示。

2. 命名实例

$[Cu(NH_3)_4]^{2+}$ 四氨合铜(Ⅱ)离子

$[Fe(CN)_6]^{3-}$　六氰合铁(Ⅲ)离子

$[Cu(NH_3)_4]SO_4$　硫酸四氨合铜(Ⅱ)

$Na_4[Fe(CN)_6]$ 六氰合铁(Ⅱ)酸钠

$[Ni(CO)_4]$ 四羰基合镍(0)

$[Co(NH_3)_2(en)_2]Cl_3$　三氯化二氨·二(乙二胺)合钴(Ⅲ)

$[Co(NH_3)_4Cl_2]Cl$　氯化二氯·四氨合钴(Ⅲ)

$[CoCl_2(NH_3)_3(H_2O)]Cl$　氯化二氯·三氨·水合钴(Ⅲ)

四、配合物的分类

1. 简单配合物

由单齿配体与中心离子直接配位形成的配合物称为简单配合物。例如：$[Cu(NH_3)_4]SO_4$、$[Ag(NH_3)_2]Cl$ 等。根据配体种类的多少，又可分为单纯配体配合物，如$[Co(NH_3)_6]Cl$和混合配体配合物，如$[Co(NH_3)_2(H_2O)_2Cl_2]Cl_2$。

2. 螯合物

一个多齿配体通过两个或两个以上的配位原子与中心离子形成具有环状结构的配合物，称为螯合物，也称内配合物。在螯合物中，配位原子像螃蟹的两个大螯一样钳住了中心离子，因此稳定性大大增加。如$[Cu(en)_2]^{2+}$(见图 9-1)：

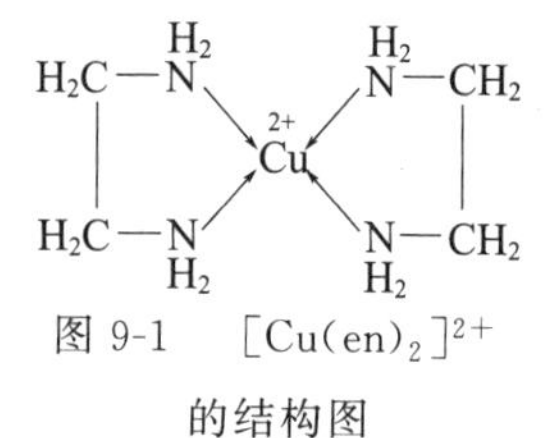

图 9-1　$[Cu(en)_2]^{2+}$的结构图

en 是双齿配体，乙二胺中的两个 N 原子与 Cu^{2+} 结合，形成一个由五个原子组成的环状结构。Cu^{2+} 的配位数为 4，可以与 2 个 en 分子形成 2 个五元环的稳定的离子。这种结构就好像螃蟹的双螯将中心离子钳在中间。这种由中心离子与多齿配体形成的具有环状结构的配合物称为螯合物，也称为内配合物。通常将提供多齿配体的配合剂叫螯合剂。螯合物的环称为螯环。

螯合物与普通配合物的不同在于配体不同。形成螯合物的条件是：

(1) 螯合物的中心离子必须具有能接受孤对电子的空轨道；

(2) 螯合剂必须含有 2 个或 2 个以上的配位原子，以便与中心原子形成环状结构；

(3) 每两个配位原子之间被 2 个或 3 个其他原子隔开，以便形成稳定的五元环或六元环。

知识拓展

常用的螯合剂——EDTA

乙二胺四乙酸（EDTA）为白色粉末、无臭、无味，由于乙二胺四乙酸在水中的溶解度比较小，而其二钠盐在水中的溶解度却比较大。因此，在实际应用中常采用 EDTA 二钠盐（EDTA-2Na）。乙二胺四乙酸及其二钠盐统称为 EDTA。它们的结构如下：

$$(HOOC-CH_2)_2N-CH_2-CH_2-N(CH_2-COOH)_2$$

$$\begin{matrix} NaOOC-CH_2 \\ HOOC-CH_2 \end{matrix} \!\!> N-CH_2-CH_2-N <\!\! \begin{matrix} CH_2-COONa \\ CH_2-COOH \end{matrix} \cdot 2H_2O$$

EDTA是常用的螯合剂，它是六齿配位体，能提供2个氮原子和4个羧基氧原子与金属离子配合，可以用1个分子将需要六配位的金属离子紧紧包裹起来，生成极稳定的产物。其化学结构表示如下：除碱金属离子外，EDTA几乎能与所有的金属离子紧紧包裹起来，形成稳定的金属螯合物（如图9-2所示）。并且，在一般情况下，不论金属离子是几价，1个金属离子都能与1个EDTA酸根（Y^{4-}）形成可溶性的稳定螯合物。因此在分析中常用EDTA作标准液滴定溶液中的金属离子。

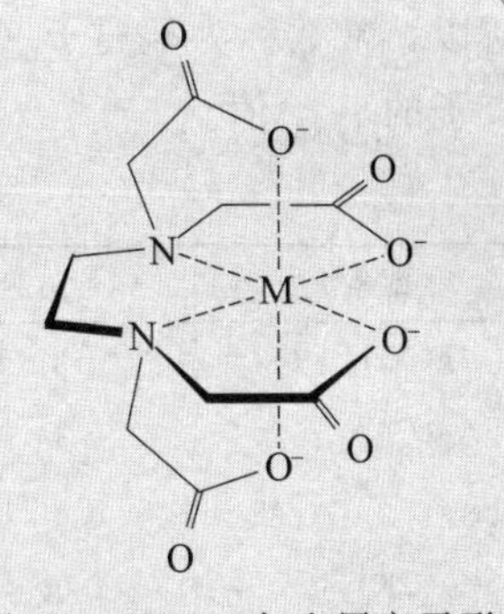

图9-2　EDTA与金属离子形成的螯合物结构图

3. 多核配合物

多核配合物是指一个配合物中有两个或两个以上的中心离子的配合物。在多核配合物中在两个金属离子之间是通过配体"桥联"的，即配体中的一个配位原子同时与两个中心离子结合形成多核配合物，这种配体称为桥联配体，简称桥基。作为桥联配体的是配位原子或基团中孤电子对数在1个以上，能同时与2个或2个以上的金属离子配位。OH^-、Cl^-、H_2O等就可作为桥联配体，如图9-3所示。

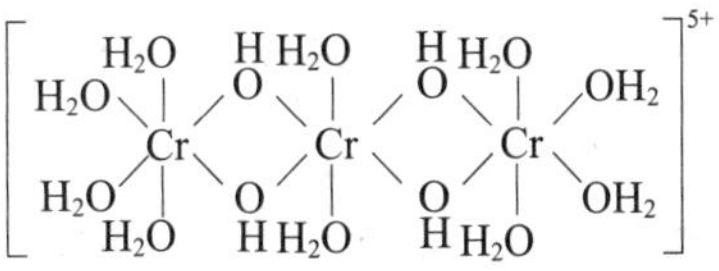

图9-3　多核配合物结构图

第二节　配位平衡

在水溶液中，配位反应和解离反应互为可逆反应，一定温度下，当配位反应和解离反应速率相等时，体系达到动态平衡，这种平衡称为配位平衡。作为化学平衡中的一种，配位平衡同样遵循化学平衡的基本原理。

一、稳定常数

在$CuSO_4$溶液中加入过量的氨水，则有深蓝色的配离子$[Cu(NH_3)_4]^{2+}$生成。若向该溶液中加入NaOH溶液，观察不到氢氧化铜沉淀生成，说明溶液中可能没有或含极少的铜离子；在另一支试管中滴入硫化钠溶液，即有黑色的硫化铜沉淀生成，说明溶液中还有少量的铜离子存在。由此可知，$[Cu(NH_3)_4]^{2+}$配离子在溶液中可微弱地解离出极少量的中心离子和配体。可见，在溶液中配位反应和解离反应同时进行，在一定温度下，当配位反应和解离反应达到动态平衡时，可表示为：

$$Cu^{2+} + 4NH_3 \rightleftharpoons [Cu(NH_3)_4]^{2+}$$

平衡常数表达式为：

$$K_{稳} = \frac{[Cu(NH_3)_4]^{2+}}{[Cu^{2+}][NH_3]^4}$$

该平衡常数越大，说明生成配离子的倾向越大，而解离的倾向越小，即配离子越稳定。所以，常数称为配离子（或配合物）的稳定常数，用 $K_{稳}$ 来表示，表 9-3 列出了一些常见配离子的 $K_{稳}$ 值。

表 9-3　常见配离子的稳定常数

配离子	$K_{稳}$	$\lg K_{稳}$	配离子	$K_{稳}$	$\lg K_{稳}$
$[Ag(NH_3)_2]^+$	1.1×10^{7}	7.05	$[HgI_4]^{2-}$	6.8×10^{29}	29.38
$[Ag(CN)_2]^-$	1.3×10^{21}	21.10	$[Hg(CN)_4]^{2-}$	2.5×10^{41}	41.40
$[Ag(S_2O_3)_2]^{3-}$	2.9×10^{13}	13.46	$[Co(NH_3)_6]^{2+}$	1.3×10^{5}	5.11
$[Cu(CN)_2]^-$	1.0×10^{24}	24.00	$[Cd(NH_3)_6]^{2+}$	1.4×10^{5}	5.15
$[Au(CN)_2]^-$	2.0×10^{38}	38.30	$[Ni(NH_3)_6]^{2+}$	5.5×10^{8}	8.74
$[Cu(NH_3)_4]^{2+}$	2.1×10^{13}	13.32	$[AlF_6]^{3-}$	6.9×10^{19}	19.84
$[Zn(NH_3)_4]^{2+}$	2.9×10^{9}	9.46	$[FeF_6]^{3-}$	2.0×10^{14}	14.30
$[Zn(CN)_4]^{2-}$	5.0×10^{16}	16.70	$[Co(NH_3)_6]^{3+}$	2.0×10^{35}	35.30

二、配位平衡与其他平衡的相互转化

配位平衡与其他化学平衡一样，也是有条件的动态平衡。如果改变平衡体系的条件，平衡就会移动。下面简要讨论溶液 pH、沉淀的生成和溶解，以及其他配体对配位平衡移动或转化的影响。

1. 溶液 pH 的影响

在所有的配合物中，大多数的配体（如 F^-、CN^-、SCN^-、OH^-、NH_3）都是碱，可接受质子，生成难解离的共轭弱碱，如果配体的碱性足够强，溶液的酸度也较强，那么配体会与 H^+ 结合，导致配位平衡向生成配离子的方向移动；另一方面，由于配离子的中心离子大多数是过渡金属离子，在水溶液中容易发生水解，且碱性越强，越有利于中心离子发生水解，导致配位平衡移动。例如：

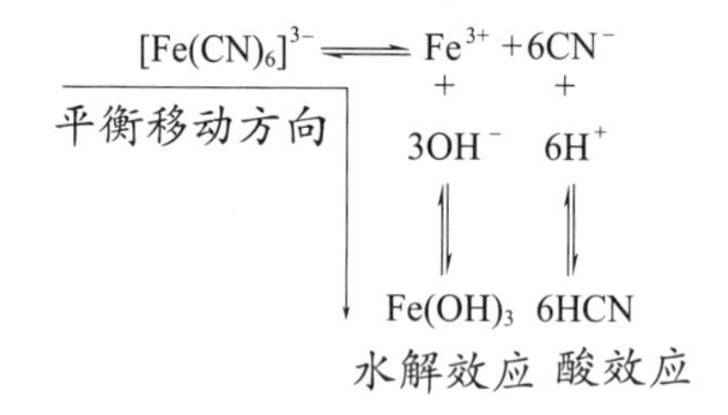

因此，如果要使配离子在溶液中稳定存在，必须使溶液保持适当的 pH。

2. 配位平衡与沉淀平衡的生成和溶解

当溶液体系中同时存在配位剂和沉淀剂时，那么金属离子既能与配位剂发生配位反应，也会与沉淀剂发生沉淀反应，那么究竟以哪种反应为主，这取决于两个因素：配离子的稳定性（$K_{稳}$）和（K_{sp}）。配离子的稳定性越高，难溶物的溶度积越大，则平衡向配位方向移动生成配离子；反之，配离子的稳定性越低，难溶物的溶度积越小，则平衡向生成沉淀的方向进行。例如：

当向含有氯化银沉淀的溶液中加入氨水时，沉淀即溶解。

$$AgCl \rightleftharpoons Cl^- + \boxed{\begin{matrix} Ag^+ \\ + \\ 2NH_3 \end{matrix}} \rightleftharpoons [Ag(NH_3)_2]^+ \quad (\longrightarrow)$$

当在上述溶液中加入溴化钠溶液时，又有淡黄色的沉淀生成。

$$[Ag(NH_3)_2]^+ \rightleftharpoons 2NH_3 + \boxed{\begin{matrix} Ag^+ \\ + \\ Br^- \end{matrix}} \rightleftharpoons AgBr\downarrow \quad (\longrightarrow)$$

前者因加入配位剂 NH_3 而使沉淀平衡转化为配位平衡。后者因加入较强的沉淀剂而使配位平衡转化为沉淀平衡。决定上述反应方向的是 $K_{稳}$ 和 K_{sp} 相对大小，以及配位剂与沉淀剂的浓度。配合物的 $K_{稳}$ 值越大，越易形成相应配合物，沉淀越易溶解；反之，沉淀物的 K_{sp} 越小，则配合物越易解离转变成相应的沉淀。

3. 配位平衡之间的相互转化

当溶液体系中存在多种能与金属离子配位的配位离子时，会发生配位平衡间的相互转化，通常平衡会向生成更稳定的配离子方向移动，对相同配位数的配离子，两者稳定常数相差越大，则转化越完全。例如：

$$[Ag(NH_3)_2]^+ + CN^- \Longrightarrow [Ag(CN)_2]^-$$

若溶液中同时存在 NH_3、CN^- 配体时，由于 $K_{稳,[Ag(CN)_2]^-} = 1.3\times10^{21}$、$K_{稳,[Ag(NH_3)_2]^+} = 2.5\times10^{7}$，所以 $[Ag(NH_3)_2]^+$ 会向 $[Ag(CN)_2]^-$ 转化，转化反应总是向生成 $K_{稳}$ 值大的配离子的方向进行。

知识拓展

配合物在医学上的意义

配合物在自然界存在比较广泛，并且对生命现象有着重要的作用，在医学上有重要的意义。

(1) 配合物在生命过程中起重要作用。例如，人体内输送氧气和运送二氧化碳的血红素就是一种含铁的配合物；对恶性贫血有防治作用的维生素 B_{12} 是一种含钴的配合物；对调节体内的物质代谢（尤其是糖类代谢）有重要作用的胰岛素是含锌的配合物。生物体内还有一类比一般催化剂效能高千万倍，甚至十亿万倍的生物催化剂——酶，大多数是复杂的金属配合物。

(2) 有些药物本身就是配合物。有些用于治疗疾病的某些金属离子，因其毒性、刺激性、难吸收性等不适合临床应用，将它们变成螯合物后就可以降低其毒性和刺激性，帮助吸收。例如，补给缺铁性贫血病人铁质的枸橼酸铁铵，治疗糖尿病的胰岛素，用于抗癌的药物顺二氯二氨合铂（Ⅱ）、氯化二茂铁等。

(3) 有些配位剂可用作有毒元素中毒的解毒剂。例如，二巯基丁二酸钠可以和进入人体内的砷、汞以及某些重金属形成螯合物而解毒。枸橼酸钠可以和铅形成稳定的螯合物，是防治职业性铅中毒的有效药物。

(4) 有些配合物可用作抗凝血剂防止血液凝固。Ca^{2+}是血液凝固的必要条件之一。保存血液时常加入少量的枸橼酸钠，可与血液中的Ca^{2+}结合成稳定的螯合物，从而防止血液凝固。

知识导图

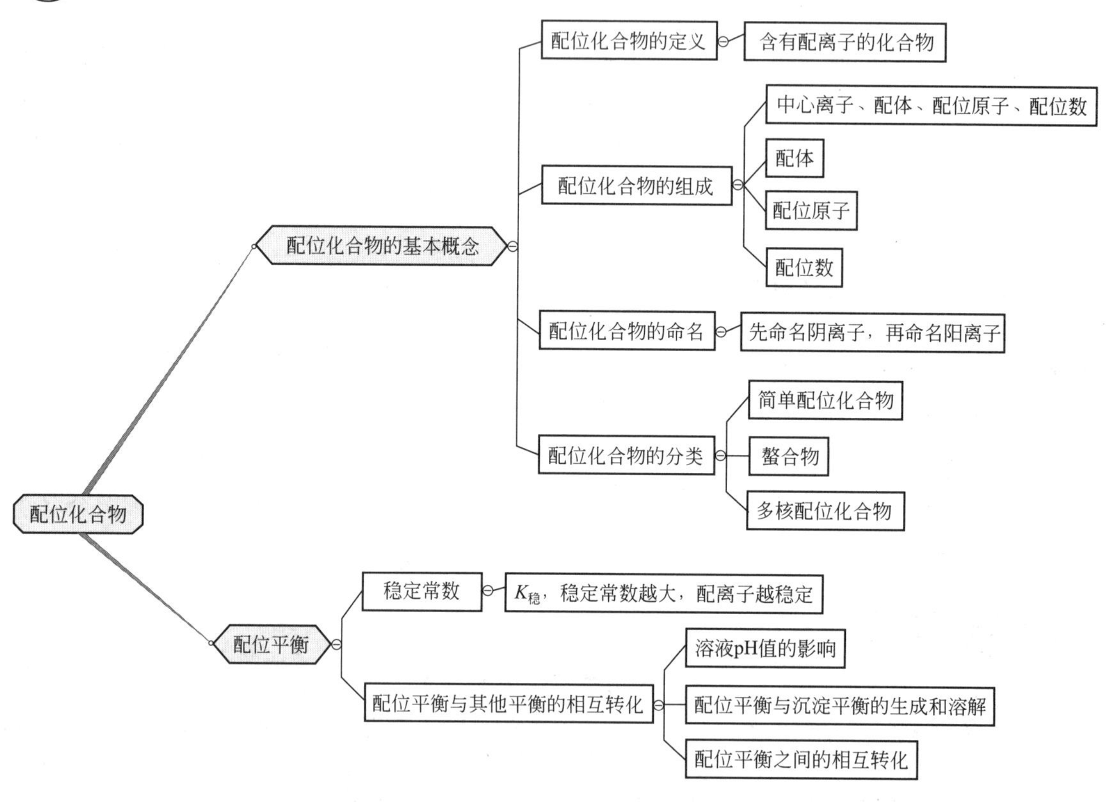

综合测试

一、填空题

1. 配合物一般分为________和________两部分。内界是指________，外界是指________，内界和外界之间的化学键是________键，内界中心离子与配体之间的化学键是________键，中心离子是孤电子对的________体，配体是孤电子对的________体。

2. $K_3[Fe(CN)_6]$的中心离子为________，配体位________，配位原子________，配位数为________，内界为________，外界为________，命名为________。

3. NH_3、H_2O、CN^-、SCN^-的配位原子分别是________________。

4. 配合物主要有三种类型：________、________、________。

5. 螯合物是由________和________配合而形成的具有环状结构的配合物。

二、选择题

1. 下列离子不属于配位化合物的是（　　）。

A. $Na_4[Fe(CN)_6]$　　B. $K[HgI_4]$　　C. $[Cu(NH_3)_4]SO_4$　　D. $KAl(SO_4)_2$

2. 中心离子的配位数等于（　　）。

A. 配体总数　　B. 配体原子总数　　C. 配位原子总数　　D. 中心离子数

3. 配离子$[Coen_3]^{3+}$的中心离子配位数是（　　）。(en：乙二胺)

A. 3　　B. 4　　C. 2　　D. 6

4. 配位化合物$NH_4[CrNH_3H_2O(SCN)_2Cl_2]$中心离子的配位数为（　　）。

A. 2　　B. 4　　C. 6　　D. 8

5. 配离子的电荷数是由（　　）决定的。

A. 中心离子电荷数　　B. 配体电荷数

C. 配位原子电荷数　　D. 中心离子和配体电荷数的代数和

6. 下列配体中能作螯合剂的是（　　）。

A. NH_3　　B. F^-　　C. $C_2O_4^{2-}$　　D. $S_2O_3^{2-}$

7. 配合物和螯合物所具有的共同点是（　　）。

A. 有环状结构　　B. 有金属键　　C. 有配位键　　D. 有离子键

8. 下列叙述正确的是（　　）。

A. 配合物都含有配离子

B. 有配位键的离子一定是配离子

C. 配位数等于配体数

D. 配离子的电荷数为外界离子电荷总数的相反数

三、简答题

1. 如在含有Fe^{3+}的溶液中加入KSCN，则由于生成$[Fe(SCN)_6]^{3-}$配离子而使溶液显血红色。现将KSCN溶液分别加入$NH_4Fe(SO_4)_2$溶液和$K_3[Fe(CN)_6]$溶液中能否显色？为什么？

2. $AgNO_3$能从$Pt(NH_3)_6Cl_4$的溶液中，将所有的氯沉淀为AgCl，但在$Pt(NH_3)_3Cl_4$溶液中，仅能沉淀出1/4的氯，试根据这些事实确定这两种配合物的化学式。

3. 根据下列配合物的名称写出化学式。

(1) 六氰合铁（Ⅱ）酸钾

(2) 氯化四氨合铂（Ⅱ）

(3) 氯化二氨合银（Ⅰ）

(4) 氯化二氯·三氨·一水合钴(Ⅲ)

(5) 二氯·二羟基·二氨合铂(Ⅳ)

（商传宝）

第九章综合测试参考答案

第十章

金属元素及其生物学效应

金属元素及其生物学效应

知识目标

1. 掌握金属元素的单质及其化合物的性质。
2. 熟悉金属元素的生物学效应。
3. 了解含有金属元素的药物。

技能目标

1. 合乎规范的使用含钾和钠的药物。
2. 类推钠和钾的化合物的日常应用。

素质目标

通过学习金属元素的理论知识，提升对日常生活中相关知识和医药学相关知识的认知。

金属元素是具有金属通性的元素，种类高达八十余种，性质相似。金属单质主要表现为还原性，有光泽，导电性与导热性良好，质硬，有延展性，常温下一般以固体形式存在（汞除外，常温下呈银白色液体状态）。

在金属元素中，锡(Sn)、锑(Sb)、铋(Bi) 等少数几种金属的原子最外层电子数大于或等于 4，其他金属原子的最外层电子数均小于 4，容易失去电子，其本身常以阳离子形态存在于化合物中，且它们的化合物和氢氧化物一般呈碱性。

金属元素在元素周期表里排布在第ⅠA 族(除 H)、第ⅡA 族、第ⅢB 族到第ⅡB 族。属于第ⅠA 族的六个金属元素为碱金属，包括锂、钠、钾、铷、铯、钫；属于第ⅡA 族六个金属元素为碱土金属，包括铍、镁、钙、锶、钡、镭；从第ⅢB 族到第ⅡB 族的金属元素被称为过渡元素，其中镧系和锕系被称为内过渡元素。

在自然界中，绝大多数金属以化合态存在，少数金属以游离形式存在，如金、铂、铜、铋。金属矿物多数是氧化物和硫化物，也以氯化物、碳酸盐、硫酸盐及硅酸盐形式存在。

不同的是，金属元素在生物体内以游离的离子形态或者有机配合物的形态存在。随着生物无机化学的迅速发展，物理方法和分子生物学技术的不断创新，人们已经从生物体中成功提纯了大量的金属蛋白，并对其结构、性质及其生物学活性进行了详细的研究。金属离子的生物学效应是指各种金属离子在不同浓度时对机体产生的影响，增加对金属离子生物学效应的认知可以提高金属离子在生物无机化学和医学中的应用。

第一节　钠和钾

钠(Na)、钾(K)为碱金属元素，其单质和化合物在工业生产、建材、医药化工等领域都占有重要位置，它们也是生命体的重要组成元素。钠和钾原子的价电子构型为 ns^1，次外层为 8 电子的稳定结构。钠和钾的解离能在同一周期中是最低的，在反应中极易失去 1 个电子而呈现＋1 氧化态（特征氧化态）。钠和钾都是活泼的金属元素，只能以化合态存在于自然界中，主要来源为岩盐（NaCl)、海水、天然氯化钾等。

一、钠和钾的单质及其化合物

1. 钠和钾的单质

钠和钾属于碱金属，它们的单质均具有银白色光泽，是典型的轻、软金属。钠和钾的密度小，比水轻；硬度小，可以用小刀切割。切割后的新鲜表面可以看到银白色金属光泽，接触空气后，生成氧化物、氮化物和碳酸盐的外壳，颜色变暗。此外，钠和钾还具有熔点低和导电性良好等特点。

由于钠和钾的核外电子数较少，原子半径较大，核对价电子的吸引力较小，因此化学性质很活泼。主要表现在易与水的反应，反应剧烈，产生氢气；易氧化，生成氧化物、过氧化物、超氧化物等；与氢的反应，活泼的碱金属均能与氢在高温下直接化合，生成离子型氢化物，但它仅能存在于干态的离子型氢化物晶体中，而不能成为水溶液中的水合离子。

2. 钠和钾的化合物

（1）氧化物

① 普通氧化物　Na 和 K 在空气中燃烧时，Na 生成过氧化物 Na_2O_2，钾生成超氧化物 KO_2。

② 过氧化物　Na 和 K 在一定条件下都能形成过氧化物，常见的是过氧化钠（Na_2O_2）。过氧化钠呈强碱性，含有过氧离子，在碱性介质中过氧化钠是一种强氧化剂，常用作氧化分解矿石的熔剂。如：

$$Cr_2O_3 + 3Na_2O_2 = 2Na_2CrO_4 + Na_2O$$

$$MnO_2 + Na_2O_2 = Na_2MnO_4$$

Na_2O_2 与水作用产生 H_2O_2，H_2O_2 立即分解放出氧气。所以过氧化钠常用作纺织品、麦秆、羽毛等的漂白剂和氧气发生剂。在潮湿的空气中，Na_2O_2 能吸收 CO_2 并放出氧气。因此过氧化钠广泛用于防毒面具、高空飞行和潜水艇里，吸收人们放出的二氧化碳并供给氧气。

$$2Na_2O_2 + 2CO_2 = 2Na_2CO_3 + O_2\uparrow$$

③ 超氧化物　橙黄色超氧化钾 KO_2 中含有超氧离子。超氧化物都是强氧化剂，与水剧烈地反应放出氧气和过氧化氢。超氧化物还能除去二氧化碳气体并再生出氧气，可以用于急救器、潜水和登山等方面。

$$4KO_2 + 2CO_2 = 2K_2CO_3 + 3O_2$$

④ 臭氧化物　钾的氢氧化物与臭氧反应，可得臭氧化物。

⑤ 氢氧化物　钠和钾溶于水生成相应的氢氧化物，又称苛性碱。它们都是白色晶状固体，具有较低的熔点，易溶于水，并放出大量的热。它们最突出的化学性质是强碱性，对纤维和皮肤有强烈的腐蚀作用。NaOH 在空气中易吸湿潮解，是常用的干燥剂。它们还容易与空气中的二氧化碳作用生成碳酸盐，所以要密封保存。

（2）氢化物　钠和钾在高温下与 H_2 反应，生成离子型的氢化物。其中以氢化钠为最常见。氢化钠（NaH）是一种强还原剂，常用于有机合成中。

焰色反应

（3）盐类　钠和钾常见盐类有卤化物、碳酸盐、硝酸盐、硫酸盐等。

钠盐和钾盐均易溶，且具有较高的热稳定性，但碳酸氢盐不及碳酸盐稳定，受热即分解为碳酸盐。在分析化学上常利用焰色反应鉴定钠和钾元素，钠呈黄色，钾呈紫色。

二、钠和钾的生物学效应

作为生物体内最主要的两种阳离子，Na^+、K^+ 有它们独特的作用和意义。不管是在宏观的或者是在微观的生命活动中，Na^+ 和 K^+ 都起着不可替代的作用。它们对生物体的存在来说必不可少，而在生物体内两种离子的大部分生理功能都是相互协调发挥的，因此，保持机体内两种离子的平衡对生命的活动有很重要的意义。

知识拓展

钠和钾在生命体中的分布

钠与钾都是对人体十分重要的矿物质，二者一起控制着机体的水平衡。人体中钠含量平均约为 105g，血钠正常浓度为每升血液含钠 3.15～3.4g。钠在机体中的分布：骨骼（43%），细胞外液（50%），细胞内液（7%）。钠参与了细胞的整个生理过程。人体中约含钾 175g，主要分布在人体肌肉中，约占有 70%，且机体中 98%的钾储存于细胞液内。

1. 钠和钾调节机体和细胞的渗透压

在生物体内，体液和血液渗透压的正常维护是生物机体正常代谢活动以及细胞生活在正常环境中的保障。钠、钾元素在机体内主要以离子状态存在于各种组织的体液中，它们与蛋白质一起共同维持各组织细胞的渗透压，因而在体液移动和储留过程中发挥重要作用。细胞的渗透压主要由钾盐形成，它们在细胞中的浓度较高，使细胞的形态得以保持。

2. 调节体液的酸碱平衡

钠、钾在维持机体的酸碱平衡方面也起着重要的作用。在动物代谢过程中，会有很多酸性或碱性的物质产生，而在机体血液中，有多种酸碱平衡缓冲对，是维持体液酸碱平衡的重要系统。一类是有机缓冲体系，即蛋白质和氨基酸，另一类是无机缓冲体系，即钾与钠的酸式碳酸盐（$NaHCO_3/H_2CO_3$）和酸式磷酸盐（Na_2HPO_4/NaH_2PO_4）。

3. 参与体内蛋白质和糖类的代谢

在动物体吸收葡萄糖和氨基酸时，有一种 Na^{+} 依赖式转运体蛋白，这种蛋白必须与 Na^{+} 结合，而且同时与被转运物质结合，逆着浓度梯度将物质送入细胞内，这种转运需要 Na^{+}、K^{+}-ATP 泵的活动才能进行，在肾脏活动中，尿的重吸收葡萄糖和氨基酸也需要这种转运系统的作用。

4. 维持正常的神经兴奋性和心肌运动

Na^{+} 和 K^{+} 能够维持正常的神经兴奋性和心肌运动。神经纤维受到刺激时会导致细胞膜通透性发生变化，一些 Na^{+} 通道开放，Na^{+} 内流，细胞发生去极化。当细胞阳离子过多时，Na^{+} 通道关闭，而此时的细胞膜极性并未恢复到初始的静息电位，Na^{+} 内流导致 K^{+} 外流开始，当细胞膜复极化完成后，整个细胞发生一次周期性的动作电位变化，而维持参与细胞内动作电位的离子就是 Na^{+} 和 K^{+}。在心肌活动中，心肌的某些细胞具有自动节律性，由自动节律性细胞产生的细胞兴奋能够传导至每个心肌细胞，使心肌发生收缩和舒张，这与心肌细胞中 Na^{+} 和 K^{+} 的浓度有密切关系。

此外，Na^{+} 和 K^{+} 的生理功能还有很多，如钾能够降低由高钠引起的高血压，钠、钾参与酶的合成，维持酶的作用等。

三、含钠和钾的药物

（1）氯化钠（NaCl）　生理盐水（9.0g/L）临床主要用于对失钠、失水、失血等病人补充水分。

（2）氯化钾（KCl）　为电解质补药，可以维持细胞内渗透压、神经冲动传导和心肌收缩功能，用于低血钾症和洋地黄中毒引起的心律失常的治疗。氯化钾制剂有氯化钾片、注射液和缓释片等。

（3）碳酸氢钠（$NaHCO_3$）　俗称小苏打，为制酸制剂，由于是水溶液药物，因此作用快，服后能暂时解除胃溃疡患者的痛感。

（4）补钾药物　枸橼酸钾、谷氨酸钾、门冬氨酸钾镁等。

（5）其他　常见含钠的口服药物有奥美拉唑钠肠溶片、雷贝拉唑钠肠溶片等抑制胃酸分泌的药物；左甲状腺素钠片等甲状腺激素药物；苯唑西林钠片等消炎抗菌药；维生素 C 钠胶囊等营养补充剂。含钠的注射药物有乳酸钠溶液等药物；注射用哌拉西林钠、他唑巴坦钠、头孢唑林钠、青霉素钠等消炎抗菌药物；注射用培美曲塞二钠等化疗药物；注射用苯巴比妥钠等镇静药物；还有注射用依他尼酸钠、硝普钠等降压药物。含钠的外用药物，主要有玻璃酸钠滴眼液等缓解眼部疲劳的药物；还有洛索洛芬钠凝胶贴膏、双氯芬酸钠贴等消炎镇痛药物；以及可溶性纤维素钠贴膏等止血的药物。

第二节　镁和钙

镁(Mg)和钙(Ca)属于碱土金属，其价电子构型为 ns^2，次外层为 8 电子的稳定结构。当镁和钙原子失去 2 个价电子便呈现+2 氧化态。钙和镁都是强的还原剂，具有较强的化学活泼性，只能以化合态存在于自然界。镁在地壳中的丰度为 2.3%，而钙在地壳中的丰度为 4.1%，主要存在于白云石($CaCO_3 \cdot MgCO_3$)、方解石($CaCO_3$)、菱镁矿($MgCO_3$)、石膏

($CaSO_4 \cdot 2H_2O$)等矿物中。

镁和钙的发现

镁由英国化学家戴维于 1808 年 5 月分离出来。戴维电解石灰与氧化汞的混合物，得到钙汞合金，将合金中的汞蒸馏后，就获得了银白色的金属钙。戴维在成功制得钙以后采用电解苦土的方法又成功制得了金属镁。瑞典的贝采利乌斯、法国的蓬丁，使用汞阴极电解石灰，在阴极的汞齐中提出金属钙。

一、镁和钙的单质及其化合物

1. 镁和钙的单质

钙和镁均具有银白色光泽，具有良好的导电性和延展性，熔点、沸点、密度和硬度比钠和钾高，硬度较大，导电性和规律性不及钠和钾强。

钙和镁的核外电子数较少，原子半径较大，核对价电子的吸引力较小，因此化学性质很活泼，表现在易氧化生成氧化物、过氧化物、超氧化物等。镁元素的某些化合物具有较明显的共价性，且由于表面形成了一层致密的保护膜对水稳定。钙单质容易与水发生反应生成氢氧化钙和氢气。镁在过量的氧气中燃烧，不形成过氧化物，只生成正常的氧化物。

2. 镁和钙的化合物

(1) 普通氧化物　钙、镁在室温或加热时与氧化合，一般只生成普通氧化物 CaO、MgO。但实际生产中常从它们的碳酸盐或硝酸盐加热分解制备。

过氧化物：过氧化物是含有过氧基(—O—O—)的化合物，镁和钙在一定条件下都能形成过氧化物。

(2) 氢氧化物　钙、镁溶于水生成相应的氢氧化物，$Mg(OH)_2$ 为中强碱，$Ca(OH)_2$ 为强碱。镁的氢氧化物在加热时都可以分解为相应的氧化物。

(3) 氢化物　Ca 在高温下与 H_2 反应，生成离子型的氢化物。

(4) 盐类　钙和镁的常见盐类有卤化物、碳酸盐、磷酸盐、硫酸盐等。钙和镁的盐溶解度较小，碳酸盐、磷酸盐和草酸盐都是难溶的，而硝酸盐、氯酸盐、高氯酸盐和乙酸盐是易溶的。卤化物中，除氟化物外，其余都是易溶的。它们的硫酸盐、铬酸盐的溶解度差别较大。

无水 $MgCl_2$ 的熔点 987K，沸点 1685K。氯化镁通常含有 6 个分子的结晶水，为无色易潮解的六水合物 $MgCl_2 \cdot 6H_2O$，加热时即水解生成碱式 $MgCl_2$。$MgCl_2$ 主要用作电解生产金属镁的原料，$MgCl_2$ 溶液与 MgO 混合而成坚硬耐磨的镁质水泥。

$CaCO_3$ 是白色晶体或粉状固体，是天然存在的石灰石、大理石和冰洲石的主要成分。天然碳酸钙用于建筑材料，如作水泥、石灰、人造石等，还用于做陶瓷、玻璃等的原料。沉淀的碳酸钙用作医药上的解酸剂。

二、镁和钙的生物学效应

镁和钙是人体必需的组成元素，是维持生命不可或缺的物质。

1. 镁的生物学效应

镁是生物机体中含量较多的一种正离子，仅次于钙、钠、钾而居第四位；在细胞内的含量则仅次于钾离子而居第二位。

镁在机体内担负着极其重要的生理机能。镁是许多酶反应的辅助因子，尤其以核苷酸与镁的复合物为辅助因子或底物的酶，如磷酸基转移酶和ATP酶样的水解酶，二者在细胞生化尤其是能量代谢方面起着关键性的作用。镁参与蛋白质和核酸的合成、细胞周期的调控、维持细胞和线粒体结构的完整及物质与浆膜的结合。镁还通过泵、载体和通道调控离子的转运，调节信号的传递和胞浆钙和钾离子的浓度。

此外，镁离子能与膜、蛋白质和核酸中的负离子基团静电性结合，镁与膜磷脂结合后可以改变其局部区域的结构且具有电子筛效应。同时，镁可以影响钙离子和多胺等其他离子的结合，起到拮抗和协同作用。

2. 钙的生物学效应

在正常人体内，人体的钙含量为1～1.4kg，占体重1.5％～2％，仅次于C、H、O、N等四种非金属元素。每千克非脂肪组织中平均含钙20～25g。体内钙99％以上都分布在骨骼和牙齿中，其余不足1％的钙分布在体液及全身各组织器官中，是多种生理活动的参与者。

摄取足够钙质可以“预防”骨质疏松症、直肠癌、降低男性前列腺癌的风险、维持血压平衡。每天至少补充约800mg的钙质是最有效预防直肠癌的钙摄取量，更年期妇女补充足够的钙质可以提高高密度脂蛋白（HDL）的浓度，这代表降低心血管疾病的风险与致命性。食用含钙多的食物，会使燃脂效果更佳，达到减肥效果。

三、含镁和钙的药物

（1）氧化镁（MgO）　主要用于配制内服药剂以中和过多的胃酸，制酸作用缓慢而持久。MgO与胃酸作用形成Mg^{2+}能刺激胃肠蠕动，因而具有轻泻作用。临床上用于治疗伴有便秘的胃酸过多症及其消化道溃疡。常用的制剂有：镁乳、镁钙片、制酸散等。

（2）硫酸镁（$MgSO_4$）　用作泻药和利胆药，内服为泻药，注射时用作抗惊厥药。硫酸镁制剂为硫酸镁注射液。

（3）氯化钙（$CaCl_2$）　为补钙药，可用于治疗钙缺乏症。如抽搐、佝偻病、骨骼和牙齿发育不良等，也用作抗过敏药和消炎药。

（4）硫酸钙（$CaSO_4$）　含水合硫酸钙的矿石称为石膏。石膏内服有清热泻火的功效。煅石膏粉末可用于治疗湿疹、烫伤、疥疮溃烂等疾病。

第三节　铬和锰

锰位于元素周期表的ⅦB族，其电子层的结构为$3d^5 4s^2$。锰在化合物中表现的氧化态有＋7、＋6、＋4、＋3、＋2，其中＋7、＋4、＋2为稳定的氧化态。在重金属中，锰的地壳丰度为0.085％，仅次于铁。锰的主要矿石是软锰矿（MnO_2），其他矿石有黑锰矿（Mn_3O_4），水锰矿（$Mn_2O_3 \cdot H_2O$）等。近年在深海中发现了大量的锰矿。铬位于元素周期表的ⅥB族，其电子层结构为$3d^5 4s^1$，常见的氧化态为＋6、＋3、＋2。“铬”在希腊语中就是“色彩艳丽”的意思，因为铬的化合物都有五彩缤纷的颜色。例如 Cr_2O_3 是绿色的，$Cr_2(SO_4)_3$ 是紫色的，$PbCrO_4$ 是黄色的，Ag_2CrO_4 是砖红色的，$K_2Cr_2O_7$ 是橘红色的。铬在地壳中的丰度为 0.01%，最重要的铬矿是铬铁矿 $Fe(CrO_2)_2$。

一、铬和锰的单质及其化合物

1. 铬和锰的单质

（1）铬　铬是银白色金属光泽的金属，其熔点和沸点较高。纯铬具有延展性，含有杂质的铬硬且脆。由于铬的光泽度好，抗腐蚀性强，铬常被用来镀在其他金属的表面，不仅外表美观，而且防锈，经久耐用。铬与铁、镍能组成各种性能的抗腐蚀性的不锈钢。不锈钢具有很好的韧性和机械强度，对空气、海水、有机酸等具有很好的耐蚀性，是制造化工设备的重要防腐材料。

铬是个较活泼的金属元素，还原性非常强，铬的表面容易生成紧密的氧化物薄膜而钝化，表现出显著的化学惰性；在酸性溶液中 $Cr_2O_7^{2-}$ 是个很强的氧化剂；Cr^{3+} 在酸性溶液中最稳定，不易被氧化，Cr^{3+} 在碱性溶液中有较强的还原性，很容易被氧化成 CrO_4^{2-}。

（2）锰　金属锰外形似铁，致密的块状锰是银白色的，粉末状的锰呈灰色。锰是活泼金属，常温下能与非氧化性酸反应生成 Mn(Ⅱ) 盐和放出氢气，高温下能与卤素、氮、硫、硼、碳、硅、磷等非金属直接化合。单质锰主要用于钢铁工业中生产合金钢。

课堂互动

铬和锰位于元素周期表的哪个位置，具有哪些理化性质?

2. 铬和锰的化合物

（1）铬的化合物

① Cr(Ⅲ) 的化合物　包括氧化物、氧化物的水合物、盐及配合物等。

金属铬在空气中燃烧或重铬酸盐受热分解均可制得三氧化二铬。三氧化二铬（Cr_2O_3）是一种暗绿色的固体，微溶于水，硬度大，熔点为 2263K。它是冶炼铬的原料。由于它呈绿色，是常用的绿色颜料，俗称铬绿。Cr_2O_3 溶于 H_2SO_4 生成紫色的硫酸铬 $Cr_2(SO_4)_3$，溶于浓的强碱 NaOH 中生成绿色的亚铬酸钠 $Na[Cr(OH)_4]$ 或 $NaCrO_2$。

Cr_2O_3 和 $Cr(OH)_3$ 具有明显的两性，与酸作用生成相应的盐，与碱作用生成深绿色的亚铬酸盐。在铬盐的酸性溶液中，Cr^{3+} 是稳定的，还原性较弱，只有遇到过硫酸铵和高锰酸钾等强氧化剂才能将 Cr^{3+} 氧化成 Cr(Ⅵ) 酸盐。但在碱性溶液中，CrO_2^- 具有较强的还原性，亚铬酸盐可以被过氧化氢或过氧化钠氧化成铬酸盐。

常见的 Cr(Ⅲ) 盐主要有硫酸铬[$Cr_2(SO_4)_3$]、氯化铬（$CrCl_3$）和硫酸铬钾[$KCr(SO_4)_2$]。硫酸铬由于含结晶水不同而呈现不同的颜色。硫酸铬与碱金属硫酸盐形成铬矾 $MCr(SO_4)_2 \cdot 12H_2O$（$M=Na^+$、K^+、Rb^+、Cs^+、NH_4^+、Tl^+）。用 SO_2 还原 $K_2Cr_2O_7$ 的酸性溶液，可制得铬钾矾。铬矾在鞣革、纺织工业有广泛用途。铬盐普遍具有水解性，使溶液显酸性，反应式如下：

$$Cr^{3+}+2H_2O \rightleftharpoons [Cr(OH)_2]^{+}+2H^{+}$$

若在铬盐溶液中加碱可中和水解出的 H^+，则水解反应可以进行到底。如，向 $CrCl_3$ 溶液中加入碱性的 Na_2S 溶液，水解反应即可进行到底。

Cr^{3+} 生成配合物的能力较强，容易同 H_2O、NH_3、Cl^-、CN^- 等配位体生成配位数为 6 的 d^2sp^3 型的配合物。例如 Cr^{3+} 在水溶液中就是以六水合铬(Ⅲ）离子$[Cr(H_2O)_6]^{3+}$ 存在，其中的水分子还可以被其他配位体取代，因此，同一组成的配合物可能存在多种异构体。实验式为 $CrCl_3 \cdot 6H_2O$ 的配合物就有三种水合异构体$[Cr(H_2O)_6]Cl_3$（紫色）、$[Cr(H_2O)_5]Cl_3 \cdot H_2O$(浅绿色)、$[Cr(H_2O)_4Cl_2]Cl \cdot 2H_2O$(蓝绿色)。

② Cr(Ⅵ）的化合物　氧化铬(CrO_3）是一种暗红色的针状晶体，熔点较低，易溶于水，溶于水生成铬酸 H_2CrO_4。CrO_3 的热稳定性较差，超过熔点后逐步分解放出氧气，最后产物是 Cr_2O_3。因此，Cr_2O_3 是一种强氧化剂，遇到有机物时，猛烈反应以至着火。

常见的 Cr(Ⅵ）化合物是铬酸盐和重铬酸盐，Cr(Ⅵ）离子比同周期的 Ti(Ⅳ）离子、V(Ⅴ)离子具有更高的正电荷和更小的半径（52pm)，因此，不论在晶体还是在溶液中都不存在着简单的 Cr(Ⅵ）离子。在酸性溶液中，$Cr_2O_7^{2-}$ 是强氧化剂。

重铬酸钾($K_2Cr_2O_7$）俗称红矾钾，重铬酸钠($Na_2Cr_2O_7$）俗称红钒钠，它们都是大粒的橙红色的晶体。在所有的重铬酸盐中，以钾盐在低温下的溶解度最低，而且这个盐不含结晶水，可以通过重结晶的方法制备出极纯的盐，除用作基准的氧化剂外，在工业上还大量用于火柴、烟火、炸药等方面。

$K_2Cr_2O_7$ 还被用来配制实验室常用的铬酸洗液，铬酸洗液的氧化性很强，在实验室中用于洗涤玻璃器皿上附着的油污。铬酸洗液的制备方法：将 2g $K_2Cr_2O_7$ 的热饱和溶液中缓慢地加入 100ml 浓 H_2SO_4，即得到棕红色的铬酸洗液。

（2）锰的化合物

① 锰(Ⅱ）的化合物　在酸性溶液中，Mn^{2+} 是锰的最稳定状态。另外，Mn^{2+} 的价电子层构型恰好为半充满，也是一种稳定的构型。在酸性溶液中 Mn^{2+} 的还原性很弱，只有在高酸度的热溶液中，与过二硫酸铵或铋酸钠等强氧化剂作用，才能将 Mn^{2+} 氧化成 MnO^{4+}。在碱性溶液中，Mn^{2+} 的稳定性比在酸性溶液中差得多，还原性较强，空气中的氧就可以把它氧化成稳定的化合物。例如，向可溶性的锰（Ⅱ）溶液中加入强碱，可以生成 $Mn(OH)_2$ 的白色沉淀，但它在碱性介质中很不稳定，立即被空气中的氧氧化成棕色的 $MnO(OH)_2$。

可溶性的锰(Ⅱ）盐：多数的二价锰盐（如卤化锰、硝酸锰、硫酸锰等强酸盐）都易溶于水。在水溶液中，Mn^{2+} 以淡粉红色的$[Mn(H_2O)_6]^{2+}$ 水合离子存在。从溶液中结晶出的锰（Ⅱ）盐是带结晶水的淡粉红色晶体。例如 $MnSO_4 \cdot xH_2O$(x=1、4、5、7)等。硫酸盐是最稳定的锰（Ⅱ）盐，室温下 $MnSO_4 \cdot H_2O$ 比较稳定。无水 $MnSO_4$ 是白色的，加热到红热也不分解。

不溶性的锰(Ⅱ）盐：不溶性的二价锰盐有硫化锰（MnS)（肉色)、碳酸锰（$MnCO_3$）（白色）等。肉色 $MnS \cdot xH_2O$ 是带结晶水的，无水 MnS 是绿色的。MnS 难溶于水，但易溶于弱酸中，MnS 或 $MnCO_3$ 沉淀在空气中放置或加热，都会被空气中的氧氧化成棕色的 $MnO(OH)_2$。

② 锰(Ⅳ）的化合物　锰(Ⅳ）的化合物最重要的是 MnO_2，它在通常情况下很稳定。MnO_2 是一种很稳定的黑色粉末状物质，不溶于水，显弱酸性。锰(Ⅳ）氧化数居中，既可做氧化剂又可做还原剂。在酸性介质中，MnO_2 是一种强氧化剂，与浓盐酸反应产生 Cl_2；

MnO_2 与浓 H_2SO_4 作用，可得硫酸锰并放出氧气。基于 MnO_2 的氧化还原性，特别是 MnO_2 的氧化性，使它在工业上有很重要的用途，是一种被广泛采用的氧化剂。

$$MnO_2 + 4HCl \xlongequal{} MnCl_2 + Cl_2\uparrow + 2H_2O$$

$$4MnO_2 + 6H_2SO_4(浓) \xlongequal{} 2Mn_2(SO_4)_3 + O_2\uparrow + 6H_2O$$

③ 锰(Ⅵ)的化合物　锰(Ⅵ)的化合物中比较稳定的是锰酸盐，如锰酸钾 K_2MnO_4 和锰酸钠 Na_2MnO_4。锰酸盐是制备高锰酸盐的中间产品。

④ 锰(Ⅶ)的化合物　锰(Ⅶ)的化合物中，高锰酸盐是最稳定的，应用最广的是高锰酸钾 $KMnO_4$，俗称灰锰氧，它是暗紫色的结晶体，其溶液呈现出高锰酸根离子特有的紫色。$KMnO_4$ 在酸性溶液中缓慢分解，但在中性溶液中分解极慢，但光和 MnO_2 对其分解起催化作用，故配制好的 $KMnO_4$ 溶液应保存在棕色瓶中，放置一段时间后，需过滤出去 MnO_2。

$KMnO_4$ 固体加热至 200℃以上是会分解，利用这一反应可以制取少量的氧气。

$$4MnO_4^- + 4H^+ \xlongequal{} 4MnCl_2\downarrow + 3O_2\uparrow + 2H_2O$$

二、铬和锰的生物学效应

1. 铬的生物学效应

铬是人体必需的微量元素，对维持人体正常的生理功能有重要作用。铬是胰岛素不可缺少的辅助成分，参与糖代谢过程，促进脂肪和蛋白质的合成，对于人体的生长和发育起着促进作用。当人体缺铬时，由于胰岛素的作用降低，引起糖的利用发生障碍，使血内脂肪和类脂，特别是胆固醇的含量增加，于是出现动脉硬化——糖尿病的综合缺铬症。所以青少年应该注意增加含铬量高的食物。如在动物的肝脏、牛肉中含铬量较高，其次是胡椒、面粉、红糖等。

铬的化合物中三价铬几乎是无毒的，可是六价铬却具有很强的毒性，特别是铬酸盐及重铬酸盐的毒性最为突出。如果人吸入含重铬酸盐微粒的空气，就会引起鼻中膈穿孔、眼结膜炎及咽喉溃疡。如果口服，会引起呕吐、腹泻、肾炎、尿毒症，甚至死亡。长期吸入含六价铬的粉尘或烟雾会引起肺癌。

2. 锰的生物学效应

锰具有十分重要的生物学功能。是人体必需的微量元素，正常成人体内的锰的总含量为 10～20mg，主要分布在肝、肾、胰腺、骨骼及各组织中。锰是生物体内某些酶的组成元素，如精氨酸酶、超氧化物歧化酶等，对机体组织细胞中进行的氧化还原反应具有重要的影响。

锰对葡萄糖的代谢具有一定影响。锰在丙酮酸作用下参与糖异生；参与胰岛素合成，胰岛素可以调节黏多糖合成时葡萄糖的利用。锰离子缺乏可以影响脂肪细胞内葡萄糖的转运和代谢，可能反映了锰缺乏时脂肪组织中葡糖糖载体数量下降。转糖酶将糖从核苷酸转运至各个受体，在多糖及糖蛋白的合成过程中发挥重要作用，而 Mn 是维持转糖酶最佳活性的最重要的元素。

锰对脂类的代谢产生一定的影响。锰是金属酶——精氨酸酶和丙酮酸羧化酶的组成部分，它们是脂肪或丙酮酸转化成草酰乙酸和葡萄糖所必需的。锰可以作为一种亲脂因子发挥进一步作用，补充锰可以使肝脏脂浓度下降，缺锰可使全身脂肪和肝脏脂肪量增加。补充锰的长期作用是使血清、肝脏和主动脉的胆固醇量减少。锰对于抗脂肪肝具有特殊功能，促进体脂的利用，抑制肝脏脂肪变性，具有刺激胰岛素、促进甲状腺激素的作用。锰还参与软骨和骨组织形成时所需要的糖蛋白的合成，对血液的形成和循环状态也会产生一定的影响。

三、含铬和锰的药物

（1）无机铬（+3）盐　用于临床治疗糖尿病和动脉粥样硬化。

（2）（烟碱酸根）甘氨酸根合铬（+3）　用于改善糖尿病患者的糖耐量。

（3）高锰酸钾　消毒防腐剂，也可用于有机磷中毒时的洗胃等。

第四节　铁和铂

铁和铂为元素周期表第ⅧB族，并分属于铁系元素和铂系元素。铁的电子层结构为$3d^6 4s^2$，其最高氧化态为+6，其他氧化态为+5、+4、+3和+2。铁是地球上分布最广的金属之一，约占地壳重量的5.1%，居元素分布序列中的第四位，仅次于氧、硅和铝。铁的主要矿石有：赤铁矿（Fe_2O_3），含铁量在50%～60%；磁铁矿（Fe_3O_4），含铁量60%以上，有磁性，此外还有褐铁矿（$2Fe_2O_3 \cdot 3H_2O$）、菱铁矿（$FeCO_3$）和黄铁矿（FeS_2），它们的含铁量低一些，但比较容易冶炼。

铂属于丰度很小的稀有金属，被称为贵金属。铂的价层电子组态为$5d^9 6s^1$，化学性质十分稳定，常见的氧化值为+4和+2，最高氧化值为+6。铂在自然界中主要以单质的形式存在，丰度为5×10^{-6}。

一、铁和铂的单质及其化合物

1. 铁和铂的单质

（1）铁　铁具有银白色的金属光泽，硬而有延展性，导电性和导热性良好，有很强的铁磁性，并有良好的可塑性和导热性。在常温和无水情况下，纯的块状铁单质是稳定的。铁分为生铁、熟铁和钢三类，生铁含碳量在1.7%～45%，生铁坚硬耐磨，可以浇铸成型，如铁锅、火炉等，所以又称为铸铁。生铁没有延展性，不能锻打。熟铁含碳量在0.1%以下，近似于纯铁，韧性很强，可以锻打成型，如铁勺、锅炉等，所以又叫锻铁。钢的基本成分也是铁，但钢的含碳量比熟铁高，比生铁低，在0.1%～1.7%之间。钢兼具有生铁和熟铁的优点，即刚硬又强韧。

铁是个中等活泼的金属，在潮湿的空气中易被锈蚀，生成铁锈（$Fe_2O_3 \cdot nH_2O$）。在高温时，铁与氧、硫、氯等非金属发生猛烈反应；铁与水蒸气作用生成Fe_3O_4和氢气；与非氧化性稀酸作用生成Fe（Ⅱ）盐，与氧化性稀酸作用生成Fe（Ⅲ）盐。铁与气态的卤化氢作用，生成亚铁卤化物。铁与氮不能直接化合，但能与氨作用生成氮化铁。铁还能与CO、戊二烯作用生成羰基配合物、环戊二烯配合物等。铁能被热的浓碱溶液侵蚀，生成Fe^{3+}的化合物$Fe(OH)_3$或$[Fe(OH)_6]^{3-}$。

（2）铂　铂是银白色的，具有光泽、很好的延展性和可锻性，俗称白金。铂具有很好的化学稳定性，致密的铂在空气中加热也不会失去其亲属光泽。铂在523K以上的温度可以与干燥的氯作用生成$PtCl_2$，加热时，铂也能与硫、硅、磷、锡、铅等反应。铂不溶于强酸及氢氟酸，只溶于王水中，生成淡黄色氯铂酸。

1. 铁和铂位于元素周期表的什么位置，具有哪些理化性质？
2. 生活中常见的铁制品有哪些？

2. 化合物

(1) 铁的化合物　在一般条件下，铁的常见氧化态是+2 和+3，在很强的氧化条件下，铁可以呈现不稳定的+6 氧化态。

① 铁(Ⅱ)的化合物　氧化数为+2 的铁的化合物。

a. 氧化亚铁　FeO 为黑色固体，碱性化合物，不溶于水或碱性溶液中，只溶于酸。在隔绝空气的条件下，将草酸亚铁加热可以制得 FeO。

b. 氢氧化亚铁　在亚铁盐溶液中加入碱，开始可以生成氢氧化亚铁的白色胶状沉淀[$Fe(OH)_2$]不稳定，很容易被空气中的氧所氧化变成棕红色的氢氧化铁[$Fe(OH)_3$]沉淀。氢氧化亚铁[$Fe(OH)_2$]主要呈碱性，酸性很弱，但它能溶于浓碱溶液中生成[$Fe(OH)_6$]$^-$配离子。

c. 硫酸亚铁　是比较重要的亚铁盐，它是一种含有七个结晶水的浅绿色晶体($FeSO_4 \cdot 7H_2O$)，俗称绿矾。硫酸亚铁对空气的氧化不稳定，但硫酸亚铁与碱金属或铵的硫酸盐形成的复盐(MSO_4 $FeSO_4 \cdot 6H_2O$)对空气的氧化，要比硫酸亚铁稳定得多。最重要的复盐是硫酸亚铁铵[$FeSO_4(NH_4)_2SO_4 \cdot 6H_2O$]，俗称摩尔盐，是常用的还原剂。

② 铁(Ⅲ)的化合物　氧化数为+3 的铁的化合物。

三氧化二铁（Fe_2O_3）是砖红色固体，具有两种不同的构型，顺磁性和铁磁性。自然界中存在的赤铁矿是顺磁型 Fe_2O_3，可以用作红色颜料、涂料、媒染剂、磨光粉以及某些反应的催化剂。

向铁(Ⅲ)盐溶液中加碱，可以沉淀出红棕色的氢氧化铁 $Fe(OH)_3$。这种红棕色的沉淀实际是水合三氧化二铁 $Fe_2O_3 \cdot xH_2O$，只是习惯上把它写作 $Fe(OH)_3$。新沉淀出来的 $Fe(OH)_3$略有两性，主要显碱性，易溶于酸中。能溶于浓的强碱溶液中形成[$Fe(OH)_6$]$^{3-}$。$Fe(OH)_3$ 溶于盐酸的反应仅是中和反应。

$$Fe(OH)_3 + 3HCl = FeCl_3 + 3H_2O$$

氯化铁是比较重要的铁(Ⅲ)盐，主要用于有机染色反应中的催化剂。因为它能引起蛋白质的迅速凝聚，在医疗上用作外伤止血剂。另外它还用作照相、印染、印刷电路的腐蚀剂和氧化剂。$FeCl_3$ 及其他铁(Ⅲ)盐溶于水后都容易水解，因为 Fe 有较高的正电场，离子半径为 60pm，有较大的电荷半径比，因此在水溶液中明显地水解，使溶液显酸性。氯化铁及其他铁(Ⅲ)盐在酸性溶液中是较强的氧化剂，可以将 I 氧化成 I_2，将 H_2S 氧化成单质 S，还可以被 $SnCl_2$ 还原。

③ 铁(Ⅵ)的化合物　氧化数为+6 的铁的化合物，主要为高铁酸盐。

在酸性介质中高铁酸根（FeO_4^{2-}）离子是个很强的氧化剂，一般的氧化剂很难把 Fe^{3+} 离子氧化成 Fe^{6+}。因此，FeO_4^{2-} 在酸性介质中不稳定，会迅速分解转化成 Fe^{3+}。在强碱性介质中，$Fe(OH)_3$却能很容易地被一些氧化剂（如 NaClO）氧化。高铁酸盐只存在于较浓的强碱性溶液中，稀释 FeO_4^{2-} 溶液，则析出 $Fe(OH)_3$ 沉淀。用盐酸酸化 FeO_4^{2-} 溶液时，能放出氯气。将 Fe_2O_3、KNO_3 和 KOH 混合加热共熔，可以得到紫红色的高铁酸钾盐。

④ 铁的配位化合物　铁能形成多种配合物，例如铁能与 CN^-、F^-、$C_2O_4^{2-}$、Cl^-、SCN^- 等离子形成配合物。大多数铁的配合物呈八面体型，配位数为 6。Fe^{3+} 能与卤素离子形成配位化合物，它和 F^- 有较强的亲和力，当向血红色的 $[Fe(SCN)_n]^{3-n}$ 配合物溶液中加入氟化钠 NaF（NaF 溶液的 pH≈8）时，血红色的 $[Fe(SCN)_n]^{3-n}$ 配离子被破坏，生成了无色的 $[FeF_6]^{3-}$ 配离子。Fe^{2+} 与氨水作用不能生成氨的配合物，生成的是 $Fe(OH)_2$ 的沉淀。只有无水状态下，$FeCl_2$ 与液氨作用，可以生成 $[Fe(NH_3)_6]Cl_2$ 配合物，但遇水即分解。Fe^{2+} 与 CN^- 生成六氰合铁(Ⅱ）酸钾，使亚铁盐与 KCN 溶液反应，得到 $Fe(CN)_2$ 沉淀，该沉淀溶解在过量的 KCN 溶液中。用氯气来氧化黄血盐溶液，把 Fe^{2+} 氧化成 Fe^{3+}，就可以得到深红色的六氰合铁(Ⅲ）酸钾 $K_3[Fe(CN)_6]$ 的晶体，或称为铁氰酸钾，俗称赤血盐。

(2) 铂的化合物　铂的卤化物主要是用单质与卤素直接反应而制得。温度不同则可生成组成不同的物质。卤化物多数是带有鲜艳颜色的固体。溴化物和碘化物的溶解度较小，常可从氯化物溶液中沉淀出来。

铂化合物中最重要的是氯铂酸及其盐。用王水溶解铂或用四氯化铂溶于盐酸都能生成氯化铂。

二、铁和铂的生物学效应

对于人体，铁是不可缺少的微量元素。一个正常的成年人全身含有 3～5g 的铁，相当于一颗小铁钉的质量。人体血液中的血红蛋白就是铁的配合物，它具有固定氧和输送氧的功能。人体缺铁会引起贫血症。

铁还是植物制造叶绿素不可缺少的催化剂。如果一盆花缺少铁，花就会失去艳丽的颜色，失去沁人肺腑的芳香，叶子也发黄枯萎。一般土壤中也含有不少铁的化合物。

铂在生物体内会形成配合物，这不仅对细菌具有抑制生长的作用，对恶性肿瘤也具有显著的治疗作用。

三、含铁和铂的药物

1. 含铁药物

含铁药物主要是补铁剂，有硫酸亚铁、富马酸亚铁（富血铁）、琥珀酸亚铁、枸橼酸铁铵、缓释铁。

2. 含铂的药物

含铂的药物主要是一些抗肿瘤药物，有如下。

(1) 顺铂　顺铂名为顺式-二氨二氯合铂(Ⅱ)，又称顺氯氨铂。目前，在美国和加拿大推荐的癌症治疗首选药物中，顺铂在食道癌、非小细胞肺癌等 18 种癌症中被推荐为首选药物。另外，除了首选外，在其他许多癌症治疗中还作为次选药物。在我国的多种癌症治疗中，顺铂也都作为首选药物参加治疗。

(2) 卡铂　卡铂名为 1,1-环丁二羧酸二氨合铂(Ⅱ)，是美国施贵宝公司、英国癌症研究所以及 Johnson Matthey 公司于 20 世纪 80 年代合作开发的第二代铂族抗癌药物。

(3) 奈达铂　是日本盐野义制药公司开发的一个第二代铂类抗肿瘤药物，1995 年在日本首次获准上市。用于治疗头颈部肿瘤、小细胞和非小细胞肺癌、食道癌、膀胱癌、睾丸癌、子宫颈癌等。

(4) 奥沙利铂　奥沙利铂名为左旋反式二氨环己烷草酸铂，是继顺铂和卡铂之后开发的第三代铂类抗癌药物。奥沙利铂为一个稳定的、水溶性的铂类烷化剂，是已上市的第一个环己烷二氨基合铂类化合物，也是第一个显现对结肠癌有效的铂类烷化剂及在体内外均有广谱抗肿瘤活性的铂类抗肿瘤药物。它对耐顺铂的肿瘤细胞亦有作用。

(5) 乐铂(洛铂)　乐铂名为 1,2-二氨甲基环丁烷乳酸合铂(Ⅱ)，是由德国爱斯达制药有限公司开发研制的又一个第三代铂类抗肿瘤药物。该药的抗肿瘤效果与顺铂和卡铂的作用相当或者更好，毒性作用与卡铂相同，且与顺铂无交叉耐药。

第五节　铜 和 锌

铜(Cu) 是周期系 ds 区ⅠB 族元素，ⅠB 族也称为铜族元素。锌(Zn) 是周期系 ds 区ⅡB 族元素，ⅡB 族也称为锌族元素。在自然界中，铜和锌的地壳丰度相对较大，分布广泛。铜既有游离态的，也有以化合态形式存在的，主要铜矿有黄铜矿($Cu_2S \cdot Fe_2S_3$)、赤铜矿(Cu_2S)、孔雀石[$Cu(OH)_2 \cdot CuCO_3$]等。重要的锌矿有闪锌矿(ZnS)、菱锌矿($ZnCO_3$) 等。

一、铜和锌的单质及其化合物

1. 铜和锌的单质

(1) 铜　铜是紫红色的金属 (所有金属中只有铜和金有特殊的颜色)，具有优良的导电性和导热性，仅次于银位列所有金属的第二位。铜的熔点、沸点较高，并且具有良好的延展性和机械加工性。

在常温下，铜不与干燥的空气中的 O_2 反应；与潮湿的空气反应生成铜绿[$Cu(OH)_2 \cdot CuCO_3$]；与卤素直接化合生成卤化铜。在加热时，铜与氧和硫直接化合生成 CuO 和 Cu_2S。铜与非氧化性稀酸不反应，只能溶解在硝酸、浓盐酸和热的浓硫酸中。

(2) 锌　锌是银白色金属，熔点和沸点都较低，属于低熔点金属。锌的化学性质活泼，在加热的条件下能与绝大多数非金属元素直接化合，如锌与硫共热生成硫化锌。锌在潮湿的空气中放置可生成碱式碳酸锌。锌是两性金属，既能与非氧化性稀酸作用置换出 H_2，也能与碱作用生成锌酸盐，锌还能和氨水作用生成锌氨配离子。

课堂互动

1. 铜和锌位于元素周期表的什么位置，具有哪些理化性质?
2. 生活中的铜制品有哪些?

2. 化合物

(1) 铜的化合物　Cu_2O 外观为红色，但由于晶体颗粒的不同，也可呈黄色、橙红色和棕红色等。Cu_2O 对热十分稳定，不溶于 H_2O，但溶于稀酸之后歧化。Cu_2O 可溶于氨水和氢卤酸盐等配合剂中，形成配合物。

在浓盐酸溶液中 $CuCl_2$ 是黄色的，这是由于生成配离子；稀溶液中由于水分子多，$CuCl_2$ 变为 $[Cu(H_2O)_4]Cl_2$，由于水合，显蓝色，二者混合，呈绿色。

卤化亚铜 CuX 外观呈白色，均难溶于水，溶解度按 Cl、Br、I 的顺序依次减小。

CuO 是碱性化合物，难溶于水，溶于酸时生成相应的盐。CuO 遇强热分解为 Cu_2O 和 O_2。$Cu(OH)_2$ 不稳定，在溶液中加热至 353K 时，即脱水生成黑褐色的氧化铜。$Cu(OH)_2$ 具有氧化性，加热可将甲醛氧化为甲酸，本身还原为砖红色的 Cu_2O 沉淀。$Cu(OH)_2$ 两性，以碱性为主，略有酸性。

(2) 锌的化合物　ZnO 俗名锌白，几乎不溶于水，生成热比较大，较稳定，加热升华而不分解。ZnO 受热时为黄色，冷却时为变色。

在锌盐的可溶性溶液中加入适量碱，可得到 $Zn(OH)_2$。ZnO 和 $Zn(OH)_2$ 是两性化合物，溶于强酸生成锌盐，溶于强碱生成四羟基合锌配离子。

无水 $ZnCl_2$ 是白色易潮解的固体，它的溶解度很大，吸水性很强，有机化学中常用作去水剂和催化剂。

磷酸锌是一种低毒的防锈颜料，可用作各类防腐防锈颜料、涂料、钢铁等金属表面的磷化剂和医药级牙科用黏合剂等。

二、铜和锌的生物学效应

1. 铜的生物学效应

铜是人体必需微量元素，正常成人体内含铜总量为 80～120mg，主要以血浆铜蓝蛋白的形式存在。铜的吸收主要在肠道内进行，体内的铜经胆汁、皮肤和尿液排泄。

体内的铜具有多种重要的生物功能，铜是血浆铜蓝蛋白、超氧化物歧化酶（SOD）、细胞色素 C 氧化酶等活性中心的组成元素。血浆铜蓝蛋白具有亚铁氧化酶的作用及抗氧化的作用。此外，机体中的铜对造血系统和神经系统的发育、对骨骼和结缔组织的形成等都具有重要的影响。

铜与人体健康和疾病的关系十分密切。铜缺乏可引起免疫功能低下、机体应激能力降低、小细胞低色素性贫血、肝大、骨骼病变等。但是，铜也具有一定的生物毒性，急性铜中毒的临床表现主要为消化道症状，也可出现血尿、尿闭、溶血性黄疸、呕血等症状，中毒严重者可因肾衰竭而死亡。职业性铜中毒患者可出现呼吸系统、神经系统、消化系统及内分泌系统等不同程度的病变，严重危害人体健康。

2. 锌的生物学效应

锌是体内最重要的生命元素，在世界卫生组织公布的微量元素中，锌位列第一。人体内锌的含量仅次于铁，正常成人体内含锌的总量为 1.5～2.5g，主要分布在肌细胞和骨骼中。人体每日需从食物中摄取 12～16mg 的锌。锌主要在肠道内吸收，经粪便和尿液排泄。

人体内的锌主要与生物大分子配体形成金属蛋白、金属核酸等配合物。这些配合物参与机体的大多数生理生化反应。目前，生物体中已命名的含锌酶有数十种。如碳酸酐酶、羧肽酶、碱性磷酸酶等，它们在机体的新陈代谢过程中都具有极其重要的生理功能。含锌蛋白能直接参与 DNA 的转录和复制，对机体的生长发育具有控制作用。锌还与蛋白质及核酸的代谢、与生物膜的结构和稳定性、与激素的分泌量及活性、与细胞免疫功能的状态等都具有十分密切的关系。因此，锌对维持人体的健康状态具有极为重要的作用。

三、含铜和锌的药物

（1）葡萄糖酸铜和硫酸铜　适用于各种原因引起的铜缺乏症。

（2）赤铜屑、扁青、空青、曾青、绿青、铜绿、胆矾、紫铜矿、绿盐等矿物药。

（3）氧化锌　用于收敛和杀菌。

（4）葡萄糖酸锌和硫酸锌　补锌药，主要用于婴儿及老年，妊娠妇女因缺锌引起的生长发育迟缓，营养不良，厌食症，复发性口腔溃疡，皮肤痤疮等症。

第六节　镉和汞

镉和汞属于锌族元素，位于元素周期表的ⅡB族，原子结构特征为 $(n-1)d^{10}ns^2$，最外层只有2个s电子，次外层有18个电子。镉（gé），CADMIUM，源自kadmia，“泥土”的意思，1817年发现。和锌一同存在于自然界中。它是一种吸收中子的优良金属，制成棒条可在原子反应炉内减缓核子连锁反应速率，而且在锌-镉电池中颇为有用。汞的重要的矿源是朱砂（又名辰砂）HgS。镉有CdS矿。

一、镉和汞的单质及其化合物

1. 镉和汞的单质

（1）镉　镉单质呈银白色微带淡蓝光泽金属，质软，富有韧性和延展性。其原子量112.4，相对密度8.65，熔点320℃，沸点767℃。

镉在潮湿空气中缓慢氧化并失去金属光泽，加热时表面形成棕色的氧化物层。高温下镉与卤素反应激烈，形成卤化镉。也可与硫直接化合，生成硫化镉。镉可溶于酸，但不溶于碱。镉的氧化态为+1、+2。氧化镉和氢氧化镉的溶解度都很小，它们溶于酸，但不溶于碱。镉可形成多种配离子，如 $[Cd(NH_3)_4]^{2+}$、$[Cd(CN)_4]^{2-}$ 等。镉的毒性较大，被镉污染的空气和食物对人体危害严重，日本因镉中毒曾出现“痛痛病”。

（2）汞　汞是唯一在室温下为液态的金属，且汞的蒸气是几乎全部为单原子的唯一单质（除稀有气体外）。汞的蒸气压相当低，液态汞的电阻性又特别高，因此常用作电学测量标准。汞在273～473K的体积膨胀系数很均匀，又不润湿玻璃，因此广泛应用在温度计、气压计和不同类型的压力计中。

镉和汞都能与其他各种金属形成合金，汞的合金为汞齐。组成不同，汞齐的存在状态也不同，可以呈液态，也可以呈固态。

课堂互动

1. 镉和汞位于元素周期表的什么位置，具有哪些理化性质？
2. 汞的用途有哪些？

2. 镉和汞化合物

镉和汞的重要化合物是氧化物、硫化物、卤化物和配合物。镉和汞都能形成正常的氧化物 CdO 和 HgO，镉还形成过氧化物 CdO_2。CdO 为灰棕色粉末，HgO 为红色或黄色晶体，且它们都难溶于水。

在 Cd^{2+} 和 Hg^{2+} 溶液中分别通入 H_2S，便立即产生黄色的 CdS 沉淀和黑色的 HgS 沉淀。

镉和汞与卤素能生成二卤化物，其中 $HgCl_2$ 是低熔点、易升华的固体，又称升汞，有剧毒，易溶于有机溶剂，稍溶于水。

二、镉和汞的生物学效应

1. 镉的生物学效应

镉及其化合物主要经呼吸道和消化道吸收。可通过肺泡进入血液，血液中镉 90%～95%存在于红细胞内，并与血红蛋白结合。进入组织细胞的镉，主要分布于肾、肝、肺。镉可通过胎盘屏障进入胎儿组织。慢性镉中毒主要引起以肾小管病变为主的肾脏损害。严重时，可出现慢性肾功能衰竭和骨质软化与疏松。

2. 汞的生物学效应

微量的汞在人体内不会导致危害，可以通过尿、粪以及汗液等途径排出体外。但是如果过多就会危及身体健康。汞和汞盐都是危险的有毒物质，严重的中毒可以导致人体内脏机能的衰竭。

汞及其化合物可通过呼吸道、皮肤或消化道等不同的途径侵入人体。汞的毒性是积累的，需要长时间才能表现出来。

长期吸入汞蒸气或汞化合物粉尘会导致慢性汞中毒，以精神-神经异常、牙龈炎、震颤为主要症状，有时还会产生幻觉。大剂量的汞蒸气吸入或汞化合物的摄入会发生急性汞中毒。

知识拓展

食品中的镉

镉能被农作物或者水生动物从环境中吸收，并通过食物链一步一步积聚，最终到达我们餐桌上的食物中。镉含量较高的食物有：蔬菜、海产、谷物。

蔬菜：镉通常在植物的叶上积聚，因此叶菜类蔬菜（例如菠菜）的镉含量或会较高。

海产：甲壳类动物会天然地在体内（特别是内脏）积聚镉，因此，甲壳类海产一般会积聚较多，如面包蟹、生蚝和扇贝等。

谷物：镉主要存在于谷物外部，通过研磨能全部或大部分去除。

科学避“镉”：

① 通过正规渠道购买食物，切勿购买来历不明的食物。

② 烹饪蔬菜（特别是叶菜）前，可用清水浸透，并彻底洗净。

③ 保持均衡饮食，有节制地进食镉含量偏高的食品，例如贝类、肾脏和肝脏。

三、含汞的药物

常用的含汞中药包括轻粉、红粉和朱砂，具有去腐生肌、抗菌谱广、抗菌力强的作用。轻粉又名汞粉，主要成分为氯化亚汞，外用杀虫、攻毒、敛疮，内服祛痰消积、逐水通便。红粉主要成分为氧化汞，临床只能外用，可拔毒、除脓、去腐、生肌。朱砂又称丹砂，辰砂，主要成分为硫化汞，具有清心镇惊、安神、名目、解毒作用。

含汞的中成药有磁珠丸、苏合香丸、安宫牛黄丸等。

第七节 铊和铅

铊一种金属元素，其元素符号 Tl，原子序数为 81。金属铊为银白色，质柔软，铊以化合物形态见于少数矿物（例如硒铊银铜矿和红铊矿）内，毒性极大。铊主要以化合物的形式应用。

知识拓展

铊的发现

1861 年英国化学、物理学家威廉姆·克鲁克斯（William Crookes）爵士在研究硫酸厂废渣的光谱中发现这一元素，并命名；次年克鲁克斯和拉米几乎同时分别用电解法制得铊。

铅是一种金属元素，其化学符号为 Pb，源于拉丁文 Plumbum，原子序数为 82。铅是所有稳定的化学元素中原子序数最高的。铅是质量最大的稳定元素，在自然界中有 4 种稳定同位素：铅 204、206、207、208，还有 20 多种放射性同位素。铅在地壳中的含量为 0.0016%，主要存在于方铅矿（PbS）及白铅矿（$PbCO_3$）中，经煅烧得硫酸铅及氧化铅，再还原即得金属铅。

知识拓展

铅的历史

铅是人类最早使用的金属之一。早在 7000 年前人类就已经认识铅了。公元前 3000 年，人类已会从矿石中熔炼铅。在《圣经·出埃及记》中就已经提到了铅。古罗马使用铅非常多。有人甚至认为罗马入侵不列颠的原因之一是因为康沃尔地区拥有当时所知的最大的铅矿。甚至在格陵兰岛上钻出来的冰心中可以测量得出从前 5 世纪到 3 世纪地球大气层中的铅的含量增高。这个增高今天被认为是罗马人造成的。炼金术士以为铅是最古老的金属并将它与土星联系到一起。

一、铊和铅的单质及其化合物

1. 铊和铅的单质

（1）铊　单质铊是一种蓝白色重质金属，质软，无弹性。易熔融，在空气中氧化时表面覆有氧化物的黑色薄膜，174℃开始挥发，保存在水中或石蜡中较空气中稳定。溶于硝酸和硫酸，较难与盐酸反应，不溶于水。相对密度 11.85。熔点 303.5℃。沸点 1457℃。剧毒。密封于水或油中保存。

(2) 铅　单质铅是一种蓝白色重金属，质柔软，延性弱，展性强，熔点 327.502℃，沸点 1740℃，密度 11.3437g/cm^3，硬度 1.5。空气中表面易氧化而失去光泽，变灰暗。溶于硝酸、热硫酸、有机酸和碱液。不溶于稀酸和硫酸。铅具有两性：既能形成高铅酸的金属盐，又能形成酸的铅盐。

2. 铊和铅的化合物

(1) 铊的化合物　铊常用于制备铊盐、合金，以及氢还原硝基苯的催化活化剂。铊与钒的合金用于生产硫酸时的催化剂，耐硫化氢腐蚀的涂料，半导体研究中，光学玻璃的附加料。含 8.5%铊的液体汞齐的凝固点为−60℃，在低温操作的仪器中为汞的代用品。气态铊可作为内燃机的抗震剂。

(2) 铅的化合物　铅的重要氧化物有 PbO(红或黄)、PbO_2(棕黑)、Pb_3O_4(红)。且 PbO 是两性偏碱性，PbO_2 是两性偏酸性，它们都是不溶于水的固体。

PbO 溶于硝酸、醋酸、酒石酸和高氯酸，生成的 Pb(Ⅱ) 盐，较难溶于碱。Pb(Ⅳ) 在酸性介质中具有强氧化性。PbO_2 与强碱共熔生成 $Pb(OH)_6^{2-}$。

Pb_3O_4 俗名红丹和铅丹，是混合态的氧化物，与硝酸反应得到 PbO_2 和 $Pb(NO_3)_2$。

铅的重要硫化物有 PbS。PbS 为黑色，且难溶于水。PbS 能溶于硝酸，在浓盐酸中微溶。黑色的 PbS 与过氧化氢作用可生成白色的硫酸铅。

二、铊和铅的生物学效应

1. 铊的生物学效应

铊的放射性同位素铊-201 目前用于各种疾病的诊断。铊-201 半衰期仅 72.9h 可很快从体内排出。铊-201 的另一个重要性能是当它衰变时会发出穿透性极强的 γ 射线，在人体之外可以探测到。

铊中毒绝大多数为非职业性中毒，多为误服，应用铊盐治疗或其他原因引起。铊经口入体后，通常发病缓慢。潜伏期长短与剂量大小有关。一般约在 12～24h 后发生症状。开始为消化道症状，恶心、呕吐、阵发性腹绞痛、腹泻以及出血性肠胃炎等。有时患者仅为厌食或恶心。数天后，神经症状较为明显，可有多发性颅神经损害和周围神经炎症状。严重中毒病例，可很快出现谵妄、惊厥和昏迷。植物神经症状可有心动过速或过缓、暂时性高血压等。此外，铊中毒尚可有肝、肾损害。以吸入中毒者较为明显，严重时可引起中毒性肝炎。皮肤可出现皮疹，指甲和趾甲有白色横纹（米氏纹）出现。

2. 铅的生物学效应

铅是一种有毒矿物，正常人体内含铅总量为 0.1～0.2g，中毒量约为 0.4g，致死量为 20g，铅化物的致死量为 50g。铅在人体内半衰期很长，大约为 1460 天。它先以磷酸氢铅的形式分式于全身，继之有 90%～95%转化为正磷酸盐沉积在骨骼、牙齿、脏器、肌肤、毛发中，然后缓慢地转移至血液中。铅对人体各种组织系统均有毒性危害，尤其是神经、造血系统受害最甚。

三、含铊和铅的药物

含铅中药主要有铅丹、铅粉、铅霜、黄丹、密陀僧等，另外还有中成药黑锡丹、二味黑锡丹等，含铅量高达15%。

知识导图

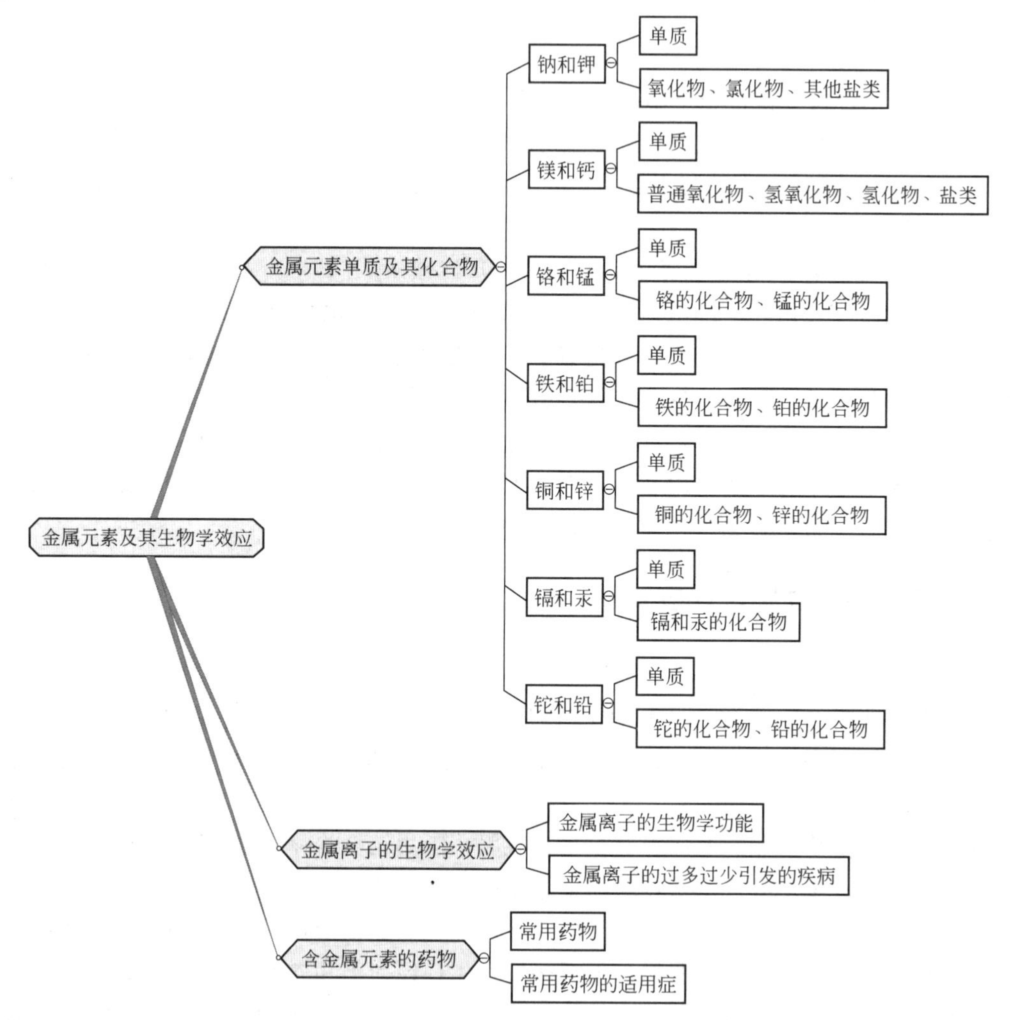

综合测试

一、填空题

1. 钠和钾属于________，它们均具有________，是典型的轻、软金属。钠和钾还具有________和良好导电性等特点。钠和钾的化学性质很活泼，主要表现在易与水反应，产生________；易氧化，生成________、________、________等。

2. 钙单质容易与水发生反应生成________和________。镁在过量的氧气中燃烧，不形成过氧化物，只生成正常的氧化物。

3. 铬是________金属光泽的金属，其熔点和沸点较高。纯铬具有________，含有杂质的铬硬且脆。铬的________相当强，是个较活泼的金属；铬的表面容易生成紧密的________薄膜而钝化，表现出显著的化学惰性。

4. 金属锰外形似铁，致密的块状锰是________的，粉末状的锰呈________。锰是活泼金属，常温下能与非氧化性酸反应生成________和放出氢气，高温下能与卤素、氮、硫、硼、碳、硅、磷等非金属直接化合。

5. 在常温下，铜不与干燥的空气中的 O_2 反应；与潮湿的空气反应生成________；与卤素直接化合生成________。在加热时，铜与氧和硫直接化合生成________和________。

二、选择题

1. 下列各组金属单质中，可以和碱溶液发生作用的是（　　）。

A. Cr　Al　Zn　　B. Pb　Zn　Al　　C. Ni　Al　Zn　　D. Sn　Be　Fe

2. 下列各组金属单质中，可以和稀盐酸发生反应的是（　　）。

A. Al　Cr　Mn　　B. Fe　Sn　Pb　　C. Cu　Pb　Zn　　D. Fe　Ni　Ag

3. 碳酸氢钠比碳酸钠热稳定性差，这主要是因为（　　）。

A. 碳酸氢钠比碳酸钠碱性要弱　　B. 碳酸氢钠中 H^+ 的反极化作用很强

C. 碳酸氢钠比碳酸钠的晶格能要大　　D. 碳酸钠晶体中含有两个钠离子

4. 钠长时间放在空气中，最后的产物主要成分是（　　）。

A. Na_2O　　B. NaOH　　C. Na_2CO_3　　D. $Na_2CO_3 \cdot 10H_2O$

5. 下列金属中，遇到盐酸或强碱溶液都能放出氢气的是（　　）。

A. Cu　　B. Mg　　C. Fe　　D. Al

6. 金属材料一直发挥着重要的作用。人类历史上使用最早的金属是（　　）。

A. 铜　　B. 铁　　C. 铝　　D. 钛

三、简答题

1. 镁和钙的化合物有哪些？

2. 什么是金属元素，都位于元素周期表中哪些位置？

（尹连红）

第十章综合测试参考答案

第十一章

非金属元素及其生物学效应

非金属元素及其生物学效应

知识目标

1. 掌握硫、硒、磷、砷和硼在元素周期表的位置、电子层结构和成键性质。
2. 熟悉重要非金属元素的单质及其化合物的基本性质、结构及用途。
3. 了解非金属元素的生物学效应。

技能目标

1. 熟练书写重要非金属元素的化学符号和主要化合物的化学式。
2. 分析含非金属元素的药物的药用价值及临床应用。

素质目标

加强对重要的非金属元素在生活、药学和科技中应用的了解。

在一百多种化学元素中，非金属元素占了22种，它们是氢、硼、碳、氮、氧、氟、硅、磷、硫、氯、砷、硒、溴、碲、碘、砹、氦、氖、氩、氪、氙、氡。在周期表中，除氢以外，其他非金属元素都位于p区右上角。非金属元素性质的递变符合元素周期表的一般规律。在同一周期，从左向右随着核电核数的增加，原子半径逐渐变小，非金属性逐渐增强，金属性逐渐减弱；在同一主族，第一个原子半径最小，电负性最大，获得电子的能力最强，与同组其他元素相比，化学性质存在一定的差异，且自上而下随着原子半径的增大，非金属性逐渐减弱，金属性逐渐增强。非金属元素的电子层构型存在差异，在同种原子之间常以不同的键合方式形成不同结构的单质分子。80%的非金属元素在现代社会中占有重要位置。本章将主要介绍非金属元素的单质及其重要化合物的性质及其生物学效应。

第一节　硫和硒

硫、硒位于元素周期表第ⅥA族，属于氧族元素，价电子构型为ns^2np^4，原子最外层有6个电子，反应中易获得2个电子或与其他元素共用2个电子，表现为氧化性。硫在地壳中的原子含量为0.03%，在自然界中以化合态和单质硫的形式存在，是一种分布较广的元素。天然硫化合物主要为硫化物和硫酸盐两大类，如黄铁矿、石膏和芒硝等。硒是分散的稀有元素，自然界中无单独的硒矿。硒通常极少量地存在于一些硫化物矿内，且富集于煅烧矿石的烟道灰内。

一、硫和硒的单质及其化合物

S原子的价电子层结构为$3s^2 3p^4$，还有可以利用的空3d轨道，因此S在形成化合物时有如下的价键特征：

(1) 形成离子键　S原子可以从电负性较小的原子接受2个电子，形成离子，生成离子型硫化物。

(2) 形成共价键　S原子可以与电负性相近的原子形成共价键，另外它的3s和3p中的成对电子可以拆开进入它的3d空轨道，然后参与成键。

(3) 形成多硫链　单质S的结构有形成长硫链—S_n—的特性，因此长硫链也可以成为形成化合物的结构基础。这个特点是其他元素少见的。

1. 硫和硒的单质

(1) 硫　单质硫有多种同素异形体，其中最常见的是斜方硫和单斜硫。斜方硫亦称为菱形硫或α-硫，在368.4K以下稳定；单斜硫又叫β-硫，在368.4K以上稳定。斜方硫是室温下唯一稳定的硫的存在形式，所有其他形式的硫在放置时都会转变成晶体的斜方硫。

斜方硫和单斜硫都是分子晶体，且每个分子都是由8个S原子组成的环状结构（皇冠构型），在这个环状分子中，每个S原子采取sp^3杂化态，与另外两个硫原子形成共价单键相连接。硫为黄色晶状固体，它的导热性和导电性都很差，性松脆，难溶于水，微溶于乙醇，易溶于CS_2中。从CS_2中再结晶，可以得到纯度很高的晶状硫。

硫能形成氧化态为−2、+6、+4、+2、+1的化合物，−2价的硫具有较强的还原性，+6价的硫只有氧化性，+4价的硫既有氧化性也有还原性。硫是一个很活泼的元素，表现在：除金、铂外，硫几乎能与所有的金属直接加热化合，生成金属硫化物；除稀有气体、碘、分子氮以外，硫与所有的非金属一般都能化合；硫能溶解在苛性钠溶液中反应生成Na_2S_2和$Na_2S_2O_3$；硫能被浓硝酸氧化成硫酸。

(2) 硒　单质硒有多种同素异构体，在已知的六种固体同素异构体中，三种晶体（α单斜体、β单斜体和灰色三角晶）是最重要的。晶体中以灰色六方晶系最为稳定，密度$4.81g/cm^3$，它由螺旋状长链分子构成，是带有金属光泽的脆性晶体。也有三种非晶态固体存在形式：红色、黑色的两种无定形玻璃状的硒。前者性脆，密度$4.26g/cm^3$；后者密度$4.28g/cm^3$，另外一种是胶状硒。硒在空气中燃烧发出蓝色火焰，生成二氧化硒（SeO_2）。与氢、卤素直接作用，与金属能直接化合，生成硒化物。不能与非氧化性的酸作用，但它溶于浓硫酸、硝酸和强碱中。

硒具有光敏性和半导体特性，最突出的性质是在光照的条件下导电性可提高近千倍，在电子工业中常用于制造光电管。硒是一种很好的物理脱色剂，少量的硒加到普通玻璃中可消除由于含有Fe^{2+}而产生的绿色。在冶金工业中，在铸铁、不锈钢和铜合金中加入少量硒可以提高其强度和可塑性。

2. 硫和硒的化合物

(1) 硫的化合物

① 硫化氢　H_2S是一种无色有毒的气体，有臭鸡蛋气味，它是一种大气污染物。空气

中如果含 0.1%的 H_2S 就会迅速引起头疼晕眩等症状，吸入大量 H_2S 会造成人昏迷和死亡。长期与 H_2S 接触会引起嗅觉迟钝、消瘦、头痛等慢性中毒。H_2S 在 213K 时凝聚成液体，187K 时凝固。它在水中的溶解度不大，一般 1L 水可溶解 2.6L H_2S 气体，浓度约为 1.0mol/L。这种溶液叫硫化氢水或氢硫酸。

H_2S 的水溶液是个弱酸，它在水中的解离，$K_{a_1}=1.3\times10^{-8}$，$K_{a_2}=1.3\times10^{-15}$；$H_2S$ 具有还原性，分子中的 S 的氧化数为−2，处于 S 的最低氧化态。从标准电极电势看，无论在酸性或碱性介质中，H_2S 都具有较强的还原性，可被 SO_2 等氧化剂氧化成单质 S，甚至氧化成硫酸。

② 金属硫化物　Na_2S 是一种白色晶状固体，熔点 1453K，在空气中易潮解。常见商品是它的水合晶体 $Na_2S\cdot9H_2O$。

金属硫化物大多数是有颜色难溶于水的固体，只有碱金属和铵的硫化物易溶于水，碱土金属硫化物微溶于水。

③ 多硫化物　Na_2S 或 $(NH_4)_2S$ 的溶液能够溶解单质硫，就好像碘化钾溶液可以溶解单质碘一样，在溶液中生成多硫化物。多硫离子具有链状结构，S 原子通过共用电子对相连成硫链。多硫化物具有氧化性，当多硫化物 M_2S_x 中的 $x=2$ 时，如 Na_2S_2 或 $(NH_4)_2S_2$，可以叫做过硫化物，过硫化物实际是过氧化物的同类化合物。

多硫化物溶液一般显黄色，其颜色可随着溶解的硫的增多而加深，最深为红色。多硫化钠 Na_2S_2 是常用的分析化学试剂，在制革工业中用作原皮的脱毛剂；多硫化钙 CaS_4 在农业上用作杀虫剂。

④ 硫的氧化物和含氧酸　硫呈现多种氧化态，能形成种类繁多的氧化物和含氧酸。硫的氧化物有 S_2O、SO、S_2O_3、SO_2、SO_3、S_2O_7、SO_4 等，其中最重要的是 SO_2 和 SO_3。

SO_2 是一种无色有刺激臭味的气体，比空气重 2.26 倍，它是一种大气污染物，是造成酸雨的主要因素之一。空气中 SO_2 的含量不得超过 0.02mg/L。SO_2 中 S 的氧化数为+4，所以 SO_2 既有氧化性又有还原性，但还原性是主要的。只有遇到强还原剂时，SO_2 才表现出氧化性。SO_2 能和一些有机色素结合成为无色化合物，因此可用作纸张、草帽等的漂白剂。SO_2 主要用于制造硫酸和亚硫酸盐，还大量用于制造合成洗涤剂、食物和果品的防腐剂、住所和用具的消毒剂。SO_2 的职业性慢性中毒会引起食欲丧失、大便不通和气管炎症。SO_2 是极性分子，常压下，263K 就能液化，易溶于水，常温情况下 1L 水能溶解 40L 的 SO_2，相当于质量分数为 10%的溶液。

纯净的 SO_3 是无色易挥发的固体，熔点 289.9K，沸点 317.8K。SO_3 中 S 原子处于最高氧化态+6，所以 SO_3 是一种强氧化剂，特别在高温时它能氧化磷、碘化物和铁、锌等金属；SO_3 极易吸收水分，在空气中强烈冒烟，溶于水即生成硫酸并放出大量热。

纯 H_2SO_4 是无色油状液体，凝固点为 283.36K，沸点为 611K(质量分数 98.3%)，密度为 $1.854g/cm^{-3}$，相当于浓度为 18mol/L。H_2SO_4 是一个二元强酸，在稀溶液中，它的第一步解离是完全的，第二步解离程度则较低，$K_{a_2}=1.2\times10^{-2}$。浓 H_2SO_4 溶于水产生大量的热，若不小心将水倾入浓 H_2SO_4 中，将会因为产生巨大的热量而导致爆炸。因此在稀释硫酸时，只能在搅拌下把浓硫酸缓慢地倾入水中，绝不能把水倾入浓硫酸中。

硫酸是 SO_3 的水合物，除了 $H_2SO_4(SO_3\cdot H_2O)$ 和 $H_2S_2O_7(2SO_3\cdot H_2O)$ 外，它还能生成一系列稳定的水合物，所以浓硫酸有强烈的吸水性，能严重地破坏动植物的组织，如损坏衣服和烧坏皮肤等，使用时必须注意安全。浓硫酸是一种氧化性酸，加热时氧化性更显著，它可以氧化许多金属和非金属。

知识拓展

酸雨的形成及危害

酸雨是指pH小于5.6的雨雪或其他形式的降水，主要是人为的向大气中排放大量酸性物质所造成的。雨、雪等在形成和降落过程中，吸收并溶解了空气中的SO_2、氮氧化合物等物质。中国的酸雨主要因大量燃烧含硫量高的煤而形成的，多为硫酸雨，少为硝酸雨。此外，各种机动车排放的尾气也是形成酸雨的重要原因。

酸雨对土壤、水体、森林、建筑等均带来严重的危害，造成重大的经济损失。对生态系统、人体健康也有直接和潜在的危害。酸雨可使儿童免疫功能下降，使慢性咽炎、支气管哮喘发病率增加，同时可使老人眼部、呼吸道患病率增加。我国是现在世界上最大的SO_2排放国，SO_2的排放治理刻不容缓。

课堂互动

请查阅资料，从能源、工业生产和生活方式等方面探讨对酸雨的防治有哪些可行的防治措施?

(2) 硒的化合物

① 硒化氢　硒化氢是无色、有恶臭的气体，分子构型与硫化氢相似，为弯曲结构，毒性比硫化氢更大，而热稳定性和在水中的溶解度比硫化氢小，水溶液的酸性比硫化氢强。这是因为硒的半径较硫大，与氢离子间的引力逐渐减弱，解离度逐渐增大。它的还原性也强于硫化氢，与空气接触便逐渐分离出硒。

② 含氧化物　硒在空气中燃烧能形成SeO_2，为无色晶体，是由无限长的SeO_2链和桥式氧原子构成。SeO_2易挥发，在588K升华，在加压下可以熔融，液态SeO_2是橙黄色的。SeO_2易溶于水，其水溶液呈弱酸性，蒸发其水溶液可得到无色结晶的亚硒酸。亚硒酸为二元酸，且具有吸湿性。SeO_2和亚硒酸主要显氧化性，当遇到强氧化剂时也显还原性。

硒酸（H_2SeO_4）为无色晶体，熔融时为浓的油状液体。它与硫酸的性质相似，它是一种不挥发的强酸，具有强的吸水性，溶于水会放出大量的热，能使有机物炭化。其氧化性比浓硫酸强。硒酸与盐酸反应有氯气产生，热的浓硒酸能溶解铜、银和金，生成相应的硒酸盐。热硒酸和浓盐酸混合液像王水一样，可以溶解铂。

亚硒酸可以形成亚硒酸盐（M_2SeO_3）和亚硒酸氢盐（$MHSeO_3$），硒酸也可以形成M_2SeO_4和$MHSeO_4$。硒酸的钡盐和铅盐与硫酸钡和硫酸铅一样难溶。

二、硫和硒的生物学效应

1. 硫的生物学效应

硫是人体和其他生物有机体中不可缺少的元素，占人体重量的0.64%。硫是构成硫酸软骨素的重要成分，摄入人体内的无机硫除少量结合到氨基酸内，大部分进入软骨质中，直接参与了软骨代谢。半胱氨酸、蛋氨酸、同型半胱氨酸和牛磺酸等氨基酸和一些常见的酶含硫，因此硫是所有细胞中必不可少的一种元素。在蛋白质中，多肽之间的二硫键是蛋白质构造中的重要组成部分。

2. 硒的生物学效应

硒和硒的化合物

硒是人体的必需微量元素之一，对人体健康影响极大。硒的作用比较宽泛，但其原理主要是两个：第一、组成体内抗氧化酶，能提到保护细胞膜免受氧化损伤，保持其通透性；第二、硒-P 蛋白具有螯合重金属等毒物，降低毒物毒性作用。因此，硒被科学家称之为人体微量元素中的“防癌之王”。

硒最重要的生物活性是抗氧化，硒是谷胱甘肽过氧化物酶的主要成分，可清除体内脂质过氧化物，防止血液凝块，清除胆固醇，维持心血管系统的正常结构和功能，保护心血管健康。硒能有效地抑制致癌物质过氧化氢和自由基在体内的形成，从而抑制癌症的发生和发展。硒还能有效地促进有毒金属排出体外，降低重金属的毒性作用。此外，硒还被称为“延年益寿的元素”，具有抗衰老的功效。缺硒引起的疾病有很多，包括克山病、动脉硬化、关节炎、癌症等。但摄入过量的硒也会引起疾病，如腹泻、脱发、指甲脱落、神经系统异常等。

知识拓展

硒的摄入

硒在人体内无法合成，所以要满足人体对硒的需求，就需要每天补充硒。2014 年 6 月 12 日，中国营养学会在上海正式发布了 2013 版《中国居民膳食营养素参考摄入量(DRIs)》，根据中国居民饮食结构的改变及国内外营养学界最新科研成果，作了膳食营养结构的调整；其中把硒的日营养摄入最低量从 50μg 上调到 60μg。适宜摄入量为 100μg/天，可耐受最高摄入量为 400μg/天。

含硒的食物有：内脏和海产品 0.4～1.5mg/kg；瘦肉 0.1～0.4mg/kg；谷物 0.01～0.04mg/kg；奶制品 0.1～0.3mg/kg；水果蔬菜 0.1mg/kg。无机硒不易被吸收，且有较大的毒性，不适合人和动物使用。植物活性硒通过生物转化与氨基酸结合而成，一般以硒代蛋氨酸的形式存在，是人类和动物允许使用的硒源。备受青睐的为天然有机植物活性硒，如富硒玉米粉，是从富硒技术改良的土壤中吸收硒元素的粮食，经过生长过程中的光合作用和体内生物转化作用为硒代蛋氨酸，人体吸收率达 99% 以上，既满足了人体硒元素需要，又解决了硒的吸收和代谢率偏低的难题。

课堂互动

全世界有四十多个国家和地区属于缺硒地区。中国是一个缺硒大国，但是有一个地方的岩石、土壤、动植物硒富集均达到世界之最，被称为“世界硒都”，你知道在哪里吗？

三、含硫和硒的药物

（1）硫代硫酸钠　俗称大苏打，有很强的配位能力，临床上可用于氰化物、卤素和重金属汞、铅等中毒治疗。

（2）硫鸟嘌呤　应用于各类急性白血病。

（3）硫唑嘌呤　与其他药物联合应用于器官移植病人的抗排斥反应，如肾移植、心脏移植及肝移植，亦减少肾移植受者对皮质激素的需求。本药也可单独使用于严重的风湿性关节炎，系统性红斑狼疮，自体免疫性慢性活动性肝炎，寻常性天疱疮，结节性多动脉炎，自体免疫性溶血性贫血。

（4）亚硒酸钠　口服适量的亚硒酸钠可预防和治疗克山病，效果较好且安全。

第二节　磷和砷

磷和砷位于元素周期表第ⅤA族，属于氮族元素，价电子构型为 ns^2np^3，原子的最外层有5个电子。它们的最高氧化值均为+5，氢化物中为−3。

磷是生命元素，它存在于细胞、蛋白质、骨骼和牙齿中，磷是细胞核的重要成分，磷酸和糖结合而成的核苷酸，是遗传基因的物质基础，直接关系到变化万千的生物世界。磷在脑细胞里含量丰富，脑磷脂供给大脑活动所需的巨大能量，因此，科学家说磷是思维元素。磷在生命起源、进化以及生物生存、繁殖中，都起着重要作用。磷在自然界中总是以磷酸盐的形式出现，它在地壳中的百分含量为0.118%。磷的矿物有磷酸钙 $Ca_3(PO_4)_2 \cdot H_2O$ 和磷灰石 $Ca_5F(PO_4)_3$，这两种矿物是制造磷肥和一切磷化合物的原料。

砷在地壳中的含量不大，却广泛分布于自然界中。在自然界中，存在少量的天然砷，而含砷的矿物有150多种，最普通的是砷化物矿和硫化物矿，也有一些氧化物矿和砷酸盐矿。此外，海水、矿泉、土壤、人体中都存在微量砷。砷与其化合物被广泛运用在农药、除草剂、杀虫剂和许多合金中。

一、磷和砷的单质及其化合物

1. 磷和砷的单质

（1）磷　磷原子的价电子层结构是 $3s^23p^33d^0$，有空的3d轨道，因此磷原子在形成化合物或单质时可以形成离子键、共价键或配位键。

磷有多种同素异形体，常见的有白磷、红磷和黑磷。纯白磷是无色透明的晶体，遇光逐渐变为黄色，因而又叫黄磷。黄磷有剧毒，误食0.1g就能致死。黄磷在常温下有很高的化学活性。白磷不溶于水，易溶于二硫化碳（CS_2）中。它和空气接触时缓慢氧化，部分反应能量以光能的形式放出，这便是白磷在暗处发光的原因，叫做磷光现象。当白磷在空气中缓慢氧化到表面上积聚的热量使温度达到313K时，便达到了白磷的燃点，发生自燃。因此白磷一般要储存在水中以隔绝空气。将白磷隔绝空气加热到533K就转变为无定形红磷。它是一种暗红色的粉末，不溶于水、碱和 CS_2 中，基本无毒。其化学性质也比较稳定，虽然可与各种氧化剂反应，但不如白磷那样猛烈，在空气中也不自燃，加热到673K以上才着火。黑磷是磷的一种最稳定的变体，将白磷在高压（1200MPa）下，加热到

473K 方能转化类似石墨片状结构的黑磷。黑磷能导电，所以黑磷有“金属磷”之称。在磷的主要三种同素异形体中，黑磷的密度最大（2.7g/cm^3），不溶于有机溶剂，一般不易发生化学反应。

工业上用白磷来制备高纯度的磷酸，生产有机磷杀虫剂、烟幕弹等。含有少量磷的青铜叫做磷青铜，它富有弹性、耐磨、抗腐蚀，用于制作轴承、阀门等。大量红磷用于火柴生产，火柴盒侧面所涂物质就是红磷与三硫化二锑等的混合物。磷还用于制备发光二极管的半导体材料。

知识拓展

烟幕弹的原理

白磷是一种无色或者浅黄色、半透明蜡状物质，具有强烈的刺激性，其气味类似于大蒜，燃点极低，一旦与氧气接触就会燃烧，发出黄色火焰的同时散发出浓烈的烟雾。烟幕弹中装有白磷，当其引爆后，白磷会在空气中迅速燃烧，生成物 P_2O_5，后与空气中的水分发生化学反应：$P_2O_5+H_2O=2HPO_3$（偏磷酸），$P_2O_5+3H_2O=2H_3PO_4$（磷酸），这些酸液微滴与一部分未发生反应的白色小颗粒状 P_2O_5 悬浮在空气中便形成了烟雾。

（2）砷　砷有黄、灰、黑三种同素异形体，在室温下，最稳定的是灰砷，它是一种折叠式排列的片层结构，每一片层中，每个砷原子由三个单键相互连接。灰砷具有金属的外形，能传热、导电，但性脆，熔点低，易挥发。将砷蒸气迅速冷却得到黄砷。它是以 As_4 为基本结构单元组成的分子晶体，呈明显的非金属性，不溶于水，易溶于 CS_2。黄砷为亚稳态结构，见光很快转变为灰砷。用液态空气冷却砷蒸气，可得到无定形黑砷。

常温下，砷在空气和水中比较稳定。加热的条件下，砷能与卤素、氧和硫等非金属化合，生成三价砷化合物。与强氧化剂氟反应还能生成五氟化砷。稀硝酸和浓硝酸能分别把砷氧化成 H_3AsO_3 和 H_3AsO_4，热的浓硫酸能将砷氧化成 As_4O_6。熔融的碱能和砷反应生成亚砷酸盐。在高温条件下，砷能与大多数金属反应，生成合金或金属互化物。

2. 磷和砷的化合物

（1）磷的化合物

① 磷化氢　磷化氢 PH_3 是一种无色剧毒的气体，有类似大蒜的臭味。磷化氢亦称为膦。PH_3 在 183.28K 凝结为液体，139.25K 凝结为固体。

PH_3 和它的取代衍生物 PR_3 具有三角锥形的结构。P—H 键长 142pm，键角为 93°，PH_3 分子的极性比 NH_3 分子弱得多。

PH_3 水溶液的碱性也比氨水弱，生成的水合物 $PH_3 \cdot H_2O$ 相当于 $NH_3 \cdot H_2O$ 的类似物。由于磷盐极易水解，水溶液中并不能生成 PH_4^+，而生成 PH_3 从溶液中逸出。PH_3 是个强还原剂；PH_3 和它的取代衍生物 PR_3 能与过渡元素形成多种配位化合物，其配位能力比 NH_3 或胺强得多，例如 $CuCl \cdot PH_3$、$PtCl_2 \cdot 2P(CH_3)_3$ 等。

② 磷的氧化物　磷在常温下慢慢氧化，或在不充分的空气中燃烧，均可生成 P(Ⅲ) 的氧化物 P_4O_6，简称做三氧化二磷。三氧化二磷是有滑腻感的白色吸潮性蜡状固体，熔点

296.8K，沸点（在氮气氛中）446.8K。三氧化二磷有很强的毒性，溶于冷水中缓慢地生成亚磷酸，它是亚磷酸酐，在热水中歧化生成磷酸和放出磷化氢。

磷在充分的氧气中燃烧，可以生成 P_4O_{10}，这个化合物常简称为五氧化二磷。其中 P 的氧化数为+5。五氧化二磷是白色粉末状固体，有很强的吸水性，在空气中很快就潮解，因此它是一种最强的干燥剂。它与水作用激烈，放出大量热，生成 P(Ⅴ) 的各种含氧酸，并不能立即转变成磷酸，只有在 HNO_3 存在下煮沸才能转变成磷酸。五氧化二磷是磷酸的酸酐。

③ 磷的含氧酸及其盐　磷能生成多种氧化数的含氧酸和含氧酸盐，以 P(Ⅴ) 的含氧酸和含氧酸盐最为重要。

H_3PO_4是由一个单一的磷氧四面体构成的。磷氧四面体是所有 P(Ⅴ) 含氧酸和盐的基本结构单元。市售磷酸是含 H_3PO_4 82%的黏稠状的浓溶液，磷酸溶液黏度较大是由于溶液中存在着氢键。磷酸的熔点是 315.3K，由于加热 H_3PO_4 会逐渐脱水，因此 H_3PO_4 没有沸点，能与水以任何比例混溶。H_3PO_4 是个三元酸，由它逐级解离常数看，它是一个中强酸；H_3PO_4 几乎没有氧化性；磷酸根离子具有很强的配合能力，能与许多金属离子生成可溶性的配合物；磷酸受强热时脱水，依次生成焦磷酸、三磷酸和多聚的偏磷酸。

磷酸可以形成一种正盐和两种酸式盐，磷酸的钠、钾、铵盐及磷酸的二氢盐都易溶于水，而磷酸的一氢盐和正盐除钠、钾、铵盐以外，一般都难溶于水。如溶解度 $Ca(H_2PO_4)_2 > CaHPO_4 > Ca_3(PO_4)_2$；可溶性磷酸盐在水溶液中都能发生不同程度的水解，使溶液呈现不同程度的酸碱性。以钠盐为例，Na_3PO_4 水溶液有较强的碱性，Na_2HPO_4 水溶液呈弱碱性，而 NaH_2PO_4 水溶液呈弱酸性。磷酸正盐比较稳定，一般不易分解。但磷酸一氢盐或二氢盐受热却容易脱水分解。

（2）砷的化合物

① 砷化氢　砷化氢又称为胂，砷化氢是剧毒的、有恶臭的无色气体。通过砷化物水解的方法制备砷化氢。它在热力学上是不稳定的，但在室温下分解缓慢，一般在 523～573 K 时就分解为单质。单质析出聚集在器皿的冷却部位形成亮黑色的“砷镜”。砷化氢的还原性极强，能与大多数无机氧化剂反应，如与 $AgNO_3$ 反应便有黑色 Ag 析出。

② 砷氧化物和含氧酸　砷能形成氧化数为+3 和+5 的氧化物，如三氧化二砷 As_2O_3 和五氧化二砷 As_2O_5，及其对应的水化物是亚砷酸 H_3AsO_3 和砷酸 H_3AsO_4。As_2O_3 是砷的重要化合物，俗称砒霜，是剧毒的白色粉末状固体，致死量约为 0.1g。As_2O_3 和 H_3AsO_3 均为偏酸性的两性化合物，可与碱反应生成亚砷酸盐。在碱性溶液中亚砷酸盐是较强的还原剂，可将碘单质还原。在酸性溶液中砷酸则表现出氧化性，可将碘离子氧化。

知识拓展

银针可以探毒吗？

对应于三氧化二砷作为毒药的悠久历史，银针探毒的方法在我国古代断案中被广为采用。三氧化二砷真的可以与银反应吗？答案是：否。

由于古代冶炼技术差，工艺粗糙，制成的砒霜中往往含有大量硫化物。硫化物与银反应，生成的黑色硫化银（Ag_2S）附着在银针表面，银针就这样变黑了。也就是说，银针试毒的方法实际上是检测出了砒霜中的含硫杂质而已，并不是检测出三氧化二砷本身。所以，银针探毒在古代的成功应用纯属巧合。

二、磷和砷的生物学效应

1. 磷的生物学效应

磷是在人体中含量较多的元素之一，仅次于钙。正常成年人骨中的含磷总量约为600～900g，占总含磷量的80％和钙结合并储存于骨骼和牙齿中，剩余的20％分布于神经组织等软组织中，人体每100ml全血中含磷35～45mg。肌体对磷的吸收比钙容易，因此，一般不会出现磷缺乏症。磷对生物体的遗传代谢、生长发育、能量供应等方面都是不可缺少的。磷是组成机体极为重要的元素，是组成遗传物质核苷酸的重要成分，而核苷酸是传递遗传信息和控制机体细胞正常代谢的重要物质——核糖核酸和脱氧核糖核酸的基本组成单位。磷参与构成三磷酸腺苷（ATP)、磷酸肌酸等功能及储能物质，因此磷在机体内能量产生、传递、储存的过程中起到了重要的作用。磷脂是细胞膜上的主要脂类组成成分，是维持细胞膜的完整性、发挥细胞机能所必需的。机体中有许多酶都含有磷，并且许多辅酶也需要磷酸化，才能具有活性，发挥辅酶的作用，因此糖、脂肪、蛋白质三大能量营养素在氧化时释放出能量需要磷的参与。磷还可以促进脂肪和脂肪酸的分解，防止血中聚集过量的酸或碱，促进物质吸收，刺激激素的分泌。体内钠、钾等阳离子和碳酸、磷酸、蛋白质等阴离子构成体液缓冲系统，维持体内酸碱平衡，以保证新陈代谢正常进行。在骨的发育与成熟过程中，钙和磷的平衡有助于无机盐的利用。磷酸盐能调节维生素D的代谢，维持钙的内环境稳定。

如果缺磷，则骨髓、牙齿发育不正常。骨质疏松、软化、容易骨折，或患小儿佝偻病，食欲不振、肌肉虚弱。佝偻病是一种小儿病，是因缺少磷、钙、维生素D或钙磷比例失调而引起的。骨软化是成人的佝偻病，是长期缺少磷、钙或维生素D，或钙磷比例失调而引起的。如血中磷过多会降低血中钙的浓度，引起低血钙症，从而导致神经兴奋性的增强，手足抽搐和惊厥。

2. 砷的生物学效应

砷对人体是有害元素，砷化合物能与蛋白质中的巯基（—SH）结合，使蛋白质失去生理功能。另一方面砷是人体必需的微量元素，正常情况下，每100kg体重有0.005g砷。

砷以＋3氧化态和＋5氧化态的形式存在于食物、水和环境中，并广泛分布于245种物质中，每千克非暴露的土壤中砷的含量为0.1～40mg，世界卫生组织饮用水砷标准为0.01mg/L。三价砷与五价砷或无机砷与有机砷在体内的相互转换和代谢决定着砷的毒性作用，三价砷与无机砷的毒性较大，五价砷和有机砷相对毒性较低。

空气中的砷大部分是三价砷，被人体吸收后在肺部的沉积率主要取决于其颗粒的大小，经口摄入的砷大部分能经胃肠道吸收。亚砷酸钠、砷酸盐进入人体后，95％～97％与红细胞内血红蛋白结合，由于砷与含巯基（—SH）的蛋白质高度的亲和力，24h内分布于肝、肾、肺、胃肠道、脾脏及脑等全身各器官和组织中。砷主要经尿排泄，摄入体内的无机砷其$t_{1/2}$可达30h，另外粪便、皮肤、汗腺、唾液腺及乳汁内也有微量砷排出，人乳汁中砷的浓度可达3pg/L。砷可在头发和指甲中蓄积。

地方性砷中毒中心血管系统症状体征可表现为心脏杂音、心脏肥大等，较显著的变化是在心电图的改变上，外周血管出现“雷诺氏”现象，甚至下肢出现坏疽。砷对脏器的损害取决于机体是急性砷中毒还是慢性砷中毒，亚急性、急性砷中毒肝功能只有轻度变化，慢性砷中毒肝损害常表现为黄疸、肝功能异常，以后发展为肝硬化和腹水。急性砷中毒的胃肠道症状有腹痛、腹泻、恶心及呕吐、伴有血色样便等。砷对泌尿生殖系统的损害表现在砷中毒可以引起肾癌、膀胱癌，以及生殖系统的癌。皮肤黏膜综合征是砷中毒最初的指征，而皮肤角化是地方性砷中毒皮肤损害的又一特征。恶心、上腹痛及食欲下降在低剂量慢性砷中毒病例中较多见。另外，大量的证据已经表明多种生物包括人类的胚胎期均可受到无机砷的影响。砷中毒可致胚胎中轴骨骼、脑颅、面颅、眼睛以及泌尿生殖系统的畸形和胚胎期死亡。

三、含磷和砷的药物

1. 磷酸盐

磷酸镁、磷酸铝为抗酸药，能缓解胃酸过多引起的反酸等症状，用于胃及十二指肠溃疡、反流性食管炎等酸相关性疾病的治疗；磷酸二氢钠可用于低磷血症的预防和治疗，尿路感染的辅助用药，含钙肾结石的预防等。

2. 环磷酰胺

环磷酰胺作为抗肿瘤药，可用于急性或慢性淋巴细胞白血病、多发性骨髓瘤、恶性淋巴瘤等疾病。作为免疫抑制剂药，可用于各种自身免疫性疾病，如类风湿性关节炎、全身性红斑狼疮等。

3. 含砷中药

某些中药如牛黄解毒片中含有雄黄。低浓度的砷化物具有一定的生物学作用，如燥湿、祛风、杀虫、解毒。

4. 三氧化二砷

砒霜可用于治疗痔疮、疟疾和哮喘等，目前临床上更多的是使用低浓度制剂用于急性早幼粒细胞性白血病。

白血病特效药三氧化二砷

早在李时珍的《本草纲目》中，就提到了三氧化二砷的应用，砒石的主要成分就是砷剂，当时主要治疗各种化脓性疾病和结核性疾病。

三氧化二砷（俗称砒霜）是我国自主发明的、世界首创的治疗急性早幼粒细胞白血病（APL）的特效药物，在临床应用已有近45年历史。三氧化二砷之所以能够治愈APL，是因为它对APL的致病基因PML具有针对作用。在PML基因上有一个特殊的基础蛋白Marker，它是APL的致病蛋白，三氧化二砷正好作用于该蛋白，其活性被下调，当下调到0的时候，疾病就很难复发，用三氧化二砷治疗的患者复发率只有15%左右。

运用化学的方法研究无机矿物药和中草药，揭示其有效成分和作用机理，在继承的基础上，研发高效创新的药物，化学担负着重要的作用。

第三节　硼

一、硼的单质及其化合物

1. 硼的单质

单质硼有多种同素异形体，无定形硼为棕色粉末，晶体硼呈灰黑色。晶态单质硼有多种变体，它们都以 B_{12} 正二十面体为基本的结构单元。这个二十面体由 12 个 B 原子组成，20 个接近等边三角形的棱面相交成 30 条棱边和 12 个角顶，每个角顶为一个 B 原子所占据。由于 B_{12} 二十面体的连接方式不同，键也不同，形成的硼晶体类型也不同。其中最普通的一种是 α 菱形硼。α 菱形硼属于原子晶体，硬度大，熔点高，化学性质也不活泼。晶体硼的硬度仅次于金刚石，有很高的电阻，但它的导电率却随着温度的升高而增大，高温时为良导体。

晶态硼较惰性，而无定形硼则比较活泼，可以参与多种化学反应。与非金属（N_2、O_2、X_2 等单质）反应；具有还原性，可以与许多稳定的氧化物发生反应，如在赤热的条件下与水蒸气作用生成硼酸和氢气；与热的浓 H_2SO_4 或浓 HNO_3 作用生成硼酸。与强碱作用，在氧化剂存在下，硼和强碱共熔得到偏硼酸盐；与金属作用，高温下硼几乎能与所有的金属反应生成金属硼化物。

2. 硼的化合物

(1) 硼氢化物　硼不能直接与氢化合，但可以通过间接反应生成一系列的共价型氢化物，这类氢化物的物理性质类似于烷烃，故称为硼烷。其中最简单的一种是乙硼烷（B_2H_6）（室温下为无色气体），而不是甲硼烷（BH_3）。

常温下，B_2H_6 和 B_4H_{10}（丁硼烷）为气体，B_5～B_8 为液体，$B_{10}H_{14}$ 及其他高硼烷都是固体。硼烷多数有毒，有令人不适的特殊气味，不稳定。B_2H_6 是非常活泼的物质，暴露于空气中易燃烧或爆炸，并放出大量的热；强还原剂，能与强氧化剂反应。例如与卤素反应生成卤化硼；B_2H_6 易水解释放出 H_2，生成硼酸；B_2H_6 能与 NH_3、CO 等具有孤对电子的分子发生加合反应，生成配合物。

(2) 硼的氧化物　硼被称为亲氧元素，硼氧化合物有很高的稳定性。单质 B 在空气中加热可生成硼酸，高温加热 H_3BO_3 可脱水生成玻璃态的 B_2O_3。

B_2O_3 为白色粉末状固体，是硼酸的酸酐，有很强的吸水性，在潮湿的空气中同水结合转化成硼酸。因此可以用作干燥剂。常见的 B_2O_3 有无定形和晶体两种，二者密度不同，晶体具有较高的稳定性。

熔融的 B_2O_3 能够与许多金属氧化物完全互溶，或部分互溶生成具有特征颜色玻璃状硼酸盐，如 $NiO \cdot B_2O_3$ 显绿色，$CuO \cdot B_2O_3$ 显蓝色；B_2O_3 与 NH_3 加热到一定温度时可反应制得氮化硼 $(BN)_{2x}$，其结构与石墨相同；B_2O_3 与 H_2O 结合生成硼酸，常见的有硼酸（H_3BO_3）与偏硼酸（HBO_2）及四硼酸（$H_2B_4O_7$）；B_2O_3 在 873K 时与 CaH_2 反应生成六硼化钙（CaB_6）。

（3）硼酸和硼酸盐

① 硼酸　H_3BO_3 是白色片状晶体，微溶于水[273K 时溶解度为 6.35g/(100gH_2O)]，加热时，由于晶体中的部分氢键断裂，溶解度增大[373K 时溶解度为 27.6g/(100gH_2O)]。H_3BO_3是个一元弱酸，$K_a=5.8\times10^{-10}$，它之所以有弱酸性并不是它本身解离出质子，而是由于 B 是缺电子原子，它加合了来自 H_2O 分子中的 OH^- 而释放出离子。硼酸和甲醇或乙醇在浓 H_2SO_4 存在的条件下，生成硼酸酯，硼酸酯在高温下燃烧挥发，产生特有的绿色火焰，此反应可用于鉴别硼酸、硼酸盐等化合物。硼酸加热脱水分解过程中，先转变为偏硼酸(HBO_2)，继续加热变成 B_2O_3。在同极强的酸性氧化物（如 P_2O_5 或 AsO_5）或酸反应时，H_3BO_3 能表现出弱碱性。

② 硼砂　硼砂是最常见的四硼酸盐[$Na_2B_4O_5(OH)_4\cdot8H_2O$]，工业上一般把它的化学式写成 $Na_2B_4O_7\cdot10H_2O$。

在$[B_4O_5(OH)_4]^{2-}$，4 配位的 B 原子是 BO_4 四面体结构单元中的中心原子，而 3 配位的 B 原子是 BO_3 平面三角形结构单元中的中心原子。即在四硼酸根中有两个 BO_3 平面三角形和两个 BO_4 四面体通过共用角顶 O 原子而联结起来的复杂结构。

硼砂($Na_2B_4O_7\cdot10H_2O$)是无色半透明的晶体或白色结晶粉末。在空气中容易失水风化，加热到 650K 左右，失去全部结晶水成无水盐，在 1150K 熔成玻璃态。熔融状态的硼砂同 B_2O_3 一样，与金属氧化物灼烧可以显示出不同的颜色，如与 CoO 反应生成蓝色的 $2NaBO_2\cdot Co(BO_2)_2$，因此可以鉴别一些金属，在分析化学中称为“硼砂珠实验”。硼砂是一个强碱弱酸盐，可溶于水，在水溶液中水解呈碱性，此溶液具有缓冲作用，是实验中常用的缓冲溶液，分析化学中还可用来标定酸的浓度。

课程思政

食品添加剂的监管

硼砂具有增加食物韧性、脆度及改善食物保水性及保鲜防腐等功能。一些不法商贩在制作腐竹、豆腐、米粽、米粉、面条、牛（鱼）肉丸和各种糕点等食品中添加硼砂，使产品煮不糊，韧性好，防腐，增加弹性、脆度和膨胀度。

在食品中加入少量的硼砂是过去人们传统行为，例如包粽子和炸油条时会下一点硼砂，做出来的粽子和油条好吃；在面条、腐竹中加入能提高其韧劲；在猪肉上洒硼砂可起到防腐保鲜作用等。硼砂已经被证明是一种致癌物质，中国《食品卫生法》和《食品添加剂卫生管理办法》中明令禁止硼砂作为食品添加剂使用。所以不存在超标不超标的问题，而是决不能作为食品添加剂使用。在食品中违法添加硼砂，严重地损害了消费者的健康权益，必须得到法律的制裁。

二、硼的生物学效应

硼元素是核糖核酸形成的必需品，它可以使核酸稳定，核酸是核糖核酸的重要成分。而核糖核酸是生命的重要基础构件。硼普遍存在于蔬果中，是维持骨的健康和钙、磷、镁正常代谢所需要的微量元素之一。对停经后妇女防止钙质流失、预防骨质疏松症具有功效，硼的缺乏会加重维生素D的缺乏；另一方面，硼也有助于提高男性睾丸甾酮分泌量，强化肌肉，是运动员不可缺少的营养素。硼还有改善脑功能，提高反应能力的作用。虽然大多数人并不缺硼，但老年人有必要适当注意摄取。

硼可能具有的功能有维持骨质密度，预防骨质疏松，加速骨折的愈合，减轻风湿性关节炎症状等。硼、硼酸、硼砂都是低毒类蓄积性毒物，每天口服100mg，可引起慢性中毒，肝、肾脏受到损坏，脑和肺出现水肿。

三、含硼的药物

（1）硼砂　为矿物硼砂经精制而成的结晶，具有清热消痰、解毒防腐，治疗咽喉肿痛、口舌生疮、目赤翳障、骨鲠、噎膈、咳嗽痰稠的功效。

（2）硼酸　有消毒、收敛和防腐作用。2%～5%的硼酸水溶液可以用于洗眼、漱口等；10%的硼酸软膏用于治疗皮肤溃疡等；用硼酸与甘油制成的硼酸甘油酯是治疗中耳炎的滴耳剂。

知识导图

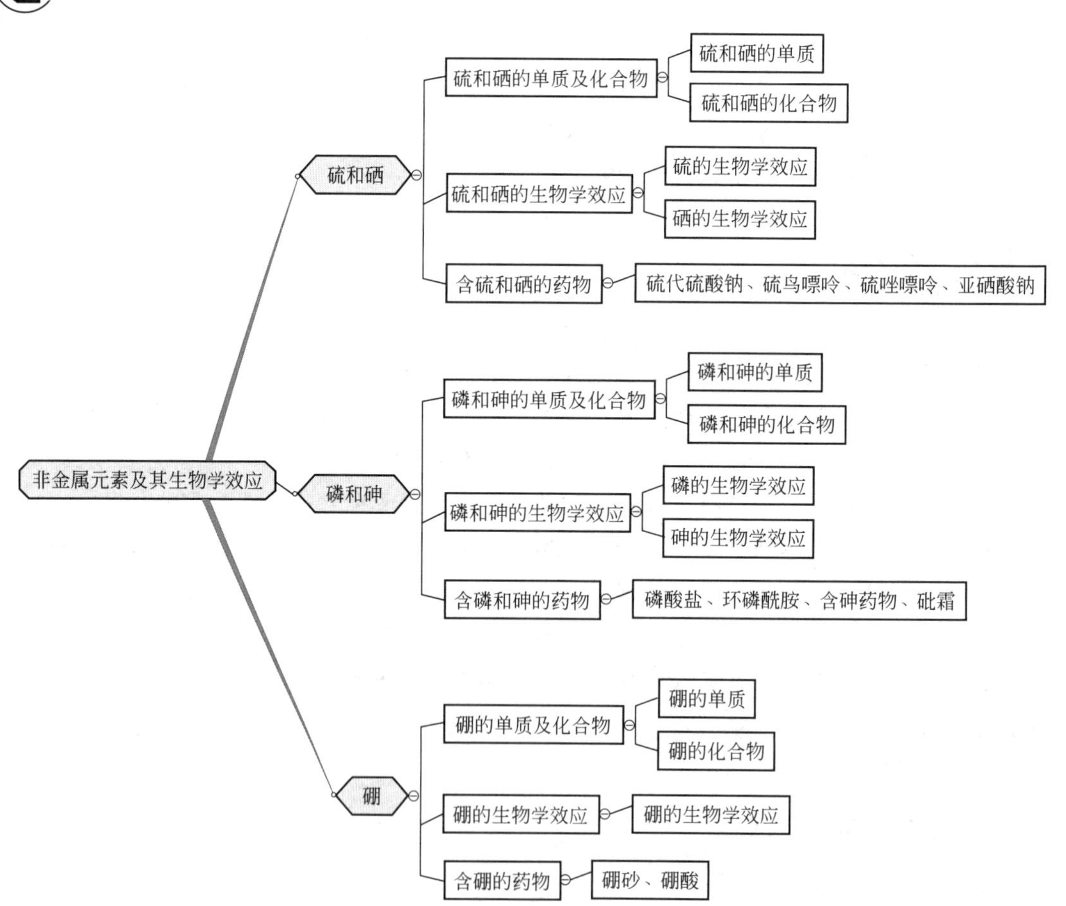

综合测试

一、填空题

1. 单质硫有多种同素异形体，其中最常见的是________和________。硫为________固体。

2. 硒的游离态存在几种同素异构体，最稳定的是________，它由________分子构成，是带有金属光泽的脆性晶体。硒还具有无定形的同素异形体，无定形硒有________和________两种。

3. 白磷在空气中自燃生成____________，可以被氢气还原生成____________，可以剧烈地与卤素单质反应，在氯气中也能自燃生成____________和____________。

4. 砷有黄、灰、黑三种同素异形体，在室温下，最稳定的是________。将砷蒸气迅速冷却得到________，它是以________为基本结构单元组成的分子晶体，呈明显的非金属性，不溶于水，易溶于 CS_2。

5. 硼砂珠实验是硼砂与____________一同灼烧，生成的偏硼酸复盐并显示出不同的颜色，常用于金属离子的鉴定。硼砂溶液水解呈碱性，在实验中还常用作____________，以及在分析化学中用来标定____________的浓度。

二、选择题

1. 下列氢化物的酸性从小到大的顺序是（　　）。

A. $HCl>H_2S>HF>H_2O$　　B. $HCl>HF>H_2S>H_2O$

C. $HF>HCl>HBr>HI$　　D. $HCl>HF>HBr>HI$

2. 磷的单质中，热力学上最稳定的是（　　）。

A. 红磷　　B. 白磷　　C. 黑磷　　D. 黄磷

3. P_4O_6 称为三氧化二磷，它可以（　　）。

A. 溶解于冷水中，生成 H_3PO_3　　B. 溶解于冷水中，生成 H_3PO_4

C. 溶解于热水中，生成 H_3PO_3　　D. 溶解于 NaOH 溶液，生成 PH_3 气体

4. 硫代硫酸钠（　　）。

A. 在酸中不分解　　B. 在溶液中可氧化非金属单质

C. 与 I_2 反应得 SO_4^{2-}　　D. 可以作为配位剂（即配体）

5. 硼的独特性质表现在（　　）。

A. 能生成正氧化态化合物如 BN，其他非金属则不能

B. 能生成负氧化态化合物，其他非金属则不能

C. 能生成大分子

D. 在简单的二元化合物中总是缺电子的

6. 以下含氧酸中，二元酸是（　　）。

A. 焦磷酸　　B. 次磷酸　　C. 亚磷酸　　D. 正磷酸

7. 下列物质在氧化还原反应中，硫元素只具有还原性的是（　　）。

A. H_2S　　B. SO_2　　C. H_2SO_3　　D. H_2SO_4

8. 下列说法错误的是（　　）。

A. 亚砷酸盐在碱性溶液中具有还原性

B. 砷化氢受热分解为单质砷，可形成“砷镜”

C. 三氧化二砷具有两性，但其碱性较强

D. 砷酸在酸性溶液中具有氧化性

三、简答题

1. 为什么 H_3BO_3 是一个一元弱酸而不是三元酸？

2. 为什么在室温下 H_2S 是气态而 H_2O 是液体？

3. 为什么硫代硫酸钠能作为卤素、重金属离子和氰化物的解毒剂？

（张珩）

第十一章综合测试参考答案

第十二章
无机化学实验

实验绪论

无机化学实验是无机化学课程的重要组成部分。通过无机化学实验，可以帮助学生理解和巩固理论知识，学习科学实验方法，培养观察现象、分析问题和解决问题的能力，养成严谨求实的科学态度和协作互助的工作作风，为更好地与职业技能相衔接、提高学生的综合职业能力打下基础。

一、无机化学实验基本要求

（1）实验前要认真预习，明确本次实验的目的、原理和操作要点，熟悉实验内容和主要步骤，了解实验注意事项，预测实验中可能出现的问题及处理办法。每次实验课均应有准备地接受教师的提问。

（2）进入实验室应穿实验服（长发者应将头发收拢于实验帽内），清点仪器，如发现有破损或缺少，应立即报告老师，按规定手续补领。保持实验室安静及室内卫生，不得将与实验无关的任何物品带入实验室。

（3）实验中应认真，严格按实验规程操作，细心观察并如实记录实验现象，虚心接受教师的指导。

（4）实验中注意防止试剂及药品的污染，取用时应仔细观察标签和取用工具上的标识，杜绝错盖瓶盖或不随手加盖的现象发生。当不慎发生试剂污染时，应及时报告任课教师，以便处理。公用试剂、药品应在指定位置取用。取出的试剂、药品不得再倒回原瓶。未经允许不得擅自动用实验室任何物品。

（5）按仪器操作规程使用仪器，破损仪器应及时登记报损、补发。使用精密仪器，需经教师同意，并在教师指导下使用，用毕登记签名。

（6）正确使用清洁液，注意节约纯化水，清洗玻璃仪器应遵守少量多次的原则，洗至玻璃表面不挂水珠。

（7）节约水电、药品和试剂，爱护公物。可回收利用的废溶剂应回收至指定的容器中，不可任意弃去。腐蚀性残液应倒入废液缸中，切勿倒进水槽。

（8）实验完毕应认真清理试验台面，试验用品洗净后放回原处，经教师同意后，方可离开。值日生还应负责清扫实验室公共卫生、清理公用试剂、清除垃圾及废液缸中污物，并检查水、电、门窗等安全事宜。

（9）认真总结实验结果，依据原始记录，按指定格式填写实验报告，并按规定时间上交实验报告。

（10）实验课不得旷课，实验期间不得擅自离开实验室。

二、实验室安全常识

在无机化学实验中常接触到有腐蚀性、毒性或易燃易爆的化学药品以及各种仪器设备，如使用不慎极易发生危险。在试验操作前应对各种药品、试剂的性质和仪器的性能有充分的了解，并且熟悉一般安全知识，必须严格遵守实验室各种安全操作制度。在实验中要时刻注意防火、防爆，发现事故苗头及时报告，不懂时不要擅自动手处理。

1. 防火知识

实验室中失火原因通常是易燃液体使用、蒸馏不谨慎或电器电路有故障。预防失火的措施主要有：

（1）易燃物质应储存于密闭容器内并放在专用仓库阴凉处，不宜大量存放在实验室中；在试验中使用或倾倒易燃物质时，注意要远离火源；易燃液体的废液应倒入专用储存容器中，不得倒入下水道，以免引起燃爆事故。

（2）磷与空气接触，易自发着火，应在水中储存；金属钠暴露于空气中亦能自燃且与水能起猛烈反应而着火，应在煤油中储存。

（3）身上或手上沾有易燃物质时，应立即清洗干净，不得靠近火源，以免着火。

实验过程一旦发生火灾，不要惊慌，首先尽快切断电源或燃气源，再根据起火原因有针对性灭火。比如：①酒精及其他可溶于水的液体着火时，可用水灭火；②有机溶剂或油类着火时，应用沙土隔绝氧气灭火；③衣服着火时应就地躺下滚动，同时用湿衣服在身上抽打灭火。

2. 防爆知识

（1）在蒸馏乙醚时应特别小心，切勿蒸干，因为乙醚在室温时的蒸气压很高，与空气或氧气混合时能产生过氧化物而发生猛烈爆炸。

（2）下列物质混合易发生爆炸：①高氯酸与乙醇；②高氯酸盐或氯酸盐与浓硫酸、硫黄或甘油；③高锰酸钾与浓硫酸；④金属钠或钾与水；⑤硝酸钾与醋酸钠；⑥氧化汞与硫黄；⑦磷与硝酸、硝酸盐、氯酸盐。

（3）使用氢气、乙炔等可燃性气体为气源的仪器时，应注意检查气瓶及仪器管道的接头处，以免漏气后与空气混合发生爆炸。

（4）某些氧化剂或混合物不能研磨，否则将引起爆炸，如氯酸钾、硝酸钾、高锰酸钾等。

3. 有腐蚀性、毒性试剂及药品使用知识

（1）使用浓酸、浓碱等强腐蚀性试剂时，应格外小心，切勿溅在皮肤或衣服上，尤其注意保护眼睛。

（2）溴能刺激呼吸道、眼睛及烧伤皮肤。烧伤处应立即用石油醚或苯洗去溴液；或先用水洗，再用稀碳酸氢钠或硼酸溶液洗涤；或用25%氨溶液-松节油-95%乙醇(1∶1∶10)的混合液涂敷处理。

（3）氰化钾、三氧化二砷、升汞、黄磷或白磷皆有极毒，应严格按剧毒物有关规定储存、取用，切勿误入口中，使用后应及时洗手。

4. 用电安全知识

（1）实验前应检查电线、电器设备有无损坏，绝缘是否良好，认真阅读使用说明书，明确使用方法，切不可盲目地接入电源，使用过程中要随时观察电器的运行情况。

（2）使用烘箱和高温炉时，必须确认自动控制温度装置的可靠性，同时还需人工定时监测温度。

（3）不要将电气器械放在潮湿处，禁止用湿手或沾有食盐溶液和无机酸的手去接触使用电器，也不宜站在潮湿的地方使用电气器械。

5. 中国危险货物标志

中国危险货物标志请扫二维码阅读。

中国危险货物标志

三、化学实验环保常识

在化学实验中会产生各种有毒的废液、废气，其中有些是剧毒物质或致癌物质，如果直接排放，就会污染环境，造成公害，而且“废物”中的贵重和有用的成分没能回收，在经济上也是损失。所以尽管实验过程中产生的废液、废气少而且复杂，仍须经过必要的处理才能排放。

1. 废液

化学实验室的废液在排入下水道之前，应经过中和及净化处理。

（1）废酸和废碱溶液　经过中和处理，使 pH 在 6～8 范围内，并用大量水稀释后方可排放。

（2）含镉废液　加入消石灰等碱性试剂，使所含的金属离子形成氢氧化物沉淀而除去。

（3）含六价铬化合物的废液　在铬酸废液中，加入 $FeSO_4$、Na_2SO_3，使其变成三价铬后，再加入 NaOH（或 Na_2CO_3）等碱性试剂，调节溶液 pH 在 6～8，使三价铬形成 $Cr(OH)_3$沉淀除去。

（4）含氰化物的废液　加入 NaOH 使废液呈碱性（pH>10）后，再加入 NaClO，使氰化物分解成 CO_2 和 N_2 而除去；也可在含氰化物的废液中加入 $FeSO_4$ 溶液，使其变成 $Fe(CN)_2$沉淀除去。

（5）汞及含汞的化合物废液　若不小心将汞散落在实验室内，必须立即用吸管、毛笔或硝酸汞酸性溶液浸过的薄铜片将所有的汞滴拣起，收集于适当的瓶中，用水覆盖起来。散落过汞的地面应撒上硫黄粉，覆盖一段时间，使生成硫化汞后，再设法扫净，也可喷上 20% 的 $FeCl_3$ 溶液，让其自行干燥后再清扫干净。处理少量含汞废液时，可在含汞废液中加入 Na_2S，使其生成难溶的 HgS 沉淀，再加入 $FeSO_4$ 作为共沉淀剂，清液可以排放，残渣可用焙烧法回收汞，或再制成汞盐。

（6）含铅盐及重金属的废液　可在废液中加入 Na_2S 或 NaOH，使铅盐及重金属离子生成难溶性的硫化物或氢氧化物而除去。

（7）含砷及其化合物的废液　可在废液中加入 $FeSO_4$，然后用 NaOH 调节溶液 pH 至 9，砷化合物和 $Fe(OH)_3$ 与难溶性的 Na_2AsO_3 或 Na_2AsO_4 产生共沉淀，经过滤除去。另外，还可在废液中加入 H_2S 或 Na_2S，使其生成 As_2S_3 沉淀而除去。

2. 废气

当做有少量有毒气体产生的实验时，可以在通风橱中进行。通过排风设备把有毒废气排到室外，利用室外的大量空气来稀释有毒废气。

如果做有较大量有毒气体产生的实验时，应该安装气体吸收装置来吸收这些气体，然后进行处理。例如 HF、SO_2、H_2S、NO_2、Cl_2 等酸性气体，可以用 NaOH 水溶液吸收后排放；碱性气体如 NH_3 等用酸溶液吸收后排放；CO 可点燃转化为 CO_2 气体后排放。

对于个别毒性很大或排放量大的废气，可参考工业废气处理方法，用吸附、吸收、氧化、分解等方法进行处理。

（商传宝）

实验一　无机化学实验基本操作

【实验目的】

1. 掌握玻璃仪器的洗涤、干燥、药品的取用、电子天平的使用。
2. 熟悉玻璃仪器的加热方法。
3. 了解溶液与沉淀的分离的步骤。

【实验用品】

仪器　超声波清洗机、水浴锅、电烘箱、电炉、电吹风机、酒精灯、坩埚、石棉网、电子天平、镊子、药匙、毛刷、试管、试管夹、烧杯、滴管、漏斗、铁架台。

药品　NaCl 晶体、铬酸洗液、$CuSO_4$ 溶液。

其他　纯化水、滤纸、称量纸、火柴、去污粉。

【实验内容】

一、玻璃仪器的洗涤和干燥

1. 玻璃仪器的洗涤

为了保证实验结果的准确，实验所用的玻璃仪器必须是清洁的，因此要熟练掌握常用玻璃仪器的洗涤方法。

（1）用水刷洗　一般的玻璃仪器可先用自来水冲洗，再用试管刷刷洗，然后用自来水冲洗干净即可。使用试管刷时，不能用秃顶的刷子，也不要用力过猛，以免戳破玻璃器皿。

（2）用去污粉或洗涤剂洗　先把玻璃仪器用水润湿，用试管刷蘸少量去污粉或洗涤剂刷洗，再依次用自来水、纯化水冲洗，此方法适用于洗涤油污。

（3）用铬酸洗液洗　当玻璃仪器用上述方法不能清洗干净或洁净程度要求很高时，可用铬酸洗液或超声波法洗。用铬酸洗液洗涤玻璃仪器时，先向玻璃仪器中加入少量洗液，然后将仪器倾斜并缓慢转动，使玻璃仪器内壁全部被洗液浸润，稍后将洗液倒回原瓶，再用自来水将残留玻璃仪器壁上的洗液洗去，最后用纯化水冲洗 2～3 次即可。超声波法是用超声波清洗机洗涤。

（4）超声波法洗　利用超声波产生的强烈空化作用及振动将仪器表面的污垢剥离脱落，同时还可将油脂性污物分解、乳化。

把洗干净的玻璃仪器倒置，如果观察内壁附着一层均匀的水膜，没有挂着水珠，证明已洗干净。

2. 玻璃仪器的干燥

（1）晾干　不急用的仪器，可在纯化水冲洗后在无尘处倒置控去水分，然后自然干燥。

（2）吹干　对于急于干燥的仪器或不适于放入电烘箱的较大的仪器可用吹干的办法。可用电吹风或干燥的压缩空气直接吹在仪器上进行干燥。

（3）烘干　洗净的仪器控去水分，放在烘箱内烘干，烘箱温度为105～110℃烘1h左右。也可放在红外灯干燥箱中烘干。此法适用于一般仪器。称量瓶等在烘干后要放在干燥器中冷却和保存。带实心玻璃塞的及厚壁仪器烘干时要注意慢慢升温并且温度不可过高，以免破裂。

（4）烤干　急用的烧杯、蒸发皿等可置于石棉网上用小火烤干，试管可直接烤干，但要从底部加热，试管口向下，以免水珠倒流把试管炸裂，不断来回移动试管，烤到无水珠后把试管口向上赶净水气。

（5）有机溶剂干燥　带有刻度的计量仪器，不能用加热的方法干燥，否则会影响仪器的精密度。可用少量易挥发的有机溶剂，如乙醇、丙酮等，倒入已控去水分的仪器中，荡洗后倒出，少量残留液会很快挥发。

二、常用加热仪器和加热方法

1. 常用加热仪器

化学实验室常用的加热仪器主要有酒精灯、水浴锅、电烘箱、电炉等。

（1）酒精灯　酒精灯加热的温度可达400～500℃，适用于温度不需要太高的实验。使用酒精灯前，应先检查灯芯，如果顶端已烧平或烧焦，要用镊子向上拉一下，剪去焦处。灯中如缺少酒精，可取出灯芯嘴（灯芯绳不可全部取出），用玻璃漏斗添加酒精，酒精添加量不能超过酒精灯容积的2/3。要用火柴点燃酒精灯，绝对不能拿燃烧着的酒精灯来点火。加热完毕用灯帽熄灭，不能用嘴吹灭。

（2）水浴锅　水浴锅可用于试管和烧杯等的加热，其加热温度不超过100℃。

（3）电烘箱　常见电烘箱的温度可控制在50～300℃，此范围内任选定的温度可由箱内自动控温系统控制。电烘箱可用于烘干各种玻璃器皿（玻璃量器不可放于烘箱中烘干），也可用于干燥药品和干燥剂等。电烘箱内不能放易燃、易爆、易挥发和具有腐蚀性的物品，当被烘干物水分很多时，在开始干燥时可将箱门稍开，先挥发去一些水分再将门关上。

（4）电炉　电炉为实验室常用的加热仪器，有500W、800W、1000W、2000W等不同规格，可根据需要进行选择。电炉可用于烧杯、蒸发皿等器皿的加热。使用时可垫上石棉网，以利于受热均匀。

2. 常用加热方法

加热固体或液体试剂时，应根据试剂的性质和数量选择适当的加热仪器。

（1）液体的加热　液体的加热分为直接加热和间接加热。在高温下稳定又无燃烧危险的液体可直接加热。盛有液体的试管在火焰上直接加热时，应用试管夹夹住试管的中上部，管与桌面成45°角，管口不能对着人。要先加热液体的中上部，再慢慢移动试管，加热至下部，不停地上下移动和摇动，使液体均匀受热，注意防止液体沸腾冲出；间接加热时，可根据温度的不同，选用水浴（温度不超过 100℃）、沙浴或油浴（温度高于 100℃）。

加热装有液体的烧杯、烧瓶时，应放在铁架台的铁圈上，垫上石棉网，以防受热不均匀而炸裂仪器。

（2）固体加热　加热少量固体时，可用试管夹或铁夹固定直接加热，固体的量不能超过试管的三分之一（如图 12-1 所示）。当固体的量较多时，可用坩埚（蒸发皿）加热（如图 12-2所示）。在加热时先用小火烘烤坩埚进行均匀受热，后改用大火。必须使用干净的坩埚钳，防污物掉入坩埚内。用坩埚钳夹取坩埚之前，需先使钳的尖端在火焰旁预热一下，以免灼热的坩埚遇到冷的坩埚钳引起爆裂。坩埚钳用后，应使尖端向上放在实验桌上，如果温度高，应放在石棉网上（如图 12-3 所示）。

图 12-1　加热试管中固体

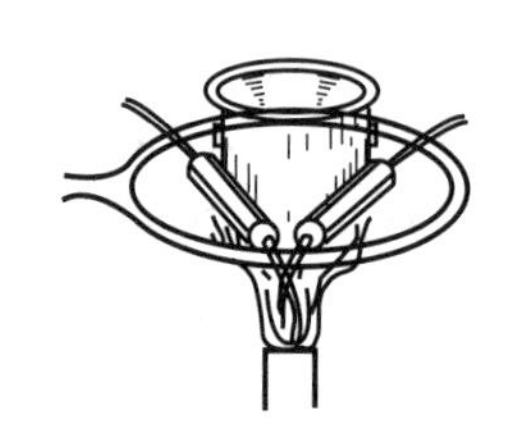

图 12-2　灼烧坩埚中固体

图 12-3　坩埚钳的放置

三、试剂的取用

化学实验离不开化学试剂，而化学试剂常常是有毒或有腐蚀性的，因此不能用手直接取用药品。为避免污染，瓶塞打开后应反放在实验台上；取完试剂，立即盖严瓶塞，并将试剂瓶放回原处。

1. 固体试剂的取用

（1）取固体试剂时要用洁净干燥的药匙。取较多试剂时用大匙，取少量试剂或所取试剂要加入到小试管中时，则用小匙。应专匙专用，用过的药匙必须及时洗净晾干并存放在干净的仪器中。

（2）往试管特别是未干燥的试管中加入固体试剂时，可将试管倾斜至近水平，再把药品放在药匙里或干净光滑的纸对折成的纸槽中，伸进试管约 2/3 处（如图 12-4、图 12-5 所示），然后直立试管和药匙或纸槽，让药品全部落到试管底部。

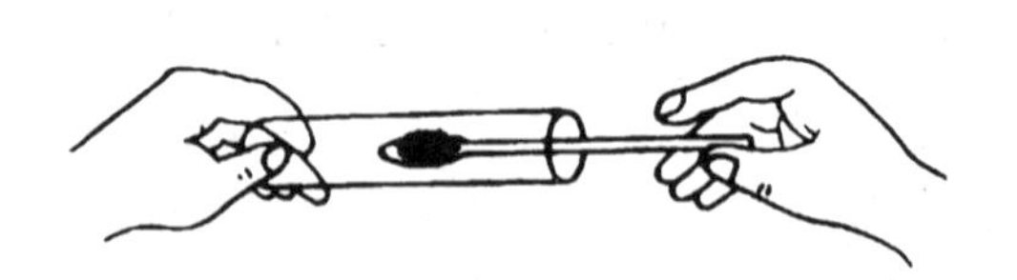

图 12-4　用药匙往试管里倒入固体试剂

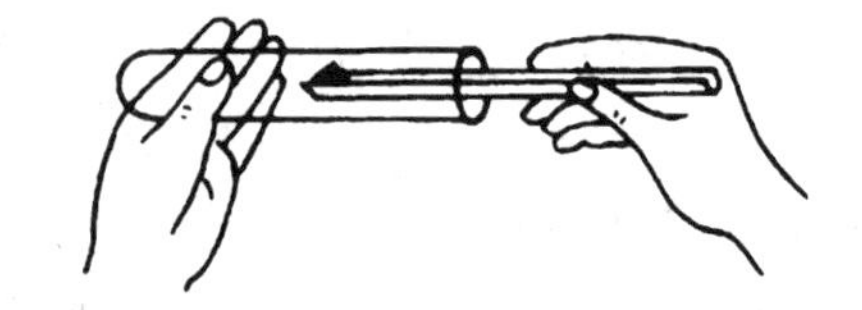

图 12-5　用纸槽往试管里倒入固体试剂

取用块状固体时，应先将试管横放，然后用镊子把药品颗粒放入试管口，再把试管慢慢地竖立起来，使药品沿管壁缓缓滑到底部（如图 12-6 所示）。若垂直悬空投入，则会击破试管底部。

（3）颗粒较大的固体，应放入洁净而干燥的研钵中研碎后再取用。研磨时研钵中所盛固体的量不得超过研钵容量的1/3（如图12-7所示）。

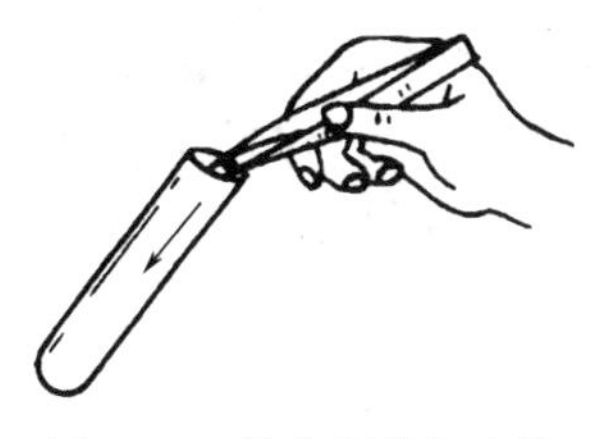
图12-6　块状固体加入法

图12-7　块状固体的研磨

2. 液体试剂的取用

（1）从滴瓶中取用液体试剂　从滴瓶中取用液体试剂时，提取滴管使管口离开液面，用中指和无名指夹住玻璃管与胶帽重叠处，用拇指和食指紧捏胶帽，排出管中空气，然后插入试剂中，放松捏胶帽手指吸入试液。再提取滴管垂直地放在试管口或承接容器的上方，将试剂逐滴滴下（如图12-8所示）。注意，试管应垂直不要倾斜。切不可将滴管伸入试管中或与接收器的器壁接触，以免玷污滴管。滴管不能倒置，更不可随意乱放，用毕立即插回原瓶，要专管专用，以免玷污试剂。用毕还要将滴管中剩余试剂挤回原滴瓶中。在无机化学定性分析中，常采用半微量分析法，当所需试液体积为1～2ml时，就以20滴为1ml。

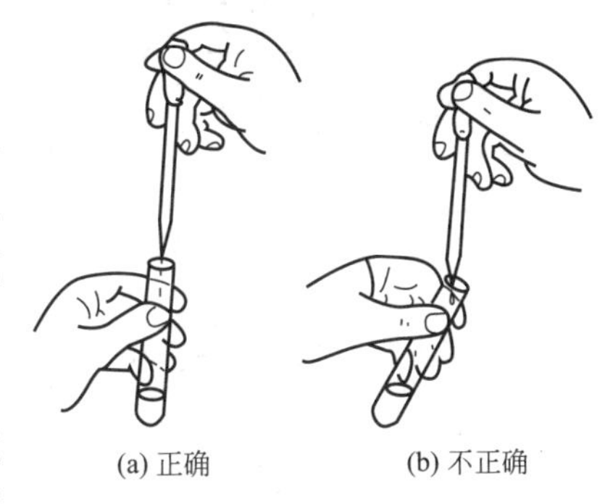
(a) 正确　(b) 不正确
图12-8　液体滴入试管的操作

（2）用倾注法从细口瓶中取用液体试剂　手心握持贴有标签的一面，逐渐倾斜试剂瓶，让试剂沿着洁净的试管内壁流下（如图12-9所示）。取出所需量后，应将试剂瓶口在容器口边靠一下，再逐渐使试剂瓶竖直，这样可使试剂瓶口残留的试剂顺着试管内壁流入试管内而不至沿试剂瓶外壁流下。如盛接容器是烧杯，则应左手持洁净的玻璃棒，玻璃棒下端靠在烧杯内壁上，而试剂瓶口靠在玻璃棒上，使溶液沿玻璃棒及烧杯壁流入烧杯（如图12-10所示）。取完试剂后，应将瓶口顺玻璃棒向上提一下再离开玻璃，使瓶口残留的溶液沿着玻璃棒流入烧杯。使试剂悬空而倒入试管或烧杯中是错误的。

图12-9　液体倾注入试管

图12-10　液体倾注入烧杯

四、电子天平的使用

电子天平（如图 12-11 所示）是最新一代的天平，在物质的称量实验中使用越来越多。和托盘天平、半自动电光天平等相比，电子天平具有无需加减砝码、自动去皮、自动校正、称量速度快、灵敏度高等优点。一般电子天平的使用步骤如下。

图 12-11　电子天平

1. 调节水平

天平开机前，应观察天平后部水平仪内的水泡是否位于圆环的中央，否则通过天平的地脚螺栓调节，左旋升高，右旋下降。

2. 预热

天平在初次接通电源或长时间断电后开机时，至少需要 30 min 的预热时间。因此，实验室电子天平在通常情况下，不要经常切断电源。

3. 开机

按下 ON/OFF 键，接通显示器，等待仪器自检。当显示器显示零时，自检过程结束，天平可进行称量。

4. 称量

放置称量纸，按显示屏两侧的 Tare 键去皮，待显示器显示零时，在称量纸上加所要称量的试剂称量。

5. 关机

称量完毕，按 ON/OFF 键，关闭显示器。若实验完毕，应拔下电源插头。

五、溶液与沉淀的分离

1. 倾斜法

当沉淀的相对密度较大或晶体颗粒较大时，静置后能较快地沉降，常用倾斜法分离和洗涤沉淀（见图 12-12）。即将沉淀上部的清液缓缓倾入另一容器中，然后在盛沉淀的容器中加入少量纯化水，充分搅拌后静置沉降，倾去上面的液体。重复操作 2～3 次即可将沉淀洗净。

2. 过滤法

将沉淀与溶液分离最常用的方法是过滤法。过滤时，沉淀留在过滤器（漏斗）的滤纸上，溶液则通过滤纸流入另一容器中，所得溶液称为滤液。过滤时，根据漏斗大小取滤纸一张（如图 12-13），对折两次，第二次对折时，使滤纸两边相交 10°的交角（如是方形滤纸，可将折好的滤纸一角朝下放入漏斗中，不要展开，紧贴漏斗内壁沿漏斗边缘，把滤纸向外压一弧形折痕，然后取出滤纸沿折痕稍下的地方剪去多余部分），如图 12-13 所示，展开滤纸使之呈现圆锥形，放在漏斗里，用水润湿，使其紧贴在漏斗内壁上，并将漏斗固定在漏斗架或铁架台的铁圈上。另取一干净容器放在漏斗下面接收滤液。调节漏斗高度，使漏斗尖嘴靠在收集滤液容器的内壁，以加快过滤速度，并避免滤液溅出。

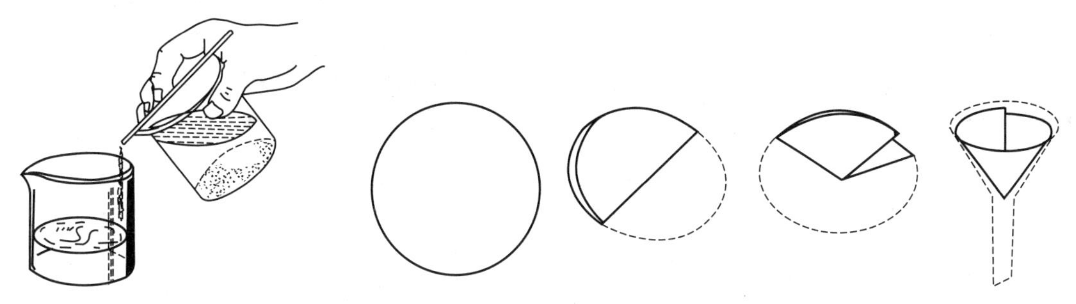

图 12-12 倾斜法　　　　图 12-13 滤纸的折叠和叠放

用倾斜法先使溶液沿玻璃棒在三层滤纸一侧缓缓流入漏斗中，注意液面高度应低于滤纸边缘的 1～2cm，然后转移沉淀。如需要洗涤沉淀，可在溶液转移后，往盛沉淀的容器中加入少量纯化水，充分搅拌，待沉淀沉降后按倾斜法倾出沉淀。洗涤沉淀 2～3 次，最后将沉淀连同洗涤液一起移至滤纸上，进行再次过滤。

【实验思考】

1. 实验室中哪些常用的玻璃仪器不能烘干或烤干？
2. 电子天平在称量前要做哪些准备工作？
3. 在进行过滤操作时，有哪些注意点？

（张珩）

实验二　溶液的配制和稀释

【实验目的】

1. 掌握一定浓度的溶液的配制方法。
2. 掌握量筒、电子天平的使用。

【实验原理】

配制一定组成的溶液时，可用纯物质直接配制，也可通过溶液的稀释或混合完成。若试剂溶解时有放热现象，或加热促使其溶解时，应该等其冷却至室温后再稀释。

1. 溶液的配制

一般情况下，非标准溶液的配制只需使用准确度不太高的测量仪器，如托盘天平、量筒、量杯等；标准溶液的配制则需要使用准确度较高的测量仪器，如电子天平、容量瓶。

2. 溶液的稀释

溶液的稀释是指在原溶液中加入溶剂，使原溶液的浓度降低的过程。溶液稀释的特点是稀释前后溶质的量不变。有：

$$c_1V_1=c_2V_2$$

式中，c_1、c_2 分别为溶液稀释前后的浓度；V_1、V_2 为稀释前后的体积。使用此公式时，应注意等式两边的单位一致。

【实验用品】

仪器 电子天平、烧杯（50ml、100ml）、量筒（10ml、50ml）、玻璃棒、滴管、表面皿、药匙。

药品 氯化钠（固）、氢氧化钠（固）、18mol/L的浓硫酸、95%酒精、纯化水。

【实验内容】

1. 配制100ml 0.5mol/L的NaCl溶液

（1）计算 所需溶质的质量。

（2）称量 在电子天平上称取所需氯化钠的质量。

（3）溶解 将称好的NaCl放在100ml烧杯中，加约50ml纯化水使其溶解。

（4）定容 向烧杯中加水至100ml刻度线。

（5）混匀 用玻璃棒搅拌均匀。

（6）回收 将所配溶液倒入指定的回收瓶中。

2. 配制1.0mol/L氢氧化钠溶液100ml

（1）计算 所需溶质的质量。

（2）称量 取一干燥的100ml烧杯，称其质量后，加入固体NaOH，迅速称出所需NaOH的质量。

（3）溶解 加约50ml纯化水使其溶解。

（4）定容 向烧杯中加入纯化水至100ml刻度线。

（5）混匀 用玻璃棒搅拌均匀。

（6）回收 将所配溶液倒入指定的回收瓶中。

3. 由市售的$\varphi=0.95$酒精配制$\varphi=0.75$消毒酒精50ml

（1）计算 所需$\varphi=0.95$酒精的体积。

（2）量取 用干燥的量筒量取所需$\varphi=0.95$的酒精。

（3）定容 向量筒中加入纯化水至50ml刻度线。

（4）回收 将所配溶液倒入指定的回收瓶中。

4. 用18mol/L的浓硫酸配制浓度为3mol/L稀硫酸50ml

（1）计算 所需浓硫酸的体积。

（2）量取 用干燥的量筒量取所需浓硫酸。

（3）溶解 取50ml烧杯加入约25ml纯化水后，将量好的硫酸沿烧杯内壁缓缓倒入，边加入边搅拌。

（4）洗涤 淋洗小量筒两次，每次用水2～3ml，洗液转移至烧杯中。

（5）定容 待溶液冷却至室温后，向烧杯中加入纯化水至50ml刻度线。

（6）回收 将所配溶液倒入指定的回收瓶中。

【实验提示】

1. 称取一定质量的固体NaOH时，动作一定要快，要迅速称出所需的NaOH量，防止固体NaOH在空气中暴露时间过长，吸收水分。

2. 配制硫酸溶液时，一定要把浓硫酸缓缓加入水中，并不断搅拌。千万不能把水倒入浓硫酸中。

【实验思考】

1. 稀释浓硫酸时应注意哪些问题？

2. 为什么称固体 NaOH 时，需在小烧杯中称量？

3. 某患者需用 0.56mol/L 葡萄糖溶液 500ml，现有 2.78mol/L 和 0.28mol/L 两种浓度的葡萄糖溶液，问要用这两种溶液各多少毫升？如何配制？

（张政）

实验三　药用氯化钠的精制

【实验目的】

1. 掌握药用氯化钠的精制的基本原理。

2. 熟悉溶解、沉淀、过滤、蒸发、结晶等基本操作。

3. 了解 Ca^{2+}、Mg^{2+}、SO_4^{2-} 等离子的定性鉴定。

【实验原理】

药用氯化钠是用粗盐为原料提纯而得的。粗盐中含有多种杂质，既有泥沙等不溶性杂质，也有可溶性杂质如：K^+、Ca^{2+}、Mg^{2+}、SO_4^{2-} 等相应盐类。不溶性杂质可以用过滤的方法除去；可溶性杂质则需用化学方法才能除去，通常是向氯化钠溶液中加入能与杂质离子作用的盐类，使杂质离子生成沉淀后过滤除去，然后蒸发水分得到较纯净的精盐。

选择适当的试剂可使 Ca^{2+}，Mg^{2+}，SO_4^{2-} 等离子依次生成相应的沉淀。首先在食盐溶液中加入过量的 $BaCl_2$ 溶液，除去 SO_4^{2-}，其反应式为：

$$Ba^{2+} + SO_4^{2-} = BaSO_4 \downarrow$$

然后在滤液中加入 NaOH 和 Na_2CO_3 溶液，除去 Ca^{2+}，Mg^{2+} 和过量的 Ba^{2+}，反应式为：

$$Mg^{2+} + 2OH^- = Mg(OH)_2 \downarrow$$

$$Ca^{2+} + CO_3^{2-} = CaCO_3 \downarrow$$

$$Ba^{2+} + CO_3^{2-} = BaCO_3 \downarrow$$

过滤除去沉淀。溶液中过量的 NaOH 和 Na_2CO_3 可以用盐酸中和除去。

粗食盐中的 K^+ 与这些沉淀剂不起作用，仍留在溶液中。由于 KCl 在粗食盐中的含量较少且溶解度比 NaCl 大，所以在蒸发浓缩和结晶过程中 KCl 仍留在母液中，与 NaCl 结晶分离。

【实验用品】

器材　电子天平、量筒、烧杯、玻璃棒、药匙、漏斗、铁架台（带铁圈）、蒸发皿、酒精灯、坩埚钳、抽滤瓶、布氏漏斗、抽气泵、表面皿、胶头滴管、滤纸、剪刀、火柴等。

药品　粗盐，1mol/L $BaCl_2$ 溶液、1mol/L HCl、1mol/L NaOH、1mol/L $NaCO_3$。

【实验内容】

1. 溶解

用电子天平称取 10g 粗盐（精确到 0.1g），置于 100ml 小烧杯，用量筒量取 50ml 纯化水加入烧杯。加热、搅拌，一直加到粗盐不再溶解为止。观察溶液是否浑浊。

2. 沉淀

(1) 趁热加入 1mol/L $BaCl_2$ 溶液 1～2ml，继续加热至沸，使 $BaSO_4$ 颗粒长大而易于沉淀和过滤。静置使沉淀下沉，于上清液中滴加几滴 $BaCl_2$ 溶液，若无浑浊现象，说明 SO_4^{2-} 已沉淀完全。

(2) 在上述溶液中加入 1mol/L NaOH 溶液和 1mol/L Na_2CO_3 各 1～2ml，使 Ca^{2+} 和 Mg^{2+} 沉淀完全（检验沉淀完全的方法同上）。

3. 过滤

按照化学实验基本操作所述方法进行过滤。仔细观察滤纸上的剩余物及滤液的颜色．若滤液仍浑浊，则应检查实验装置并分析原因，例如，滤纸破损，过滤时漏斗里的液面高于滤纸边沿，仪器不干净等。找出原因后，应再过滤一次。在滤液中滴加 1mol/L HCl 溶液，搅拌，赶尽 CO_2，用 pH 试纸试验，使溶液的 pH 约为 6。

4. 蒸发

将中和的澄清滤液小心移入蒸发皿。把蒸发皿放在铁架台的铁圈上，用酒精灯小火加热。同时用玻璃棒不断搅拌滤液。加热浓缩溶液至稠粥状，停止加热（注意：不可蒸干!）。

5. 减压抽滤

冷却后，将 NaCl 晶体减压抽干，然后将产品转移至事先称量好的蒸发皿，放入烘箱烘干。

6. 称量

冷却后称量，产品回收到指定的容器。比较提纯前后食盐的状态并计算精盐的产率。

【实验思考】

1. 在除 Ca^{2+}、Mg^{2+}、SO_4^{2-} 等离子时，为什么要先加 $BaCl_2$ 溶液，后加 $NaCO_3$ 溶液？能否先加 $NaCO_3$ 溶液？

2. 在除 Ca^{2+}，Mg^{2+}，Ba^{2+} 等杂质离子时，能否用其它可溶性碳酸盐代替 Na_2CO_3？

3. 提纯后的氯化钠溶液浓缩时为什么不能蒸干？

实验四　溶胶的制备与性质

【实验目的】

1. 掌握溶胶的性质。
2. 熟悉溶胶的制备方法。
3. 学会溶胶的保护和聚沉方法。

【实验原理】

溶胶是一种高度分散的多相体系，具有很大的比表面和表面能，故胶体是热力学不稳定体系，是热力学不稳定体系。控制适当的条件可以制得稳定的溶胶，主要有两种方法：一是凝聚法，即将真溶液通过化学反应或改换介质等方法来制取溶胶；二是分散法，即将大颗粒在一定条件下分散为胶粒，形成溶胶。例如，加热使 $FeCl_3$ 溶液水解，生成难溶的 $Fe(OH)_3$，在聚结过程中吸附了 FeO^+ 便成为具有胶粒大小的带电粒子，形成了比较稳定的溶胶。

溶胶具有三个主要性质：丁达尔效应、布朗运动和电泳，其中常用丁达尔效应来区别于真溶液，用电泳来验证胶粒所带的电性。

胶团的扩散双电层结构及溶剂化膜是溶胶暂时稳定的原因。若在溶胶中加入电解质、加热或加入带异电荷的溶胶，都会破坏胶团的双电层结构及溶剂化膜，导致溶胶的聚沉。电解质使溶胶聚沉的能力主要取决于与胶粒所带电荷相反的离子电荷数，电荷数越大，聚沉能力越强。在溶胶中加入适量的高分子溶液可以增大胶体的稳定性。

【实验用品】

仪器　试管、试管架、烧杯、量筒、酒精灯、玻璃棒、暗箱及光源、塞子、U 形电泳仪。

药品　10%$FeCl_3$ 溶液、硫的酒精饱和溶液、0.001mol/L $AgNO_3$ 溶液、0.001mol/L KI 溶液、4mol/L KCl 溶液、0.005mol/L K_2SO_4 溶液、0.1mol/L KNO_3 溶液、0.005mol/L $K_3[Fe(CN)_6]$溶液、白明胶、纯化水。

【实验内容】

1. 溶胶的制备

（1）改变溶剂法制备硫溶胶　往 3ml 纯化水中滴加硫的酒精饱和溶液（约 3～4 滴），边加边摇动试管，观察所得硫溶胶的颜色，试加以解释。

（2）利用水解反应制备 $Fe(OH)_3$ 溶胶　用量筒取 40ml 纯化水于 100ml 烧杯中，加热至沸。逐滴加入 10%$FeCl_3$ 溶液 4ml。加完继续煮沸 1～2min 观察颜色的变化。写出该溶胶的胶团结构。

（3）制备 AgI 溶胶　取 2 只 100ml 的烧杯，用量筒量取 5ml 0.001mol/L KI 溶液和 4ml 0.001mol/L $AgNO_3$ 溶液于一只烧杯中。在另一烧杯中量取 4ml 0.001mol/L KI 溶液和 5ml 0.001mol/L $AgNO_3$ 溶液。由此可得两种不同电荷的 AgI 溶胶。写出两种溶胶的胶团结构。

2. 溶胶的性质

（1）丁达尔效应　取前面自制的 $Fe(OH)_3$ 溶胶，装入试管中，放入丁达尔效应的暗箱中，用灯光照射，在与光线垂直的方向观察丁达尔效应。将观察到什么现象？解释所观察到的现象。

（2）电泳　取一个 U 形电泳仪，将 6～7ml 纯化水由中间漏斗注入 U 形管内，滴加4 滴0.1mol/L KNO_3 溶液，然后缓缓地注入 $Fe(OH)_3$ 溶胶，保持溶胶的液面相齐，在 U 形管两端，分别插入电极，接通电源，电压调至 30～40V，如图 12-14 所示。20min 后，观察实验现象并解释原因。

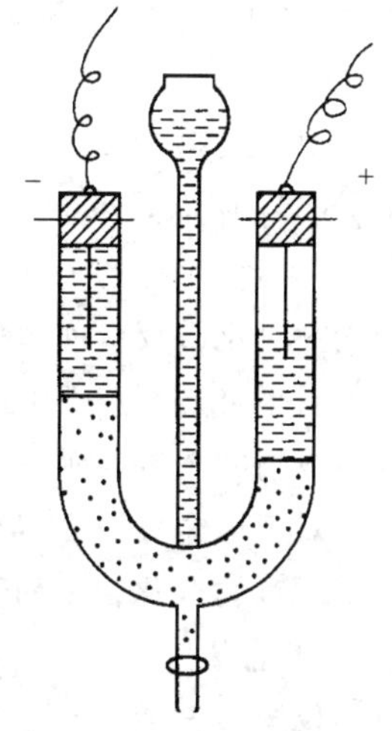

图 12-14　简单电泳装置

3. 溶胶的聚沉及其保护

（1）带不同电荷的溶胶相互聚沉　将 2ml $Fe(OH)_3$ 溶胶和 2ml AgI 溶胶（前面自制第一种）混合，振荡试管，观察现象并解释。

（2）加电解质使溶胶聚沉　于 3 支试管中各加入 $Fe(OH)_3$ 溶胶 2ml，然后分别滴入 4mol/L KCl 溶液、0.005mol/L K_2SO_4 溶

液和 0.005mol/L $K_3[Fe(CN)_6]$溶液，直到溶胶浑浊，记下所用试剂的滴数，比较它们的聚沉能力。

(3) 加热使溶胶聚沉　在试管中加入 2ml $Fe(OH)_3$ 溶胶，加热至沸，观察颜色有何变化，静置冷却，观察有何现象，并加以解释。

(4) 高分子溶液对溶胶的保护作用　在 2 支试管中，各加入 5ml $Fe(OH)_3$，然后在第一支试管中加入纯化水 3 滴，第二支试管中加入白明胶 3 滴，并小心摇动试管，2min 后，分别加入 0.005mol/L K_2SO_4 溶液，边滴边摇，记录聚沉时各试管中所需 K_2SO_4 溶液的滴数，并说明原因。

【实验思考】

1. 电解质对溶胶的稳定性有何影响?

2. 把 $FeCl_3$ 溶液加到冷水中，能否得到 $Fe(OH)_3$ 溶胶？为什么？加热时间能否过长？为什么?

3. 在生成沉淀的试管中，为了更好地离心分离沉淀，往往需要加热，为什么?

（张锦慧）

实验五　化学反应速率与化学平衡

【实验目的】

1. 掌握影响化学反应速率的因素。

2. 熟悉影响化学平衡的因素。

3. 了解化学反应速率的测定方法。

【实验原理】

在酸性环境下，I_2 被 H_2O_2 氧化生成碘单质，反应式如下：

$$H_2O_2+2H^++2I^- \longrightarrow 2H_2O+I_2 \tag{1}$$

研究此反应的速率可以通过测定生成一定量的碘所需要的时间。同时加入少量一定体积的 $Na_2S_2O_3$，它迅速与 I_2 反应，反应式如下：

$$I_2+2S_2O_3^{2-} \longrightarrow S_4O_6^{2-}+2I^- \tag{2}$$

由于反应（2）比反应（1）的速率快得多，所以一旦生成单质碘，就迅速地被 $Na_2S_2O_3$ 还原，虽然混合溶液中有淀粉存在，但溶液保持无色。当所有的 $Na_2S_2O_3$ 被消耗完时，继续生成的 I_2 迅速使淀粉变蓝。根据蓝色出现的时间快慢，可以研究浓度、温度、催化剂对化学反应速率的影响。

对于可逆反应 $FeCl_3+3KSCN \rightleftharpoons Fe(SCN)_3$(红色溶液)$+3KCl$，可以通过改变反应物或生成物的浓度，观察颜色的变化，来研究浓度对化学平衡的影响。

对于可逆反应 $2NO_2$(g,红棕色)$\rightleftharpoons N_2O_4$(g,无色)$+56.9kJ/mol$，可以通过改变温度观察颜色的变化，来研究温度对化学平衡的影响。

【实验用品】

仪器　试管、试管夹、量筒（25ml）2 个、量筒（10ml）2 个、250ml 锥形瓶、温度计、数字式秒表、烧杯（100ml）2 个、二氧化氮平衡仪。

药品　1mol/L HCl 溶液、0.1mol/L H_2O_2 溶液、0.1mol/L $CuCl_2$ 溶液、0.1mol/L KSCN 溶液、0.1mol/L $FeCl_3$ 溶液、0.1mol/L $Na_2S_2O_3$ 溶液、0.1mol/L KI 溶液、2%淀粉溶液、MnO_2 固体、KCl 固体、纯化水。

【实验内容】

一、影响化学反应速率的因素

1. 实验步骤

（1）取标号为 A 的 25ml 量筒先后量取 20ml 的 KI 溶液和 10ml 纯化水加入锥形瓶。

（2）用标号为 A 的 10ml 量筒量取 10ml 0.1mol/L $Na_2S_2O_3$ 溶液加入锥形瓶，然后加入 6 滴淀粉指示液，摇匀。

（3）用标号为 B 的 25ml 量筒先后量取 20ml 的 H_2O_2 溶液和 20ml 稀盐酸加入 100ml 烧杯中（如果所取溶液的体积为 10ml 或 5ml，换用标号为 B 的 10ml 量筒）。

（4）将烧杯中的溶液倒入锥形瓶，同时迅速按下秒表，一直摇动锥形瓶。

（5）观察溶液颜色的变化，当瞬间出现蓝色时，迅速按下秒表，记录下时间。

2. 浓度对化学反应速率的影响

按上述实验过程操作，取样量按表 12-1 中规定量取样。

表 12-1　浓度对反应速率影响的实验记录表（25℃）

实验编号	试剂用量/ml					时间/s
	KI	补充纯化水	$Na_2S_2O_3$	H_2O_2	稀盐酸	
1	20.0	10.0	10.0	20.0	20.0	
2	20.0	20.0	10.0	20.0	20.0	
3	20.0	10.0	10.0	5.0	20.0	
4	20.0	10.0	10.0	20.0	40.0	

结论：

3. 温度对反应速率的影响

按实验编号为 1 的取样量取样，按实验步骤（1）到（5）的过程操作。按表 12-2 所列温度改变实验温度，记录反应时间。

表 12-2　温度对反应速率影响的实验记录表

实验编号	温度/℃	时间/s
5	15	
6	20	
7	25	

结论：

4. 催化剂对反应速率的影响

按实验编号为 1 的取样量取样，按实验步骤（1）～（5）的过程操作。按表 12-3 所列催化剂进行实验，记录反应时间。

表 12-3 催化剂对反应速率影响的实验记录表

实验编号	温度/℃	催化剂	时间/s
8	25	$CuCl_2$	
9	25	$FeCl_3$	
10	25	MnO_2	

结论：

二、影响化学平衡的因素

1. 浓度对化学平衡的影响

在小烧杯中加入纯化水 25ml，向其中滴入 2 滴 0.1mol/L 的 $FeCl_3$ 溶液和 2 滴 0.1mol/L 的 KSCN 溶液，混合均匀，溶液呈血红色，反应式如下：

$$FeCl_3 + 3KSCN \rightleftharpoons Fe(SCN)_3(\text{红色溶液}) + 3KCl$$

用移液管分别精密量取上述红色溶液各 5ml，分别加入标号为 1～4 的四支试管中，按表 12-4 规定要求分别加入一定量有关物质，充分摇匀后，观察四支试管中溶液颜色的变化。

表 12-4 浓度对化学平衡的影响记录表

试管编号	加入 $FeCl_3$	加入 KSCN	加入固体 KCl	颜色变化
1	2 滴	0	0	
2	0	2 滴	0	
3	0	0	少许	
4	0	0	0	

结论：

2. 温度对化学平衡的影响

将二氧化氮平衡仪一边的烧瓶放入有热水的烧杯中，另一边的烧瓶放入盛有冰水的烧杯中，比较两个烧瓶中气体的颜色变化。反应式如下：

$$2NO_2(g,\text{红棕色}) \rightleftharpoons N_2O_4(g,\text{无色}) + 56.9kJ/mol$$

结果：　　　　　　结论：

【思考题】

1. CO 使人中毒的机理是 CO 可以和 O_2 竞争血液中的载氧体血红蛋白，反应式如下：

$$Hb\text{-}O_2 + CO \rightleftharpoons Hb\text{-}CO + O_2$$

CO 中毒的病人如果发现及时，救治方法如何？并用化学平衡的有关理论解释。

2. 简述可以改变化学反应速率的因素有哪些？

（彭颐）

实验六　缓冲溶液的配制及性质

【实验目的】

1. 掌握缓冲溶液的配制原则并学会实验操作方法。
2. 熟悉缓冲溶液的缓冲作用。

3. 熟悉酸度计、刻度吸量管、洗耳球等仪器的使用方法。

【实验原理】

缓冲溶液具有抵抗外来少量酸和少量碱或稀释的干扰，而保持其本身 pH 基本不变的能力。缓冲溶液由共轭酸碱对组成，其中共轭酸是抗碱成分，共轭碱是抗酸成分，缓冲溶液的 pH 可通过亨德森一哈赛巴赫方程计算。

$$pH=pK_a+\lg\frac{[A^-]}{[HA]}$$

在配制缓冲溶液时，若使用相同浓度的共轭酸和共轭碱，则它们的缓冲溶液比等于体积比。

$$pH=pK_a+\lg\frac{c_{Ac^-}}{c_{HAc}}$$

配制一定 pH 的缓冲溶液的原则是：选择合适的缓冲系，使缓冲系共轭酸的 pK_a 尽可能与所配缓冲溶液的 pH 相等或相近，以保证缓冲系在总浓度一定时，具有较大的缓冲能力；配制的缓冲溶液要有适当的总浓度，一般情况下，缓冲溶液的总浓度宜选在 0.05～0.2mol/L 之间；按上面简化公式计算出体积进行配制。

为保证配制的准确度，可用 pH 计对多种缓冲溶液的 pH 进行测定和校正。

【实验用品】

仪器 酸度计、烧杯（100ml 2 个、50ml 6 个）、吸量管（10ml、20ml）、试管（15mm×150mm 6 支）、碱式滴定管（50ml）、胶头滴管、量筒（5ml）、洗耳球。

药品 0.01mol/L NaOH，2mol/L K_2HPO_4，混合试剂[1]，0.1mol/L 的下列溶液：HAc、NaAc、NaOH、HCl，0.2mol/L 的下列溶液：Na_2HPO_4、KH_2PO_4。

【实验内容】

1. 缓冲溶液的配制

（1）计算配制 80ml pH＝4.60 的缓冲溶液需要 0.1mol/L HAc 溶液和 0.1mol/L NaAc 溶液的体积。（已知 HAc 的 pK_a＝4.75）。根据计算出的用量，用吸量管吸取两种溶液置于 100ml 烧杯中，混匀，用酸度计测定其 pH，如 pH 不等于 4.60，可用几滴 0.01mol/L NaOH 或 0.01mol/L HAc 溶液调节 pH 为 4.60 后，备用（用 A 表示此缓冲溶液）。

（2）计算配制 pH＝7.45 的缓冲溶液 80ml 需要的 0.2mol/L Na_2HPO_4 和 0.2mol/L KH_2PO_4 溶液的体积。（H_3PO_4 的 pK_{a_2}＝7.21）。根据计算，用碱式滴定管放取 Na_2HPO_4 溶液，用吸量管吸取 KH_2PO_4 溶液置于 100ml 烧杯中，混匀，用酸度计测定其 pH。如 pH 不等于 7.21，可用几滴 0.01mol/L NaOH 或 0.01mol/L K_2HPO_4 溶液调节 pH 为 7.21 后，备用（用 B 表示此缓冲溶液）。

2. 缓冲溶液的性质

缓冲溶液的抗酸、抗碱作用按表 12-5 所列顺序，做如下实验。把观察到的现象和测定结果记入报告中，并解释产生各种现象的原因。

---

[1] 混合试剂配制：称取甲基黄 300mg、甲基红 100mg、酚酞 100mg、麝香草酚蓝 500mg、溴麝香草酚蓝 400mg 合溶于 500ml 酒精中，逐滴加入 0.01mol/L NaOH 溶液，直至溶液呈橙黄色即可。

表 12-5 缓冲溶液的抗酸、抗碱作用

烧杯号	缓冲溶液＋指示剂用量	加强酸或强碱量	颜色变化	pH
A	80ml 缓冲溶液	—	—	
A1	30ml＋1～2 滴混合指示剂	0.10mol/L HCl 5 滴		
A2	30ml＋1～2 滴混合指示剂	0.10mol/L NaOH 5 滴		
B	80ml 缓冲溶液	—	—	
B1	30ml＋1～2 滴混合指示剂	0.10mol/L HCl 5 滴		
B2	30ml＋1～2 滴混合指示剂	0.10mol/L NaOH 5 滴		

【实验思考】

如果同样程度地增加共轭酸和共轭碱的浓度，是否可以改变溶液的 pH？为什么？

（姚莉）

实验七 氧化还原反应

【实验目的】

1. 掌握几种常见化合物的氧化还原性。
2. 熟悉铜锌原电池装置及其工作原理。
3. 了解介质和浓度对氧化还原反应的影响。

【实验原理】

1. 原电池

当氧化剂和还原剂在不接触的情况下，氧化反应和还原反应分别在两个电极上进行，从而产生电流的装置称为原电池。如铜锌原电池，铜电极片为正极，锌电极片为负极。两个电极上发生的反应如下：

负极 $Zn-2e^{-} = Zn^{2+}$ （氧化）

正极 $Cu^{2+}+2e^{-} = Cu$ （还原）

连接原电池两极的导线有电流通过时，说明两电极间有电势差存在。

在 298.15K 时，电极的电极电势为：

$$\varphi=\varphi^{\ominus}+\frac{0.059V}{n}\lg\frac{[Ox]}{[Red]}$$

原电池的电动势 $E=\varphi_{(+)}-\varphi_{(-)}$

2. Br_2、I_2、Fe^{3+} 的氧化性和 Br^-、I^-、Fe^{2+} 的还原性

根据三对电极的电极电势大小：$\varphi^{\ominus}_{I_2/I^-}=0.54V$ $\varphi^{\ominus}_{Fe^{3+}/Fe^{2+}}=0.77V$ $\varphi^{\ominus}_{Br_2/Br^-}=1.07V$

Br_2、I_2、Fe^{3+} 的氧化性是 $Br_2>Fe^{3+}>I_2$

Br^-、I^-、Fe^{2+} 的还原性是 $I^->Fe^{2+}>Br^-$

$$Br_2+2Fe^{2+} = 2Br^-+2Fe^{3+}$$

$$2I^-+2Fe^{3+} = I_2+2Fe^{2+}$$

3. 酸度和浓度对氧化还原反应的影响

（1）酸度对高锰酸钾、重铬酸钾的氧化性影响　高锰酸钾无论是在酸性、中性或碱性溶液中，都是很强的氧化剂，其还原产物与溶液的酸碱性有关。例如与亚硫酸钠的反应：

$$2MnO_4^- + 5SO_3^{2-} + 6H^+ \longrightarrow 2Mn^{2+} + 5SO_4^{2-} + 3H_2O$$

$$2MnO_4^- + 3SO_3^{2-} + H_2O \longrightarrow 2MnO_2\downarrow + 3SO_4^{2-} + 2OH^-$$

$$2MnO_4^- + SO_3^{2-} + 2HO^- \longrightarrow 2MnO_4^{2-} + SO_4^{2-} + H_2O$$

在酸性介质中，高锰酸钾的氧化性最强，所以它也是无机化学和分析化学中最常用的氧化剂。

（2）浓硫酸和稀硫酸的氧化性比较　浓硫酸具有强氧化性，浓硫酸能和金属铜反应，而稀硫酸不反应。

【实验用品】

仪器　50ml 烧杯、伏特计、锌电极片、铜电极片、导线、试管盐桥。

试剂　2mol/L H_2SO_4、2mol/L NaOH 溶液、浓 H_2SO_4、铜片、浓 $NH_3 \cdot H_2O$、0.1mol/L $FeCl_3$、0.1mol/L KI 溶液、0.1mol/L KBr 溶液、0.1mol/L $FeSO_4$ 溶液、0.1mol/L Na_2SO_3 溶液、0.5mol/L $CuSO_4$ 溶液、0.5mol/L $ZnSO_4$ 溶液、0.01mol/L $KMnO_4$ 溶液、苯溶液、饱和碘水、饱和溴水、蓝色石蕊试纸、纯化水。

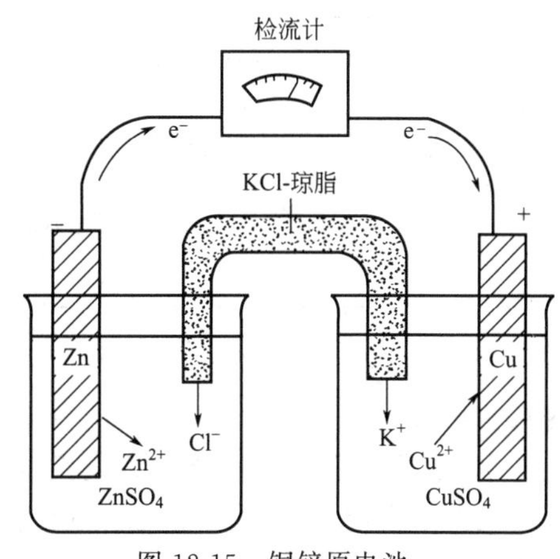

图 12-15　铜锌原电池

【实验内容】

1. 铜锌原电池的组装及电池电动势的测定

（1）按图 12-15 在 50ml 烧杯中加 0.5mol/L $CuSO_4$溶液 20ml，并插入一铜片组成正电极，在另一 50ml 烧杯中加入 0.5mol/L $ZnSO_4$ 溶液 20ml，并插入一锌片组成负电极，用导线连接铜片和锌片，用盐桥将两烧杯中溶液连接起来构成一原电池。将伏特计按图 12-15 所示连接并测量该原电池两极间的电动势 E_1。

（2）在盛 $CuSO_4$ 的烧杯中边搅拌边滴加浓氨水，直至沉淀生成又溶解，记录此时的电动势 E_2。再在盛有 $ZnSO_4$ 的烧杯中边搅拌边滴加浓氨水，直至沉淀生成又溶解。记录此时的电动势 E_3。

（3）实验结果：　$E_1=$　　　　$E_2=$　　　　$E_3=$

2. 电极电势与氧化还原反应的关系

电极电势与氧化还原反应的关系实验见表 12-6。

表 12-6　电极电势与氧化还原反应的关系

编号	试剂	加入	现象	解释
1	饱和溴水 2 滴	0.1mol/L $FeSO_4$ 6 滴		
2	饱和碘水 2 滴	0.1mol/L $FeSO_4$ 6 滴		

续表

编号	试剂	加入	现象	解释
3	0.1mol/L KI 10 滴	0.1mol/L $FeCl_3$ 3 滴 苯　15 滴		
4	0.1mol/L KBr 10 滴	0.1mol/L $FeCl_3$ 3 滴 苯　15 滴		

3. 酸度和浓度对氧化还原反应的影响

酸度和浓度对氧化还原反应的影响实验见表 12-7。

表 12-7　酸度和浓度对氧化还原反应的影响

编号	试剂	加入	现象	解释
1	0.01mol/L $KMnO_4$ 5 滴	2mol/L H_2SO_4 2 滴 0.1 mol/L Na_2SO_3 10 滴		
2	0.01mol/L $KMnO_4$ 5 滴	纯化水 2 滴 0.1 mol/L Na_2SO_3 10 滴		
3	0.01mol/L $KMnO_4$ 5 滴	2mol/L NaOH 2 滴		
4	铜片 1 块	浓硫酸 40 滴 加热,湿润蓝色石蕊试纸		
5	铜片 1 块	2mol/L H_2SO_4 40 滴		

【实验思考】

1. 根据实验一的结果讨论电极电势与浓度的关系。

2. 通过 KBr、KI 与 $FeCl_3$ 的反应，定性比较 Br_2/Br^-、I_2/I^-、Fe^{3+}/Fe^{2+} 三组电对的电极电势大小。

3. 通过本实验，你能归纳出哪些因素影响电极电势？怎样影响？

（肖玥　张旖珈）

实验八　配合物的制备及性质

【实验目的】

1. 掌握配合物的相对稳定性。

2. 熟悉配离子与复盐（简单离子）的区别。

3. 了解配合物的制备方法。

【实验原理】

配合物一般由内界和外界两部分组成，中心离子和配离子组成配合物内界，其他离子为外界，如：$[Cu(NH_3)_4]SO_4$，Cu^{2+} 和 NH_3 组成内界，SO_4^{2-} 处于外界，在水溶液中主要是$[Cu(NH_3)_4]^{2+}$和 SO_4^{2-} 两种离子的存在，因配离子的形成，在一定程度上失去 Cu^{2+} 和 NH_3 各自独立存在时的化学性质，因而用一般方法检查不出 Cu^{2+} 和 NH_3 来，而复盐在水溶液中是解离为简单离子的。

在水溶液中，配位反应和解离反应互为可逆反应，一定温度下，当配位反应和解离反应速率相等时，体系达到动态平衡，这种平衡称为配位平衡。配位平衡与其他化学平衡一样，也是有条件的动态平衡。如果改变平衡体系的条件，平衡就会移动。

在配合物中，大多数的配体都是碱，那么配体会与 H^+ 结合，导致配位平衡向生成配离子的方向移动；另一方面，由于配离子的中心离子大多数是过渡金属离子，在水溶液中容易发生水解，且碱性越强，越有利于中心离子发生水解，导致配位平衡移动。

配位平衡与沉淀平衡可以互相转化。配离子的稳定性越高，难溶物的溶度积越大，则平衡向配位方向移动生成配离子；配离子的稳定性越低，难溶物的溶度积越小，则平衡向生成沉淀的方向进行。

配位平衡之间也可相互转化。当溶液体系中存在多种能与金属离子配位的配位离子时，会发生配位平衡间的相互转化，通常平衡会向生成更稳定的配离子方向移动，对相同配位数的配离子，两者稳定常数相差越大，则转化越完全。

【实验用品】

仪器　试管、试管夹、量筒（5ml）、玻璃棒、玻璃漏斗、酒精灯、离心机、离心管。

药品　0.1mol/L $CuSO_4$ 溶液、6mol/L $NH_3 \cdot H_2O$溶液、1mol/L NaOH 溶液、0.1mol/L $BaCl_2$ 溶液、0.1mol/L Na_2S 溶液、0.1mol/L 铁氰化钾溶液、0.1mol/L 硫酸铁铵溶液、0.1mol/L KSCN 溶液、0.1mol/L $FeCl_3$ 溶液、1mol/L HCl 溶液、0.1mol/L $AgNO_3$ 溶液、0.1mol/L NaCl 溶液、0.1mol/L KBr 溶液、0.1mol/L $Na_2S_2O_3$ 溶液、0.1mol/L KI 溶液、0.1mol/L KCN 溶液、广泛 pH 试纸或红色石蕊试纸。

其他　纯化水。

【实验内容】

1. 配合物的制备和组成

（1）配合物的制备　取 1 支试管，加入 5ml 0.1mol/L $CuSO_4$ 溶液，然后逐滴加入 6mol/L $NH_3 \cdot H_2O$ 溶液，至产生沉淀后仍继续滴加 $NH_3 \cdot H_2O$ 溶液，直至变为深蓝色溶液，再多加几滴。分为 3 份，留作后面的试验用。

（2）配合物的组成　取 6 支试管，依次编号为 1～6，按表 12-8 所示加入试剂，将实验现象填入表中，并根据实验结果，分析自制的配合物的内界和外界的组成。

表 12-8　配合物实验现象

编号	试剂	加入	现象	解释
1	0.1mol/L $CuSO_4$ 10 滴	1mol/L NaOH 3 滴		
2	0.1mol/L $CuSO_4$ 10 滴	0.1mol/L $BaCl_2$ 3 滴		
3	0.1mol/L $CuSO_4$ 10 滴	0.1mol/L Na_2S 3 滴		
4	自制配合物 一份	1mol/L NaOH 3 滴		
5	自制配合物 一份	0.1mol/L $BaCl_2$ 3 滴		
6	自制配合物 一份	0.1mol/L Na_2S 3 滴		

2. 配离子与复盐（简单离子）的区别

（1）取一支试管，加入5滴0.1mol/L的铁氰化钾溶液，再加入几滴0.1mol/L的KSCN溶液，观察现象并解释原因。

（2）取一支试管，加入5滴0.1mol/L的硫酸铁铵溶液，再加入几滴0.1mol/L的KSCN溶液，观察现象并解释原因。

3. 配位平衡与其他平衡的相互转化

（1）溶液pH的影响　取一支试管，加入0.5ml 0.1mol/L $FeCl_3$溶液和1ml 0.1mol/L KSCN溶液，分成两份，一份中加数滴1mol/L HCl溶液；一份中加数滴1mol/L NaOH溶液，观察溶液颜色变化并解释现象。

（2）配位平衡与沉淀平衡的相互转化　取一支试管，加入1ml 0.1mol/L $AgNO_3$溶液和1ml 0.1mol/L NaCl溶液生成沉淀，离心分离，弃去清液，用纯化水洗涤沉淀两次后，加入6mol/L $NH_3 \cdot H_2O$溶液使沉淀刚好溶解，再加5滴0.1mol/L KBr溶液，观察浅黄色沉淀生成。然后再滴加0.1mol/L $Na_2S_2O_3$溶液，边加边摇，直至刚好溶解。滴加0.1mol/L KI溶液，观察现象并分析原因。

（3）配位平衡之间的相互转化　取一支试管，加入1ml 0.1mol/L $AgNO_3$溶液和1ml 0.1mol/L NaCl溶液生成沉淀，再加入6mol/L $NH_3 \cdot H_2O$溶液使沉淀刚好溶解，然后加入5滴0.1mol/L KCN溶液，试管口挂一条润湿的广泛pH试纸或红色石蕊试纸，加热试管，观察现象。

【实验思考】

1. 怎样用实验证明在硫酸铜的氨水溶液中形成了$[Cu(NH_3)_4]^{2+}$？
2. 根据实验二的结果，说出配合物与复盐有何区别？怎样证明？
3. 总结实验三中的现象，说出哪些因素影响配位平衡？

（商传宝）

附录

一、常用酸碱的相对密度、浓度及配制方法

试剂名称	相对密度	w(质量分数)	c/(mol/L)
盐酸	1.18～1.19	36%～38%	11.6～12.4
稀盐酸	配制方法:取盐酸234ml,加水稀释至1000ml,即得。本液含HCl应为9.5%～10.5%		
硫酸	1.83～1.84	95%～98%	17.8～18.4
稀硫酸	配制方法:取硫酸57ml,加水稀释至1000ml,即得。本液含H_2SO_4应为9.5%～10.5%		
硝酸	1.39～1.40	65%～68%	14.4～15.2
稀硝酸	配制方法:取硝酸105ml,加水稀释至1000ml,即得。本液含HNO_3应为9.5%～10.5%		
氢氧化钠	1.109	10%	2.8
氢氧化钠试液	配制方法:取氢氧化钠4.3g,加水稀释至100ml,即得		
氨水	0.88～0.90	25%～28%	13.3～14.8
氨水试液	配制方法:取浓氨溶液400ml,加水使成1000ml,即得		

二、常用酸、碱在水溶液中的解离常数(298K)

名称	化学式	K	pK	名称	化学式	K	pK
醋酸	$C_2H_4O_2$	$1.76\times10^{-5}(K_a)$	4.76	水	H_2O	$1.0\times10^{-14}(K_w)$	14.0
氢氰酸	HCN	$4.93\times10^{-10}(K_a)$	9.31	硼酸	H_3BO_3	$7.3\times10^{-10}(K_a)$	9.14
甲酸	CH_2O_2	$1.77\times10^{-4}(K_a)$	3.75	过氧化氢	H_2O_2	$2.2\times10^{-12}(K_a)$	11.65
碳酸	H_2CO_3	$4.30\times10^{-7}(K_{a1})$	6.37	硫代硫酸	$H_2S_2O_3$	$0.25(K_{a1})$	0.60
		$5.61\times10^{-11}(K_{a2})$	10.25			$1.9\times10^{-2}(K_{a2})$	1.72
氢硫酸	H_2S	$5.7\times10^{-8}(K_{a1})$	7.24	铬酸	H_2CrO_4	$0.18(K_{a1})$	0.74
		$1.75\times10^{-7}(K_{a2})$	11.96			$3.2\times10^{-7}(K_{a2})$	6.49
草酸	$H_2C_2O_4$	$5.90\times10^{-2}(K_{a1})$	1.23	邻苯二甲酸	$C_7H_6O_4$	$1.1\times10^{-3}(K_{a1})$	2.95
		$1.69\times10^{-13}(K_{a2})$	6.67			$2.9\times10^{-6}(K_{a2})$	5.54
磷酸	H_3PO_4	$7.52\times10^{-3}(K_{a1})$	2.12	柠檬酸	$C_6H_8O_7$	$7.4\times10^{-4}(K_{a1})$	3.13
		$6.23\times10^{-8}(K_{a2})$	7.21			$1.7\times10^{-5}(K_{a2})$	4.76
		$2.2\times10^{-13}(K_{a3})$	12.67			$4.0\times10^{-7}(K_{a3})$	6.40

续表

名称	化学式	K	pK	名称	化学式	K	pK
亚磷酸	H_3PO_3	$1.0\times10^{-2}(K_{a1})$	2.00	酒石酸	$C_4H_6O_6$	$9.1\times10^{-4}(K_{a1})$	3.04
		$2.6\times10^{-7}(K_{a2})$	6.59			$4.3\times10^{-5}(K_{a2})$	4.37
氢氟酸	HF	$3.53\times10^{-4}(K_a)$	3.45	苯酚	C_6H_6O	$1.1\times10^{-10}(K_a)$	9.95
亚硝酸	HNO_2	$4.6\times10^{-4}(K_a)$	3.34	苯甲酸	$C_7H_6O_2$	$6.2\times10^{-5}(K_a)$	4.21
亚硫酸	H_2SO_3	$1.54\times10^{-2}(K_{a1})$	1.81	亚砷酸	H_3AsO_3	$5.1\times10^{-10}(K_a)$	9.29
		$6.49\times10^{-13}(K_{a2})$	12.19	羟胺	NH_2OH	$9.1\times10^{-9}(K_b)$	8.04
碘酸	HIO_3	$1.9\times10^{-1}(K_a)$	0.71	肼	H_2NNH_2	$1.2\times10^{-6}(K_b)$	5.92
次氯酸	HClO	$2.95\times10^{-8}(K_a)$	7.53	氨	NH_3	$1.76\times10^{-5}(K_b)$	4.75
次溴酸	HBrO	$2.3\times10^{-9}(K_a)$	8.63	甲胺	CH_3NH_2	$4.2\times10^{-4}(K_b)$	3.38
次碘酸	HIO	$2.3\times10^{-11}(K_a)$	10.64	苯胺	$C_6H_5NH_2$	$3.98\times10^{-10}(K_b)$	9.40
亚氯酸	$HClO_2$	$1.1\times10^{-2}(K_a)$	1.95	乙醇胺	$HOC_2H_4NH_2$	$3.14\times10^{-5}(K_b)$	4.50
砷酸	H_3AsO_4	$6.2\times10^{-3}(K_{a1})$	2.21	吡啶	C_5H_6N	$1.69\times10^{-9}(K_b)$	8.77
		$1.2\times10^{-7}(K_{a2})$	6.93	乙胺	$C_2H_5NH_2$	$5.0\times10^{-4}(K_b)$	3.30
		$3.1\times10^{-12}(K_{a3})$	11.51				

三、常用酸碱指示剂

序号	名称	pH 变色范围	酸式色	碱式色	pK_a	浓度
1	甲基紫(第一次变色)	0.13～0.5	黄	绿	0.8	0.1%水溶液
2	甲酚红(第一次变色)	0.2～1.8	红	黄	—	0.04%乙醇(50%)溶液
3	甲基紫(第二次变色)	1.0～1.5	绿	蓝	—	0.1%水溶液
4	百里酚蓝(第一次变色)	1.2～2.8	红	黄	1.65	0.1%乙醇(20%)溶液
5	茜素黄 R(第一次变色)	1.9～3.3	红	黄	—	0.1%水溶液
6	甲基紫(第三次变色)	2.0～3.0	蓝	紫	—	0.1%水溶液
7	甲基黄	2.9～4.0	红	黄	3.3	0.1%乙醇(90%)溶液
8	溴酚蓝	3.0～4.6	黄	蓝	3.85	0.1%乙醇(20%)溶液
9	甲基橙	3.1～4.4	红	黄	3.40	0.1%水溶液
10	溴甲酚绿	4.0～5.6	黄	蓝	4.68	0.1%乙醇(20%)溶液
11	甲基红	4.4～6.2	红	黄	4.95	0.1%乙醇(60%)溶液
12	溴百里酚蓝	6.0～7.6	黄	蓝	7.1	0.1%乙醇(20%)
13	中性红	6.8～8.0	红	橙	7.4	0.1%乙醇(60%)溶液
14	酚红	6.8～8.0	黄	红	7.9	0.1%乙醇(20%)溶液
15	甲酚红(第二次变色)	7.2～8.8	黄	红	8.2	0.04%乙醇(50%)溶液
16	百里酚蓝(第二次变色)	8.0～9.6	黄	蓝	8.9	0.1%乙醇(20%)溶液
17	酚酞	8.2～10.0	无色	红	9.4	0.1%乙醇(60%)溶液
18	百里酚酞	9.4～10.6	无色	蓝	10.0	0.1%乙醇(90%)溶液
19	茜素黄 R(第二次变色)	10.1～12.1	黄	紫	11.16	0.1%水溶液
20	靛胭脂红	11.6～14.0	蓝	黄	12.2	25%乙醇(50%)溶液

四、常用难溶电解质的溶度积常数（298K）

电解质	K_{sp}	电解质	K_{sp}
AgAc	1.94×10^{-3}	$Co(OH)_2$(新析出)	1.6×10^{-15}
AgBr	5.35×10^{-13}	$Co(OH)_3$	1.6×10^{-44}
Ag_2CO_3	8.46×10^{-12}	α-CoS(新析出)	4.0×10^{-21}
AgCl	1.77×10^{-10}	β-CoS(陈化)	2.0×10^{-25}
$Ag_2C_2O_4$	5.40×10^{-12}	$Cr(OH)_3$	6.3×10^{-31}
Ag_2CrO_4	1.12×10^{-12}	CuBr	6.27×10^{-9}
$Ag_2Cr_2O_7$	2.0×10^{-7}	CuCN	3.47×10^{-20}
AgI	8.52×10^{-17}	$CuCO_3$	1.4×10^{-10}
$AgIO_3$	3.17×10^{-8}	CuCl	1.72×10^{-7}
$AgNO_2$	6.0×10^{-4}	$CuCrO_4$	3.6×10^{-6}
AgOH	2.0×10^{-8}	CuI	1.27×10^{-12}
Ag_3PO_4	8.89×10^{-17}	CuOH	1.0×10^{-14}
Ag_2S	6.3×10^{-50}	$Cu(OH)_2$	2.2×10^{-20}
Ag_2SO_4	1.20×10^{-5}	$Cu_3(PO_4)_2$	1.40×10^{-37}
$Al(OH)_3$	1.3×10^{-33}	$Cu_2P_2O_7$	8.3×10^{-16}
AuCl	2.0×10^{-13}	CuS	6.3×10^{-36}
$AuCl_3$	3.2×10^{-25}	Cu_2S	2.5×10^{-48}
$Au(OH)_3$	5.5×10^{-46}	$FeCO_3$	3.2×10^{-11}
$BaCO_3$	2.58×10^{-9}	$FeC_2O_4\cdot2H_2O$	3.2×10^{-7}
BaC_2O_4	1.6×10^{-7}	$Fe(OH)_2$	4.87×10^{-17}
$BaCrO_4$	1.17×10^{-10}	$Fe(OH)_3$	2.79×10^{-39}
BaF_2	1.84×10^{-7}	FeS	6.3×10^{-18}
$Ba_3(PO_4)_2$	3.4×10^{-23}	Hg_2Cl_2	1.43×10^{-18}
$BaSO_3$	5.0×10^{-10}	Hg_2I_2	5.2×10^{-29}
$BaSO_4$	1.08×10^{-10}	$Hg(OH)_2$	3.0×10^{-26}
BaS_2O_3	1.6×10^{-5}	Hg_2S	1.0×10^{-47}
$Bi(OH)_3$	4.0×10^{-31}	HgS(红)	4.0×10^{-53}
BiOCl	1.8×10^{-31}	HgS(黑)	1.6×10^{-52}
Bi_2S_3	1.0×10^{-97}	Hg_2SO_4	6.5×10^{-7}
$CaCO_3$	3.36×10^{-9}	KIO_4	3.71×10^{-4}
$CaC_2O_4\cdot H_2O$	2.32×10^{-9}	$K_2[PtCl_6]$	7.48×10^{-6}
$CaCrO_4$	7.1×10^{-4}	$K_2[SiF_6]$	8.7×10^{-7}
CaF_2	3.45×10^{-11}	Li_2CO_3	8.15×10^{-4}
$CaHPO_4$	1.0×10^{-7}	LiF	1.84×10^{-3}
$Ca(OH)_2$	5.02×10^{-6}	$MgCO_3$	6.82×10^{-6}
$Ca_3(PO_4)_2$	2.07×10^{-33}	MgF_2	5.16×10^{-11}

续表

电解质	K_{sp}	电解质	K_{sp}
$CaSO_4$	4.93×10^{-5}	$Mg(OH)_2$	5.61×10^{-12}
$CaSO_3\cdot0.5H_2O$	3.1×10^{-7}	$MnCO_3$	2.24×10^{-11}
$CdCO_3$	1.0×10^{-12}	$Mn(OH)_2$	1.9×10^{-13}
$CdC_2O_4\cdot3H_2O$	1.42×10^{-8}	MnS(无定形)	2.5×10^{-10}
$Cd(OH)_2$(新析出)	2.5×10^{-14}	MnS(结晶)	2.5×10^{-13}
CdS	8.0×10^{-27}	Na_3AlF_6	4.0×10^{-10}
$CoCO_3$	1.40×10^{-13}	$NiCO_3$	1.42×10^{-7}
PbI_2	9.8×10^{-9}	$Ni(OH)_2$(新析出)	2.0×10^{-15}
$PbSO_4$	2.53×10^{-27}	α-NiS	3.2×10^{-19}
$Pb(OH)_2$	1.43×10^{-20}	$Sn(OH)_2$	5.45×10^{-27}
$Pb(OH)_4$	3.2×10^{-44}	$Sn(OH)_4$	1.0×10^{-56}
$Pb_3(PO_4)_2$	8.0×10^{-40}	SnS	1.0×10^{-25}
$PbMoO_4$	1.0×10^{-13}	$SrCO_3$	5.60×10^{-10}
PbS	8.0×10^{-28}	$SrC_2O_4\cdot H_2O$	1.60×10^{-7}
β-NiS	1.0×10^{-24}	SrC_2O_4	2.2×10^{-5}
γ-NiS	2.0×10^{-26}	$SrSO_4$	3.44×10^{-7}
$PbBr_2$	6.60×10^{-6}	$ZnCO_3$	1.46×10^{-10}
$PbCO_3$	7.4×10^{-14}	$ZnC_2O_4\cdot2H_2O$	1.38×10^{-9}
$PbCl_2$	1.70×10^{-5}	$Zn(OH)_2$	3.0×10^{-17}
PbC_2O_4	4.8×10^{-10}	α-ZnS	1.6×10^{-24}
$PbCrO_4$	2.8×10^{-13}	β-ZnS	2.5×10^{-22}

五、常用电对的标准电极电势（298K）

介质	电极反应	$\varphi^{\ominus}$/V
酸性溶液中	$Li^++e^-\rightleftharpoons Li$	−3.045
	$Cs^++e^-\rightleftharpoons Cs$	−3.020
	$Rb^++e^-\rightleftharpoons Rb$	−2.980
	$K^++e^-\rightleftharpoons K$	−2.931
	$Sr^{2+}+2e^-\rightleftharpoons Sr$	−2.899
	$Ca^{2+}+2e^-\rightleftharpoons Ca$	−2.868
	$Na^++e^-\rightleftharpoons Na$	−2.714
	$Mg^{2+}+2e^-\rightleftharpoons Mg$	−2.372
	$1/2H_2+e^-\rightleftharpoons H^-$	−2.230
	$[AlF_6]^{3-}+3e^-\rightleftharpoons Al+6F^-$	−2.069
	$Al^{3+}+3e^-\rightleftharpoons Al$	−1.662
	$Ti^{2+}+2e^-\rightleftharpoons Ti$	−1.37
	$[SiF_6]^{2-}+4e^-\rightleftharpoons Si+6F^-$	−1.24

续表

介质	电极反应	$\varphi^{\ominus}$/V
酸性溶液中	$Mn^{2+}+2e^- \rightleftharpoons Mn$	−1.185
	$V^{2+}+2e^- \rightleftharpoons V$	−1.175
	$Cr^{2+}+2e^- \rightleftharpoons Cr$	−0.913
	$TiO^{2+}+2H^++4e^- \rightleftharpoons Ti+H_2O$	−0.89
	$Zn^{2+}+2e^- \rightleftharpoons Zn$	−0.760
	$Cr^{3+}+3e^- \rightleftharpoons Cr$	−0.744
	$As+3H^++3e^- \rightleftharpoons AsH_3$	−0.608
	$Fe^{2+}+2e^- \rightleftharpoons Fe$	−0.447
	$Cr^{3+}+e^- \rightleftharpoons Cr^{2+}$	−0.407
	$PbSO_4+2e^- \rightleftharpoons Pb+SO_4^{2-}$	−0.359
	$H_3PO_4+2H^++2e^- \rightleftharpoons H_3PO_3+H_2O$	−0.276
	$Ni^{2+}+2e^- \rightleftharpoons Ni$	−0.257
	$CuI+e^- \rightleftharpoons Cu+I^-$	−0.180
	$GeO_2+4H^++4e^- \rightleftharpoons Ge+2H_2O$	−0.15
	$Sn^{2+}+2e^- \rightleftharpoons Sn$	−0.1377
	$Pb^{2+}+2e^- \rightleftharpoons Pb$	−0.1264
	$WO_3+6H^++6e^- \rightleftharpoons W+3H_2O$	−0.090
	$[HgI_4]^{2-}+2e^- \rightleftharpoons Hg+4I^-$	−0.04
	$2H^++2e^- \rightleftharpoons H_2$	0.000
	$[Ag(S_2O_3)_2]^{3-}+e^- \rightleftharpoons Ag+2S_2O_3^{2-}$	0.01
	$AgBr+e^- \rightleftharpoons Ag+Br^-$	0.0712
	$S_4O_6^{2-}+2e^- \rightleftharpoons 2S_2O_3^{2-}$	0.08
	$S+2H^++2e^- \rightleftharpoons H_2S$	0.1420
	$Sn^{4+}+2e^- \rightleftharpoons Sn^{2+}$	0.1510
	$SO_4^{2-}+4H^++2e^- \rightleftharpoons H_2SO_3+H_2O$	0.1720
	$AgCl+e^- \rightleftharpoons Ag+Cl^-$	0.2222
	$Hg_2Cl_2+2e^- \rightleftharpoons 2Hg+2Cl^-$	0.2679
	$VO^{2+}+2H^++e^- \rightleftharpoons V^{3+}+H_2O$	0.337
	$Cu^{2+}+2e^- \rightleftharpoons Cu$	0.342
	$[Fe(CN)_6]^{3-}+e^- \rightleftharpoons [Fe(CN)_6]^{4-}$	0.358
	$[HgCl_4]^{2-}+2e^- \rightleftharpoons Hg+4Cl^-$	0.38
	$Ag_2CrO_4+2e^- \rightleftharpoons 2Ag+CrO_4^{2-}$	0.4468
	$H_2SO_3+4H^++4e^- \rightleftharpoons S+3H_2O$	0.449
	$Cu^++e^- \rightleftharpoons Cu$	0.521
	$I_2+2e^- \rightleftharpoons 2I^-$	0.5353
	$MnO_4^-+e^- \rightleftharpoons MnO_4^{2-}$	0.558
	$H_3AsO_4+2H^++2e^- \rightleftharpoons H_3AsO_3+H_2O$	0.560

续表

介质	电极反应	$\varphi^{\ominus}$/V
酸性溶液中	$Cu^{2+}+Cl^{-}+e^{-} \rightleftharpoons CuCl$	0.56
	$Sb_2O_5+6H^{+}+4e^{-} \rightleftharpoons 2SbO^{+}+3H_2O$	0.581
	$TeO_2+4H^{+}+4e^{-} \rightleftharpoons Te+2H_2O$	0.593
	$O_2+2H^{+}+2e^{-} \rightleftharpoons H_2O_2$	0.695
	$H_2SeO_3+4H^{+}+4e^{-} \rightleftharpoons Se+3H_2O$	0.74
	$H_3SbO_4+2H^{+}+2e^{-} \rightleftharpoons H_3SbO_3+H_2O$	0.75
	$Fe^{3+}+e^{-} \rightleftharpoons Fe^{2+}$	0.771
	$Hg_2^{2+}+2e^{-} \rightleftharpoons 2Hg$	0.7971
	$Ag^{+}+e^{-} \rightleftharpoons Ag$	0.7994
	$2NO_3^{-}+4H^{+}+2e^{-} \rightleftharpoons N_2O_4+2H_2O$	0.803
	$HNO_2+7H^{+}+6e^{-} \rightleftharpoons NH_4^{+}+2H_2O$	0.86
	$NO_3^{-}+3H^{+}+2e^{-} \rightleftharpoons NHO_2+H_2O$	0.934
	$NO_3^{-}+4H^{+}+3e^{-} \rightleftharpoons NO+2H_2O$	0.957
	$HIO+H^{+}+2e^{-} \rightleftharpoons I^{-}+H_2O$	0.987
	$HNO_2+H^{+}+e^{-} \rightleftharpoons NO+H_2O$	0.983
	$VO_4^{3-}+6H^{+}+e^{-} \rightleftharpoons VO^{2+}+3H_2O$	1.031
	$N_2O_4+4H^{+}+4e^{-} \rightleftharpoons 2NO+2H_2O$	1.035
	$N_2O_4+2H^{+}+2e^{-} \rightleftharpoons 2HNO_2$	1.065
	$Br_2+2e^{-} \rightleftharpoons 2Br^{-}$	1.066
	$IO_3^{-}+6H^{+}+6e^{-} \rightleftharpoons I^{-}+3H_2O$	1.085
	$SeO_4^{2-}+4H^{+}+2e^{-} \rightleftharpoons H_2SeO_3+H_2O$	1.151
	$ClO_4^{-}+2H^{+}+2e^{-} \rightleftharpoons ClO_3^{-}+H_2O$	1.189
	$IO_3^{-}+6H^{+}+5e^{-} \rightleftharpoons 1/2I_2+3H_2O$	1.195
	$MnO_2+4H^{+}+2e^{-} \rightleftharpoons Mn^{2+}+2H_2O$	1.224
	$O_2+4H^{+}+4e^{-} \rightleftharpoons 2H_2O$	1.229
	$Cr_2O_7^{2-}+14H^{+}+6e^{-} \rightleftharpoons 2Cr^{3+}+7H_2O$	1.232
	$2HNO_2+4H^{+}+4e^{-} \rightleftharpoons N_2O+3H_2O$	1.297
	$HBrO+H^{+}+2e^{-} \rightleftharpoons Br^{-}+H_2O$	1.331
	$Cl_2+2e^{-} \rightleftharpoons 2Cl^{-}$	1.3579
	$ClO_4^{-}+8H^{+}+7e^{-} \rightleftharpoons 1/2Cl_2+4H_2O$	1.39
	$IO_4^{-}+8H^{+}+8e^{-} \rightleftharpoons I^{-}+4H_2O$	1.4
	$BrO_3^{-}+6H^{+}+6e^{-} \rightleftharpoons Br^{-}+3H_2O$	1.423
	$ClO_3^{-}+6H^{+}+6e^{-} \rightleftharpoons Cl^{-}+3H_2O$	1.451
	$PbO_2+4H^{+}+2e^{-} \rightleftharpoons Pb^{2+}+2H_2O$	1.455
	$ClO_3^{-}+6H^{+}+5e^{-} \rightleftharpoons 1/2Cl_2+3H_2O$	1.47
	$HClO+H^{+}+2e^{-} \rightleftharpoons Cl^{-}+H_2O$	1.482
	$2BrO_3^{-}+12H^{+}+10e^{-} \rightleftharpoons Br_2+6H_2O$	1.482

续表

介质	电极反应	$\varphi^{\ominus}$/V
酸性溶液中	$Au^{3+} + 3e^- \rightleftharpoons Au$	1.498
	$MnO_4^- + 8H^+ + 5e^- \rightleftharpoons Mn^{2+} + 4H_2O$	1.507
	$NaBiO_3 + 6H^+ + 2e^- \rightleftharpoons Bi^{3+} + Na^+ + 3H_2O$	1.60
	$2HClO + 2H^+ + 2e^- \rightleftharpoons Cl_2 + 2H_2O$	1.611
	$MnO_4^- + 4H^+ + 3e^- \rightleftharpoons MnO_2 + 2H_2O$	1.679
	$Au^+ + e^- \rightleftharpoons Au$	1.692
	$Ce^{4+} + e^- \rightleftharpoons Ce^{3+}$	1.72
	$H_2O_2 + 2H^+ + 2e^- \rightleftharpoons 2H_2O$	1.776
	$Co^{3+} + e^- \rightleftharpoons Co^{2+}$	1.92
	$S_2O_8^{2-} + 2e^- \rightleftharpoons 2SO_4^{2-}$	2.010
	$O_3 + 2H^+ + 2e^- \rightleftharpoons O_2 + H_2O$	2.076
	$F_2 + 2e^- \rightleftharpoons 2F^-$	2.866
碱性溶液中	$Mg(OH)_2 + 2e^- \rightleftharpoons Mg + 2OH^-$	−2.690
	$SiO_3^{2-} + 3H_2O + 4e^- \rightleftharpoons Si + 6OH^-$	−1.679
	$Mn(OH)_2 + 2e^- \rightleftharpoons Mn + 2OH^-$	−1.56
	$As + 3H_2O + 3e^- \rightleftharpoons AsH_3 + 3OH^-$	−1.37
	$Cr(OH)_3 + 3e^- \rightleftharpoons Cr + 3OH^-$	−1.48
	$[Zn(CN)_4]^{2-} + 2e^- \rightleftharpoons Zn + 4CN^-$	−1.26
	$Zn(OH)_2 + 2e^- \rightleftharpoons Zn + 2OH^-$	−1.249
	$N_2 + 4H_2O + 4e^- \rightleftharpoons N_2H_4 + 4OH^-$	−1.15
	$PO_4^{3-} + 2H_2O + 2e^- \rightleftharpoons HPO_3^{2-} + 3OH^-$	−1.05
	$[Sn(OH)_6]^{2-} + 2e^- \rightleftharpoons H_2SnO_2 + 4OH^-$	−0.93
	$SO_4^{2-} + H_2O + 2e^- \rightleftharpoons SO_3^{2-} + 2OH^-$	−0.93
	$P + 3H_2O + 3e^- \rightleftharpoons PH_3 + 3OH^-$	−0.87
	$Fe(OH)_2 + 2e^- \rightleftharpoons Fe + 2OH^-$	−0.877
	$2NO_3^- + 2H_2O + 2e^- \rightleftharpoons N_2O_4 + 4OH^-$	−0.85
	$[Co(CN)_6]^{3-} + e^- \rightleftharpoons [Co(CN)_6]^{4-}$	−0.83
	$2H_2O + 2e^- \rightleftharpoons H_2 + 2OH^-$	−0.8277
	$AsO_4^{3-} + 2H_2O + 2e^- \rightleftharpoons AsO_2^- + 4OH^-$	−0.71
	$AsO_2^- + 2H_2O + 3e^- \rightleftharpoons As + 4OH^-$	−0.68
	$SO_3^{2-} + 3H_2O + 6e^- \rightleftharpoons S^{2-} + 6OH^-$	−0.61
	$[Au(CN)_2]^- + e^- \rightleftharpoons Au + 2CN^-$	−0.60
	$2SO_3^{2-} + 3H_2O + 4e^- \rightleftharpoons S_2O_3^{2-} + 6OH^-$	−0.571
	$Fe(OH)_3 + e^- \rightleftharpoons Fe(OH)_2 + OH^-$	−0.56
	$S + 2e^- \rightleftharpoons S^{2-}$	−0.4764
	$NO_2^- + H_2O + e^- \rightleftharpoons NO + 2OH^-$	−0.46
	$[Cu(CN)_2]^- + e^- \rightleftharpoons Cu + 2CN^-$	−0.43

续表

介质	电极反应	$\varphi^{\ominus}/V$
碱性溶液中	$[Co(NH_3)_6]^{2+}+2e^- \rightleftharpoons Co+6NH_3(aq)$	−0.422
	$[Hg(CN)_4]^{2-}+2e^- \rightleftharpoons Hg+4CN^-$	−0.37
	$[Ag(CN)_2]^-+e^- \rightleftharpoons Ag+2CN^-$	−0.30
	$NO_3^-+5H_2O+6e^- \rightleftharpoons NH_2OH+7OH^-$	−0.30
	$Cu(OH)_2+2e^- \rightleftharpoons Cu+2OH^-$	−0.222
	$PbO_2+2H_2O+4e^- \rightleftharpoons Pb+4OH^-$	−0.16
	$CrO_4^{2-}+4H_2O+3e^- \rightleftharpoons Cr(OH)_3+5OH^-$	−0.13
	$[Cu(NH_3)_2]^++e^- \rightleftharpoons Cu+2NH_3(aq)$	−0.11
	$O_2+H_2O+2e^- \rightleftharpoons HO_2^-+OH^-$	−0.076
	$MnO_2+2H_2O+2e^- \rightleftharpoons Mn(OH)_2+2OH^-$	−0.05
	$NO_3^-+H_2O+2e^- \rightleftharpoons NO_2^-+2OH^-$	0.01
	$[Co(NH_3)_6]^{3+}+e^- \rightleftharpoons [Co(NH_3)_6]^{2+}$	0.108
	$2NO_2^-+3H_2O+4e^- \rightleftharpoons N_2O+6OH^-$	0.15
	$IO_3^-+2H_2O+4e^- \rightleftharpoons IO^-+4OH^-$	0.15
	$Co(OH)_3+e^- \rightleftharpoons Co(OH)_2+OH^-$	0.17
	$IO_3^-+3H_2O+6e^- \rightleftharpoons I^-+6OH^-$	0.26
	$ClO_3^-+H_2O+2e^- \rightleftharpoons ClO_2^-+2OH^-$	0.33
	$Ag_2O+H_2O+2e^- \rightleftharpoons 2Ag+2OH^-$	0.342
	$ClO_4^-+H_2O+2e^- \rightleftharpoons ClO_3^-+2OH^-$	0.36
	$[Ag(NH_3)_2]^++e^- \rightleftharpoons Ag+2NH_3(aq)$	0.373
	$O_2+2H_2O+4e^- \rightleftharpoons 4OH^-$	0.401
	$2BrO^-+2H_2O+2e^- \rightleftharpoons Br_2+4OH^-$	0.45
	$NiO_2+2H_2O+2e^- \rightleftharpoons Ni(OH)_2+2OH^-$	0.490
	$IO^-+H_2O+2e^- \rightleftharpoons I^-+2OH^-$	0.485
	$ClO_4^-+4H_2O+8e^- \rightleftharpoons Cl^-+8OH^-$	0.51
	$2ClO^-+2H_2O+2e^- \rightleftharpoons Cl_2+4OH^-$	0.52
	$BrO_3^-+2H_2O+4e^- \rightleftharpoons BrO^-+4OH^-$	0.54
	$MnO_4^-+2H_2O+3e^- \rightleftharpoons MnO_2+4OH^-$	0.595
	$MnO_4^{2-}+2H_2O+2e^- \rightleftharpoons MnO_2+4OH^-$	0.60
	$BrO_3^-+3H_2O+6e^- \rightleftharpoons Br^-+6OH^-$	0.61
	$ClO_3^-+3H_2O+6e^- \rightleftharpoons Cl^-+6OH^-$	0.62
	$ClO_2^-+H_2O+2e^- \rightleftharpoons ClO^-+2OH^-$	0.66
	$BrO^-+H_2O+2e^- \rightleftharpoons Br^-+2OH^-$	0.761
	$ClO^-+H_2O+2e^- \rightleftharpoons Cl^-+2OH^-$	0.81
	$N_2O_4+2e^- \rightleftharpoons 2NO_2^-$	0.867
	$HO_2^-+H_2O+2e^- \rightleftharpoons 3OH^-$	0.878
	$FeO_4^{2-}+2H_2O+3e^- \rightleftharpoons FeO_2^-+4OH^-$	0.9
	$O_3+H_2O+2e^- \rightleftharpoons O_2+2OH^-$	1.24

六、常用配离子的稳定常数（298K）

配离子	$K_{稳}$	配离子	$K_{稳}$
$[AuCl_2]^+$	6.3×10^9	$[Co(en)_3]^{2+}$	8.69×10^{13}
$[CdCl_4]^{2-}$	6.33×10^2	$[Co(en)_3]^{3+}$	4.90×10^{48}
$[CuCl_3]^{2-}$	5.0×10^5	$[Cr(en)_2]^{2+}$	1.55×10^9
$[CuCl_2]^-$	3.1×10^5	$[Cu(en)_2]^+$	6.33×10^{10}
$[FeCl]^+$	2.29	$[Cu(en)_3]^{2+}$	1.0×10^{21}
$[FeCl_4]^-$	1.02	$[Fe(en)_3]^{2+}$	5.00×10^9
$[HgCl_4]^{2-}$	1.17×10^{15}	$[Hg(en)_2]^{2+}$	2.00×10^{23}
$[PbCl_4]^{2-}$	39.8	$[Mn(en)_3]^{2+}$	4.67×10^5
$[PtCl_4]^{2-}$	1.0×10^{16}	$[Ni(en)_3]^{2+}$	2.14×10^{18}
$[SnCl_4]^{2-}$	30.2	$[Zn(en)_3]^{2+}$	1.29×10^{14}
$[ZnCl_4]^{2-}$	1.58	$[AlF_6]^{3-}$	6.94×10^{19}
$[Ag(CN)_2]^-$	1.3×10^{21}	$[FeF_6]^{3-}$	1.0×10^{16}
$[Ag(CN)_4]^{3-}$	4.0×10^{20}	$[AgI_3]^{2-}$	4.78×10^{13}
$[Au(CN)_2]^-$	2.0×10^{38}	$[AgI_2]^-$	5.94×10^{11}
$[Cd(CN)_4]^{2-}$	6.02×10^{18}	$[CdI_4]^{2-}$	2.57×10^5
$[Cu(CN)_2]^-$	1.0×10^{16}	$[CuI_2]^-$	7.09×10^8
$[Cu(CN)_4]^{3-}$	2.00×10^{30}	$[PbI_4]^{2-}$	2.95×10^4
$[Fe(CN)_6]^{4-}$	1.0×10^{35}	$[HgI_4]^{2-}$	6.76×10^{29}
$[Fe(CN)_6]^{3-}$	1.0×10^{42}	$[Ag(NH_3)_2]^+$	1.12×10^7
$[Hg(CN)_4]^{2-}$	2.5×10^{41}	$[Cd(NH_3)_6]^{2+}$	1.38×10^5
$[Ni(CN)_4]^{2-}$	2.0×10^{31}	$[Cd(NH_3)_4]^{2+}$	1.32×10^7
$[Zn(CN)_4]^{2-}$	5.0×10^{16}	$[Co(NH_3)_6]^{3+}$	2.0×10^{35}
$[Ag(SCN)_4]^{3-}$	1.20×10^{10}	$[Cu(NH_3)_2]^+$	7.25×10^{10}
$[Ag(SCN)_2]^-$	3.72×10^7	$[Cu(NH_3)_4]^{2+}$	2.09×10^{13}
$[Au(SCN)_4]^{3-}$	1.0×10^{42}	$[Fe(NH_3)_2]^{2+}$	1.6×10^2
$[Au(SCN)_2]^-$	1.0×10^{23}	$[Hg(NH_3)_4]^{2+}$	1.90×10^{19}
$[Cd(SCN)_4]^{2-}$	3.98×10^3	$[Mg(NH_3)_2]^{2+}$	20
$[Co(SCN)_4]^{2-}$	1.00×10^5	$[Ni(NH_3)_6]^{2+}$	5.49×10^8
$[Cr(NCS)_2]^+$	9.52×10^2	$[Ni(NH_3)_4]^{2+}$	9.09×10^7
$[Cu(SCN)_2]^-$	1.51×10^5	$[Pt(NH_3)_6]^{2+}$	2.00×10^{35}
$[Fe(NCS)_2]^+$	2.29×10^3	$[Zn(NH_3)_4]^{2+}$	2.88×10^9
$[Hg(SCN)_4]^{2-}$	1.70×10^{21}	$[Al(OH)_4]^-$	1.07×10^{33}
$[Ni(SCN)_3]^-$	64.5	$[Bi(OH)_4]^-$	1.59×10^{35}
$[Ag(edta)]^{3-}$	2.09×10^5	$[Cd(OH)_4]^{2-}$	4.17×10^8
$[Al(edta)]^-$	1.29×10^{16}	$[Cr(OH)_4]^-$	7.94×10^{29}
$[Ca(edta)]^{2-}$	1.0×10^{11}	$[Cu(OH)_4]^{2-}$	3.16×10^{18}

续表

配离子	$K_{稳}$	配离子	$K_{稳}$
$[Cd(edta)]^{2-}$	2.5×10^{7}	$[Fe(OH)_4]^{2-}$	3.80×10^{8}
$[Co(edta)]^{2-}$	2.04×10^{16}	$[Ca(P_2O_7)]^{2-}$	4.0×10^{4}
$[Co(edta)]^{-}$	1.0×10^{36}	$[Cd(P_2O_7)]^{2-}$	4.0×10^{5}
$[Cu(edta)]^{2-}$	5.0×10^{18}	$[Cu(P_2O_7)]^{2-}$	1.0×10^{8}
$[Fe(edta)]^{2-}$	2.14×10^{14}	$[Pb(P_2O_7)]^{2-}$	2.0×10^{5}
$[Fe(edta)]^{-}$	1.70×10^{24}	$[Ni(P_2O_7)_2]^{6-}$	2.5×10^{2}
$[Hg(edta)]^{2-}$	6.33×10^{21}	$[Ag(S_2O_3)]^{-}$	6.62×10^{8}
$[Mg(edta)]^{2-}$	4.37×10^{8}	$[Ag(S_2O_3)_2]^{3-}$	2.88×10^{13}
$[Mn(edta)]^{2-}$	6.3×10^{13}	$[Cd(S_2O_3)_2]^{2-}$	2.75×10^{6}
$[Ni(edta)]^{2-}$	3.64×10^{18}	$[Cu(S_2O_3)_2]^{3-}$	1.66×10^{12}
$[Zn(edta)]^{2-}$	2.5×10^{16}	$[Pb(S_2O_3)_2]^{2-}$	1.35×10^{5}
$[Ag(en)_2]^{+}$	5.00×10^{7}	$[Hg(S_2O_3)_4]^{6-}$	1.74×10^{33}
$[Cd(en)_3]^{2+}$	1.20×10^{12}	$[Hg(S_2O_3)_2]^{2-}$	2.75×10^{29}

注：摘自 Petrucci，R. H.，Harwood，W. S.，Herring，F. G. general Chemistry：Principles and Modern Applications 8ed. 2002.

参 考 文 献

[1] 侯新初．无机化学．北京：中国医药科技出版社，2006.

[2] 刘斌．无机化学．北京：科学出版社，2009.

[3] 武汉大学，吉林大学等．无机化学．第 3 版．北京：高等教育出版社，2004.

[4] 陆家政，傅春华．基础化学．北京：人民卫生出版社，2009.

[5] 王仁国．无机及分析化学．北京：中国农业出版社，2006.

[6] 侯振雨．无机及分析化学实验．北京：化学工业出版社，2004.

[7] 呼世斌．无机及分析化学实验．北京：中国农业出版社，2003.

[8] 黄南珍．无机化学．北京：人民卫生出版社，2008.

[9] 牛彦辉．化学．北京：人民卫生出版社，2004.

[10] 张天蓝．无机化学．北京：人民卫生出版社，2007.

[11] 刘幸平，黄尚荣．无机化学．北京：科学出版社，2005.

[12] 牛秀明，吴瑛．无机化学．北京：人民卫生出版社，2011.

[13] 冯务群．无机化学．北京：人民卫生出版社，2005.

[14] 李炳诗．基础化学．郑州：河南科学技术出版社，2007.

[15] 展树中．无机化学实验．2 版．北京：化学工业出版社，2022.

[16] 王宝仁．无机化学．4 版．北京：化学工业出版社，2022.